黑龙江省"十四五"普通高等教育本科规划教材

普通高等教育信息技术类系列教材

新形态 C 语言程序设计游戏化任务教程

于 延 编著

周国辉 主审

科学出版社

北 京

内 容 简 介

本书创新性地采用"游戏单元—游戏关卡—游戏任务"三级体例编写，全程以"游戏任务"驱动，引导读者学习并掌握 C 语言编程的基本知识和方法。全书共有 11 个单元，包括初识 C 语言，数据，运算，顺序结构，选择结构，循环结构，函数，数组，指针，结构、链表和预处理，以及文件。本书以"游戏化"思想设计和编写，注重游戏性、可操作性和实用性，并且本书的所有游戏任务都已经完成在线平台实践课程的建设，可实现在线评测。本书各单元均配有课后习题、参考答案和代码。

本书的设计编排、配套的教学大纲和教案，以及游戏化教学方法均基于工程教育专业认证和师范专业认证的要求，可作为高等学校计算机专业高级语言程序设计课程以及非计算机专业程序设计基础课程的教材，也可作为程序员和编程爱好者的参考书或培训教材。

图书在版编目(CIP)数据

新形态 C 语言程序设计游戏化任务教程 / 于延编著. —北京：科学出版社，2023.7
（普通高等教育信息技术类系列教材）
ISBN 978-7-03-074281-0

Ⅰ. ①新… Ⅱ. ①于… Ⅲ. ①游戏程序-C 语言-程序设计-高等学校-教材 Ⅳ. ①TP317.61

中国版本图书馆 CIP 数据核字（2022）第 240985 号

责任编辑：吕燕新 吴超莉 / 责任校对：赵丽杰
责任印制：吕春珉 / 封面设计：东方人华平面设计部

科学出版社 出版
北京东黄城根北街 16 号
邮政编码：100717
http://www.sciencep.com

北京中科印刷有限公司印刷
科学出版社发行　　各地新华书店经销
*

2023 年 7 月第 一 版　　开本：787×1092　1/16
2025 年 3 月第九次印刷　　印张：23 1/2
字数：587 000

定价：79.00 元
（如有印装质量问题，我社负责调换）
销售部电话 010-62136230　编辑部电话 010-62135319-2030

前 言

教育部《关于加快建设高水平本科教育 全面提高人才培养能力的意见》（新时代高教40条）、"六卓越一拔尖"计划2.0系列文件等表明高等教育进入了以人才培养为根本的追求质量的新时代。全面开展一流本科课程建设，树立课程建设新理念，推进课程改革创新，实施科学课程评价，是建设一流课程、培养一流人才的必由之路。

"C语言程序设计"课程是高等学校计算机类专业的专业基础课，也是很多非计算机类专业理科学生的必修课，是大多数本科生接触计算机程序设计的第一门语言。本书作为"计算机系统能力课程群"的重点建设项目教材，在工程教育专业认证和师范专业认证背景下，整合教学内容，创新性地编写体例，全程由游戏任务（问题）驱动，并设计了全新的"游戏化"教学模式，以探索新时期"一流课程"建设的经验。

本书是作者经过独特的创新设计，以"游戏化"方式重构教学内容，以"游戏任务"引导和驱动教学进程，以在线评测检验教学效果，以OBE（outcome based education，成果导向教育）和PBL（problem-based learning，问题驱动教学法）为导向的最新成果，特此奉献给广大师生，以供教学和交流。本书努力体现以下特色：

（1）新体例，游戏化。本书以"游戏单元—游戏关卡—游戏任务"三级体例编写，全书以"游戏任务"驱动课程内容，引导"游戏化"教学过程。

（2）新形态，立体化。本书已经在网络平台完成配套的在线实践课程的建设，所有游戏任务已经实现网络在线评测，学生可以在线提交程序代码，教师可以利用在线实践课程开展教学。

（3）从易到难，挑战高阶。本书由11个游戏单元组成，知识点划分合理，游戏任务的难度由浅入深、循序渐进，既具基础性，又有高阶性、创新性，并兼具挑战性。

（4）一题多解，计算思维。典型任务代码采用一题多解的方式，培养学生的计算思维和创新思维，重视学生良好的编程风格和习惯的养成。

（5）目标导向，问题导向。本书配套提供符合教育部本科专业认证标准的教学大纲，适合案例教学和翻转课堂设计，帮助教师实现以OBE和PBL为导向的教学目标。

使用本书进行教学，可以更好地实现培养应用型人才的目标。"游戏化"教学模式不仅有利于学生学习程序设计的基本概念和方法、掌握编程的技术，更重要的是有利于培养学生解决问题的能力和创新能力。

本书共分为11个单元，主要内容如下：

第1单元带领读者认识C语言，介绍C语言编译环境Dev C++（Dep Cpp）的使用、程序调试基本方法。

第 2 单元介绍 C 语言的数据类型、标识符、常量和变量的使用。

第 3 单元介绍各种运算符、运算规则和数学函数的使用。

第 4 单元介绍顺序结构程序设计的基本知识，主要是数据输入/输出的方法。

第 5 单元介绍选择结构程序设计，包括 if 语句、if-else 语句、switch 语句及选择语句的嵌套。

第 6 单元介绍 while 循环、do-while 循环、for 循环等循环结构语句及 break 和 continue 语句在循环结构中的应用。

第 7 单元介绍 C 语言中函数的应用，包括函数的定义、调用和如何在函数间传递参数，以及变量的作用域、变量的存储类别等。

第 8 单元介绍如何在 C 语言中定义和使用数组，包括一维数组、二维数组和多维数组，以及字符数组的定义、初始化及使用。

第 9 单元介绍指针的概念、指针变量的定义及初始化方法、指针运算、字符指针、函数指针及动态内存管理等。

第 10 单元介绍结构体等构造类型数据的定义、声明和使用，以及链表和枚举的构造与基本操作。

第 11 单元介绍文件的应用，包括文件的打开与关闭、文件的几个常用的读写函数、文件的定位及随机读写。

为了方便教学和读者编程实践，本书配有教学大纲、电子课件、所有游戏任务的程序代码、习题及参考答案，以及其他相关教学资源等内容。

本书由于延编著、周国辉主审。本书是教育部产学合作协同育人项目（项目编号：220601311200013）、高等教育教学改革项目"基于游戏化教育的数媒和计科师范专业交叉培养一流本科人才研究与实践（项目编号：SJGZ20210033)"、"头歌平台下新形态游戏化程序设计课程开放资源建设与研究（项目编号：SJGY20220350)"、"OBE 导向的 C 语言游戏化教学模式及开放资源建设研究（项目编号：XJGYFW2022017)"、"OBE 导向的 C 语言课程游戏化教学模式研究（项目编号：JKYJGY202201)"、"课程思政教学改革示范项目《高级语言程序设计》（项目编号：XKCSZ2021005)"等项目的研究成果。本书在头歌平台的配套在线实践课程"新形态 C 语言程序设计游戏化任务教程"获得第五届中国软件开源创新大赛开源案例教学赛道二等奖。

由于作者水平有限，书中不妥之处敬请广大读者批评指正。

特别说明：本书已经在头歌平台完成配套的"新形态 C 语言程序设计游戏化任务教程"建设，并在 PTA 平台完成配套题目集建设，书中所有的游戏任务均已实现在线评测，学生可以在线完成代码的设计和评测，教师可以方便地开展实践教学。配套任务教程和题目集的使用方法，请在本书资源包（可登录 http://www.abook.cn 获取）中查看，或者联系作者 QQ（915596151）索取。

目 录

CONTENTS

第 1 单元　初识 C 语言 ✏️

新成员，你好，欢迎来到 C 语言快乐星球。C 语言是一门功能强大的专业化编程语言，几乎是所有计算机相关专业学生必修的第一门编程课程。我是 C 语言快乐星球上负责培养新人的 NPC（non-player character，非玩家角色）蓝天老师，让我们一起开启奇妙又快乐的 C 语言闯关之旅吧！

本书所有内容将以游戏关卡和任务的形式呈现，希望你能按关卡和任务的顺序学习。从今天开始，让我们一起在闯关中共同经历得失成败，共同感悟酸甜苦辣，共同开启美妙的程序人生。

此时此刻，你与 C 语言已经开始了一场早已注定的心灵之约，这是一次美丽的邂逅，你将与 C 语言结下不解之缘。

准备好了吗？

第 1.1 关　美丽的邂逅

任务 1.1.1　永远的经典——"hello,world"程序

引导任务

◇ **任务描述：**

编写程序输出：hello,world。"hello,world"程序是指在计算机屏幕上输出"hello,world"这行字符串的计算机程序。这个例程因在布莱恩·克尼汉（Brian Kernighan）和丹尼斯·里奇（Dennis Ritchie）合著的 *The C Programme Language* 一书中使用而广泛流行。

◇ **输入格式：**

此程序无输入。

◇ **输出格式：**

输出一行文本：hello,world。

◇ **输入样例：**

◇ **输出样例：**

```
hello,world
```

早上好，今天是你在新手村的第一天，让我们一起来完成这个新手任务吧。这就是你在 C 语言快乐星球的第一个游戏任务——hello, world，下面让我们认识一下这个程序的代码吧！

任务代码

```
#include<stdio.h>
int main(){                     //主函数 名字:main,函数类型:int(整型)
    printf("hello,world");  //此语句输出双引号中字符串的内容
    return 0;                   //主函数返回值 0
}
```

相关知识

一、认识 C 语言程序

C 语言的源代码文件（也叫源文件）类型为普通的文本文件，可以用任何文本编辑软件编辑，C 语言源代码文件的扩展名为 ".c"。

在上述任务代码中，各行解释如下。

（1）"#include<stdio.h>"是每一个 C 语言程序必须要有的代码，它是一个编译预处理指令，含义是把库文件"stdio.h"包含到当前位置。

（2）"int main(){ ... }"这个结构叫作主函数，是每一个 C 语言程序不可缺少的部分，而且在一个 C 语言程序中只能有一个主函数。C 语言程序是由函数构成的，并且总是从主函数开始执行。主函数的名字是 main，返回值的类型一般为 int（整型）。

（3）"printf("hello,world");"称为语句，语句后必须以分号结束。printf 语句的功能是在标准输出设备（屏幕）上输出括号内字符串的内容：hello,world。

（4）""hello,world""是一个字符串常量，双引号是字符串的定界符。

（5）"return 0;"语句的功能是结束主函数的运行，并使主函数返回一个值 0。

（6）"//主函数 名字:main,函数类型:int(整型)"是程序的注释，用来解释程序的功能、流程或者算法。双斜杠开始直到行末的部分都是注释，一个双斜杠只能注释一行文字。还有一种注释方法是块注释，由"/*"开始，直到"*/"结束，可以包括多行文本，例如：

```
/*   这是一个 C 语言块注释的示例
它可以包含多行文本
可以写你想写的任何信息
*/
```

总而言之，以上任务代码的功能就是在屏幕上输出：hello,world。这就是第一个 C 语言程序，你认识了吗？

二、在 Dev C++中运行程序

关于 C 语言集成开发环境的介绍、Dev C++软件安装和使用的详细教程等内容请从本书资源包中查阅，资源包的获取和下载方法请在本书前言中查找。

1. 源程序文件的新建、保存

安装 Dev C++编译器软件后，在主界面中选择"文件"菜单下的"新建"→"源文件"

命令，或者单击工具栏上的"新建文件"按钮，或者按 Ctrl+N 组合键，都可以新建一个程序源文件。输入以下程序内容，如图 1-1 所示。

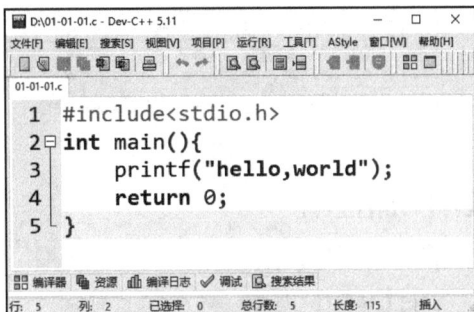

图 1-1　新建源文件

在 Dev C++编译器主界面中选择"文件"→"保存"命令，或者单击"保存"按钮，或者按 Ctrl+S 组合键，系统就会保存文件到存储器（硬盘或其他存储设备）中，如果是第一次保存，将进入图 1-2 所示的界面。

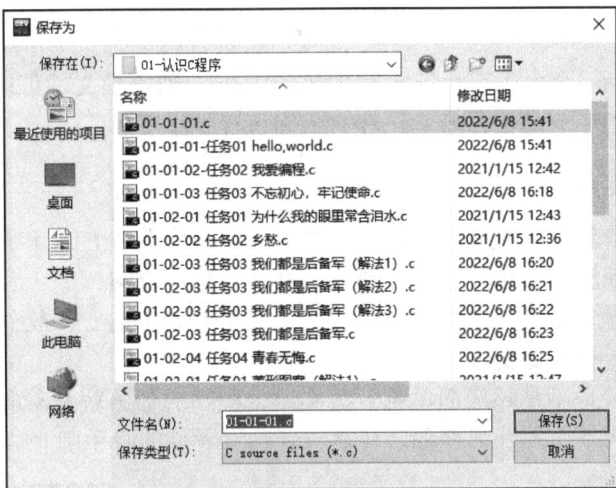

图 1-2　设置保存路径和文件名

在该界面可以选择保存路径，输入文件名"01-01-01.c"，在"保存类型"处选择"C source files(*.c)"类型，单击"保存"按钮即可完成文件的保存。

2. 源文件的编译、运行

选择"运行"→"编译"命令，或者按 F9 功能键，可对源文件（*.c）进行编译（包括链接）。编译链接成功后生成可执行文件（*.exe）。

选择"运行"→"运行"命令，或者按 F10 功能键，可执行上次编译生成的可执行文件。

选择"运行"→"编译运行"命令（图 1-3），或者按 F11 功能键，可对程序代码先编译后运行。程序的输出界面如图 1-4 所示。

"hello,world!"为程序的输出，下方的横线等内容为 Dev C++附加的功能，目的是让用户看到程序的输出，按任意键后关闭窗口。Dev C++附加输出信息给出了程序执行的时间和主函数的返回值。

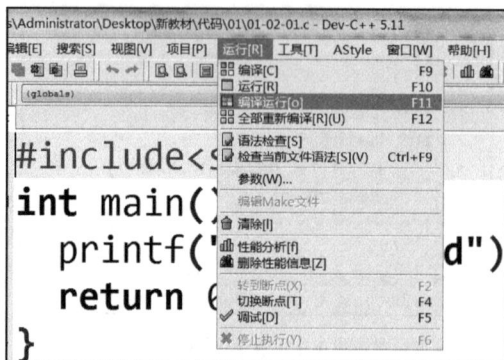

图 1-3　"编译运行"命令

图 1-4　程序的输出界面

执行编译命令后，会生成可执行文件 01-01-01.exe，双击该文件可以执行，但输出窗口一闪即消失，用户看不到结果，其实已经在瞬间执行完毕了。

三、在线平台编程训练

与本书所有关卡和任务配套的在线实践课程已经同步上线 PTA 和头歌平台，所有游戏任务均可完成在线评测，平台使用方法请在本书资源包中查阅。

刚刚我们一起学习了第一个 C 语言程序，并且分别在 Dev C++软件和在线实践平台中完成了代码设计、运行和提交。

第一个游戏任务是不是超级简单呢？其实这个程序的任务就是向屏幕输出一行文字。仿照以上任务，完成下面的练习任务，让蓝天老师看看你的身手吧！

任务 1.1.2　我爱编程

◇ **任务描述**：

　　请编程输出一行文字：I love Computer,I love Programm,I love C!。

◇ **输入格式**：

　　此程序无输入。

◇ **输出格式**：

　　参考输出样例。

◇ **输入样例**：

◇ **输出样例**：

```
I love Computer,I love Programm,I love C!
```

任务 1.1.3　不忘初心，牢记使命

◇ **任务描述：**

练习任务

党的二十大报告指出："中国共产党是为中国人民谋幸福、为中华民族谋复兴的党，也是为人类谋进步、为世界谋大同的党。我们要拓展世界眼光，深刻洞察人类发展进步潮流，积极回应各国人民普遍关切，为解决人类面临的共同问题作出贡献，以海纳百川的宽阔胸襟借鉴吸收人类一切优秀文明成果，推动建设更加美好的世界。"

编程输出以下文字：

中国共产党是为中国人民谋幸福、为中华民族谋复兴的党，也是为人类谋进步、为世界谋大同的党。

◇ **输入格式：**

此程序无输入。

◇ **输出格式：**

参考输出样例。

◇ **输入样例：**

◇ **输出样例：**

中国共产党是为中国人民谋幸福、为中华民族谋复兴的党，也是为人类谋进步、为世界谋大同的党。

你是不是轻松愉快地完成了以上练习任务呢，C 语言编程就是这么简单！在未来的闯关过程中，蓝天老师相信你一定能披荆斩棘，所向披靡！

第 1.2 关　输出多行文本

欢迎来到第 1.2 关，让我们一起继续闯关吧。

任务 1.2.1　我爱这土地

◇ **任务描述：**

引导任务

《我爱这土地》是现代诗人艾青于 1938 年写的一首现代诗。这首诗首先假借鸟儿用嘶哑的歌喉悲鸣，烘托出抗战初期悲壮的时代氛围。然后写鸟儿死后魂归大地，表现了诗人决心生于土地、歌于土地、葬于土地，与土地生死相依、忠贞不渝的强烈情感，表达了作者的一种刻骨铭心、至死不渝的最伟大、最深沉的爱国主义情怀。

请按要求输出这首诗中的名句。

◇ **输入样例：**

◇ **输出样例：**

为什么我的眼里常含泪水，
因为我对这土地爱的深沉。
　　　　　　　　——艾 青

任务代码

```
#include<stdio.h>
int main(){
    printf("为什么我的眼里常含泪水，\n");
    printf("因为我对这土地爱的深沉。\n");
    printf("        ——艾　青");
    return 0;
}
```

代码分析

（1）多个 printf 语句可以依次输出多个字符串的内容。

（2）可以在字符串中加入 "\n" 来表示换行符，在输出时如果遇到 "\n"，就会把光标移到下一行的开始处。

任务 1.2.2　乡愁

◇ **任务描述**：

《乡愁》是现代诗人余光中于 1972 年创作的一首现代诗歌。诗中借邮票、船票、坟墓、海峡这些实物，把抽象的乡愁具体化，概括了诗人漫长的生活历程和对祖国的绵绵怀念，流露出诗人深沉的历史感。全诗语言浅白真率，情感深切。《乡愁》曾被选入中学语文教科书。

请编程输出样例中的文字。

◇ **输入样例**：

◇ **输出样例**：

小时候，
乡愁是一枚小小的邮票，
我在这头，
母亲在那头。
——选自余光中的《乡愁》

任务 1.2.3　我们都是后备军

◇ **任务描述**：

中国共产主义青年团是中国共产党领导的先进青年的群团组织，是广大青年在实践中学习中国特色社会主义和共产主义的学校，是中国共产党的助手和后备军。

编程按输出样例格式输出要求的文字。

◇ **输入样例**：

◇ **输出样例：**

中国共产党是中国工人阶级的先锋队，是中国特色
社会主义事业的领导核心。
中国共产主义青年团是中国共产党领导的先进青年
的群团组织，是中国共产党的助手和后备军。

任务 1.2.4　青春无悔

练习任务

◇ **任务描述：**

加入中国共产主义青年团是每个中华少年的愿望和追求，编程按输出样例格式输出
入团誓词。

◇ **输入样例：**

◇ **输出样例：**

我志愿加入中国共产主义青年团，坚决拥护中国共产党的领导，
遵守团的章程，执行团的决议，履行团的义务，严守团的纪律，
勤奋学习，积极工作，吃苦在前，享受在后。为共产主义事业
而奋斗。

第 1.3 关　字　符　图　形

恭喜来到第 1.3 关！下面我们一起进入字符图形的世界。

任务 1.3.1　菱形图案

引导任务

◇ **任务描述：**

请编程输出以下字符图形。

◇ **输入样例：**

◇ **输出样例：**

```
  *
 ***
*****
 ***
  *
```

相信这个任务对你来说是"小菜一碟"吧？根据前面掌握的知识，利用 printf 语句和
"\n"，你一定能写出以下解法 1 中的代码，即利用多个 printf 语句输出多行文本；而对于解
法 2 中的代码，也不难理解，该解法中，利用一个 printf 语句输出了多行文本。

任务代码

解法 1：

多个 printf 语句输出多行：

```c
#include<stdio.h>
int main(){
    printf("  *\n");
    printf(" ***\n");
    printf("*****\n");
    printf(" ***\n");
    printf("  *");
    return 0;
}
```

任务代码

解法 2：

一个 printf 语句输出多行：

```c
#include<stdio.h>
int main(){
    printf("  *\n ***\n*****\n ***\n  *");
    return 0;
}
```

在 C 语言中如果多个字符串之间仅以空格、回车或 Tab（跳格符或制表符）字符分隔，表示这些字符串的连接运算，它们会首尾连接形成一个长的字符串。这样，就写出了解法 3 中的代码。

任务代码

解法 3：

字符串连接：

```c
#include<stdio.h>
int main(){
    printf(
        "  *\n"
        " ***\n"
        "*****\n"
        " ***\n"
        "  *"
    );
    return 0;
}
```

相关知识

字符串连接运算和字符流

连续书写的多个字符串，如果仅以空白字符（空格、回车或 Tab）分隔，表示字符串的连接运算，执行程序时会将它们依次连接成一个长字符串。

　　printf()函数的使用在 C 语言中其实也是一次函数调用，括号内的字符串为其参数。printf()是标准输出函数，功能是将参数字符串的内容送到标准输出设备（屏幕）中输出。

　　字符串也可以看作字符流，是若干字符的有序序列。"\n"是一个不可见字符，表示换行。

任务 1.3.2　V 形图案

◇ **任务描述：**

　　请编程输出以下 V 字形的字符图形。

◇ **输入样例：**

◇ **输出样例：**

```
*               *
**             **
***           ***
****         ****
**********
```

任务 1.3.3　祖国万岁

◇ **任务描述：**

　　"我和我的祖国，一刻也不能分割。无论我走到哪里，都流出一首赞歌……"

　　歌曲《我和我的祖国》的情感表达自然流露、朴实大方、亲切感人，生动形象地表现了每一个人和生他养他的祖国的血肉联系，是一首具有永久魅力的、深受人们喜爱的抒情歌曲。

　　请按输出样例输出"祖国万岁"。

◇ **输入样例：**

◇ **输出样例：**

```
    *                                                                    *
    *           ******       *************                  *       *   *
    *          *       *      *                  * *************        *       *   *
*****          *       *      *                  *                 *    *       *   *
    *          *       *      *  ********         *                 *   *************
    *          *       *      *          *        *    *******
  ***          *       *      *   *******         *    *       *       *******
  * *          *       *      *          *        *    *       *       *      *
 *   *         *******         *          *        *    *       *       *      *
 *   *         *      *         *   ********        *    *       *       *      *
 *   *         *       *        *          *        *    *       *       *      **
 *   *          *********         ***********         ********            ***
 *   *          *         *            *     *           *         *         ***
```

第 1.4 关　简　单　输　入

大家都很厉害，前几关都轻松地闯过了。之前我们练习的都是简单输出字符的任务，所有程序的输出结果都是确定的，无论执行多少次，执行结果都一样。

程序中主要使用的只是 printf 一种语句，输出的内容也不外乎普通字符、空格和换行符（\n）。

现在，我们来一起研究有数据输入的程序。这时的程序需要读入数据，对于不同的输入，执行结果也是不同的，如下面的任务就需要输入数据。

任务 1.4.1　a+b

◇ **任务描述：**

小白非常聪明可爱，在 5 岁时就学会了整数的加法。每一个见到他的叔叔阿姨都会给他出一道加法题，小白总是能准确无误地说出答案，从没出错。

本任务要求编程读入两个整数 a 和 b，然后输出它们的和。

◇ **输入格式：**

输入只有一行，在一行中给出两个绝对值不超过 10000 的正整数 a 和 b，整数之间以空格分隔。

◇ **输出格式：**

一个形如 a+b=c 的整数算式，具体格式见输出样例。

◇ **输入样例 1：**

2 3

◇ **输出样例 1：**

2+3=5

◇ **输入样例 2：**

520 1314

◇ **输出样例 2：**

520+1314=1834

任务代码

```c
#include<stdio.h>
int main(){
    int a,b,c;                    //定义三个整型变量a,b,c
    scanf("%d%d",&a,&b);          //输入两个整数,赋值给a,b
    c=a+b;                        //将a+b的结果赋给变量c
    printf("%d+%d=%d",a,b,c);     //输出运算结果
    return 0;
}
```

这个程序的功能就是输入两个整数，然后输出它们的和。每个语句的功能介绍如下。

代码分析

（1）语句"int a,b,c;"的功能是定义三个整型变量 a、b 和 c，用于在后面的语句中进行操作，int 是整数类型关键字。变量一定要先定义，然后才能使用。

（2）scanf 是标准输入函数，语句"scanf("%d%d",&a,&b);"的功能是从标准输入设备（键盘）上读取两个整数分别送给变量 a 和 b。字符串""%d%d""是输入数据的格式，"%d"的意义是十进制整数，接收数据的变量 a 和 b 的前面要加上运算符&。

（3）语句"c=a+b;"的功能是将表达式 a+b 的值赋给变量 c，符号"="的意义是赋值运算符，其功能为将右边表达式的值赋值给左边的变量。

（4）语句"printf("%d+%d=%d",a,b,c);"的功能是输出字符串（双引号里）的内容，其中，普通字符原样输出（如其中的+和=），"%d"是十进制整数格式说明符（也称占位符），表示在此处输出一个整数，实际输出的是后边与它对应的表达式的值。输出格式字符串中有几个%d，后边就应该一一对应几个表达式，所有参数之间用逗号分隔。

现在请你在 Dev C++软件中输入以上任务代码，按 F11 功能键编译执行。此时执行窗口中会有光标闪烁，表示等待输入。你可以输入两个整数，如"520　1314"，按 Enter 键后，输出结果：520+1314=1834，如图 1-5 所示。

图 1-5　任务代码及输出结果

这就是在程序中输入整数数据的方法，你掌握了吗？请马上完成以下的练习任务吧！

任务 1.4.2　a+b+c

◇ **任务描述**：

小明今年 5 岁，他的爸爸 34 岁，是一名程序员，妈妈 32 岁，是一名医生。小明很想知道自己家庭中三个人的年龄一共有多少岁，看来他要做的是一道三个数的加法题。

本任务要求编程读入 3 个整数 a、b 和 c，然后输出它们的和。

◇ **输入格式**：

在一行中给出三个整数，表示三个人的年龄。

◇ **输出格式**：

一个整数，a+b+c 的值。

◇ **输入样例 1：**

　5 34 32

◇ **输出样例 1：**

　71

◇ **输入样例 2：**

　15 40 41

◇ **输出样例 2：**

　96

任务 1.4.3　(a+b)*c

◇ **任务描述：**

　　学校要为每个班级配备价值 a 元的消毒器具和价值 b 元的防疫药品，学校共有 c 个班级，你知道所有器具和药品都配齐一共需要多少钱吗？

　　提示：计算公式为(a+b)*c，C 语言中星号*为乘号。

◇ **输入格式：**

　　输入只有一行，给出三个整数，分别表示题目中 a、b 和 c 的值。

◇ **输出格式：**

　　在一行中输出一个整数，表示计算结果。

◇ **输入样例：**

　200 300 24

◇ **输出样例：**

　12000

第 1.5 关　程 序 训 练

　　大家都很优秀，这几个任务都完成得非常好。通过这些程序，大家都对 C 语言程序有了大概的了解，下面我们来详细介绍 C 程序的发展历史。

　　关于 C 语言的发展和地位的内容请从本书配套的资源包中查阅。

　　了解了 C 语言的前世今生以后，快来完成以下任务吧，这一关可不简单哟！

任务 1.5.1　一年之计在于春

◇ **任务描述：**

　　一年之计在于春，编程输出用"*"组成的汉字"春"。"输出样例"中为"春"字的24×24 点阵样例。

◇ **输入样例：**

◇ **输出样例:**

```
--12345678901234567890123 4--
01              *                   01
02             ***                  02
03             **    **              03
04      *****************            04
05             **                    05
06             **      **            06
07       ****************            07
08             **                    08
09             **        **          09
10     **********************        10
11         **      *                 11
12         **     **                 12
13         **     **                 13
14       *************                14
15       ****      *****              15
16     ** **        **   ****         16
17    *   **        **     *          17
18    *  ***********                  18
19        **      **                  19
20        **      **                  20
21        **      **                  21
22        ***********                 22
23        **      **                  23
24        *        *                  24
--12345678901234567890123 4--
```

任务 1.5.2　超级玛丽

◇ **任务描述:**

超级玛丽是一款非常经典的游戏。请你用字符画的形式输出超级玛丽中的一个场景。

◇ **输入样例:**

◇ **输出样例:**

任务 1.5.3～任务 1.5.6 请从本书配套的资源包中查阅。

习题 1

习题 1 及其参考答案和代码请从本书配套的资源包中查阅。

第2单元 数 据 ✏️

大家好，我们又见面了！从今天开始，我们正式学习 C 语言的各项语法和程序设计方法。任何一个程序都离不开数据，所有程序的本质都是操作数据。那么，计算机是如何存储和管理各种类型的数据呢？下面，我们就从认识数据开始学习吧！

第 2.1 关 数 据 类 型

任务 2.1.1 认识数据类型

◇ **任务描述：**

程序=数据结构+算法。数据是程序的处理对象，每种数据类型的数据在内存中所占的空间数量是不同的，通过 sizeof() 运算符可以计算。例如，sizeof(int) 的值为 4，表示 int 型数据在内存中占据 4 字节。

请按顺序输出以下 8 种数据类型在内存中所占据的字节数，两个数据之间分隔一个空格。

整数型：char、short [int]、int、long [int]、long long [int]。

浮点型：float、double、long double。

◇ **输入样例：**

◇ **输出样例：**

1 2 4 4 8 4 8 16

任务代码

```c
#include<stdio.h>
int main(){
    printf("%d %d %d %d %d %d %d %d",
            sizeof(char),
            sizeof(short int),
            sizeof(int),
            sizeof(long int),
            sizeof(long long int),
            sizeof(float),
```

```
        sizeof(double),
        sizeof(long double)
    );
  return 0;
}
```

相关知识

一、数据类型

1. 程序 = 算法 + 数据结构

通过完成第 1 单元的任务，我们知道，程序处理的对象是数据，程序是指令的有序集合。图灵奖的获得者瑞士计算机科学家尼克劳斯·沃斯（Niklaus Wirth）有一句计算机领域人尽皆知的名言："算法+数据结构=程序"，他在 1976 年曾出版一本同名著作 *Algorithms + Data Structures = Programs*。

2. 数据类型

在 C 语言中，任何一个数据都必须属于一种数据类型。数据与操作构成程序的两个基本要素，数据类型可以看作数据的"抽象"。

C 语言提供了丰富的数据类型，总体上可以分为基本类型、构造类型、指针类型和空类型四类，如图 2-1 所示。在这一单元中，我们只学习基本类型中的整型、实型和字符型。其他的数据类型会在以后的单元中进行详细介绍。

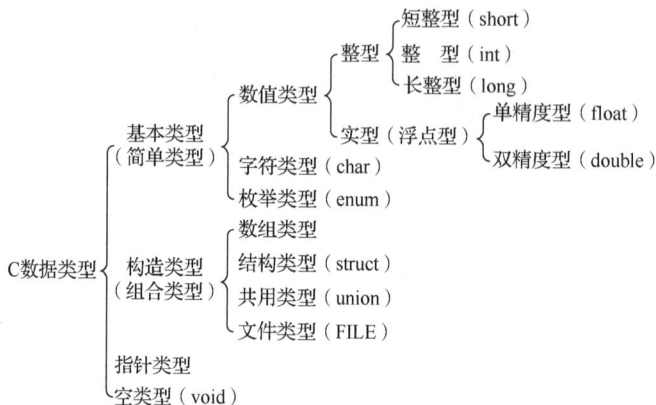

图 2-1　C 语言的数据类型

由图 2-1 可以看出，每种数据类型都用一个固定单词（关键字或标识符）来表示，如我们已经知道关键字 int 表示的是整型。

每种类型的数据都占据固定大小的存储空间，所以它们都有自己的取值范围。各种数据类型的名称、占据的存储空间及取值范围如表 2-1 所示。

表 2-1　C 语言数据类型、大小与取值范围

类型	类型关键字	字节	位	取值范围
字符型	char	1	8	−128～+127
短整型	short [int]	2	16	−32768～+32767
整型	int	4	32	−2147483648～+2147483647
长整型	long [int]	4	32	−2147483648～+2147483647
超长整型	long long [int]	8	64	−9223372036854775808～+9223372036854775807
单精度实型	float	4	32	3.4E−38～3.4E+38
双精度实型	double	8	64	1.7E−308～1.7E+308
长双精度实型	long double	16	128	3.4E−4932～1.1E+4932
无符号字符型	unsigned char	1	8	0～255
无符号短整型	unsigned short [int]	2	16	0～65535
无符号整型	unsigned [int]	4	32	0～4294967295
无符号长整型	unsigned long [int]	4	32	0～4294967295
无符号超长整型	unsigned long long [int]	8	64	0～18446744073709551615

二、数据存储

1. 所有数据都以二进制形式存储

计算机的硬件是由逻辑电路组成的，逻辑电路通常只能识别接通与断开（或者高电平和低电平）两个状态，这两种状态可以用数字 0 和 1 表示。因为只能识别 0 和 1 两个数据，所以在计算机内部采用二进制形式来表示数据，0 和 1 被称为二进制的两个位（bit）。

2. 存储单位

计算机的存储空间以字节（byte，B）为基本单位，1 字节由 8 个二进制位（bit）构成。存储空间的单位从小到大依次为字节（B）、千字节（kilo byte，KB）、兆字节（mega byte，MB，简称兆）、吉字节（giga byte，GB，简称吉）、太字节（tera byte，TB，简称太）、拍字节（peta byte，PB，简称拍）、艾字节（exa byte，EB，简称艾）、泽字节（zetta byte，ZB，简称泽）、尧字节（yotta byte，YB，简称尧）等。它们之间的换算关系如下：

$$1B=8bit$$
$$1KB=1024B$$
$$1MB=1024KB$$
$$1GB=1024MB$$
$$1TB=1024GB$$
$$1PB=1024TB$$
$$1EB=1024PB$$
$$1ZB=1024EB$$
$$1YB=1024ZB$$

在 PTA（programming teaching assistant，程序设计类实验辅助教学平台）或头歌平台上正确提交本节的引导任务代码，如果答案是正确的，则说明在 PTA 中 long int 类型数据的空间大小为 8 字节。然后，在 Dev C++中执行以上代码，可能看到的结果如图 2-2 所示。

```
#include<stdio.h>
int main(){
    printf("%d %d %d %d %d %d %d %d",
            sizeof(char),
            sizeof(short int),
            sizeof(int),
            sizeof(long int),
            sizeof(long long int),
            sizeof(float),
            sizeof(double),
            sizeof(long double)
        );
    return 0;
}
```

```
C:\Users\Administrator\Documents\003.exe
1 2 4 4 8 4 8 16

Process exited after 0.4276 sec
请按任意键继续. . .
```

图 2-2   执行后的结果

执行结果显示，long int 类型在计算机上占据存储空间 4 字节。这是为什么呢？

因为在不同的操作系统和编译系统中，某个数据类型所占据的内存空间大小有可能是不同的，这取决于系统的不同设计，也就是说上述代码在不同的计算机中、不同的操作系统下、不同的编译环境下，执行结果可能是不同的。

3. 格式说明符%d

printf 函数第一个参数中的"%d"，代表的是一个十进制整数的格式说明符（占位符），实际输出的值为后面对应的表达式的值。

C 语言程序的书写格式规范很宽松，一条语句可以写在多行，一行也可以写多条语句。

任务 2.1.2　无符号整型

◇ **任务描述：**

C 语言的每个整数类型都对应一种无符号类型，如 unsigned char、unsigned short [int]、unsigned int、unsigned long [int]、unsigned long long [int]。

通过 sizeof()运算符可以计算每种类型的数据在内存中所占的字节数量。例如，若 sizeof(unsigned int)的值为 4，则表示 unsigned int 型数据在内存中占据 4 字节。

请按顺序输出以上五种数据类型在内存中占据的字节数，两个数据之间间隔一个空格。

◇ **输入样例：**

◇ **输出样例：**

1 2 4 8 8

这个练习任务你一定顺利完成了吧？你注意到了吗？每一种无符号类型与它对应的有符号类型所占存储空间的大小（字节数）是一致的。

第 2.2 关 整 型 常 量

任务 2.2.1 两个一百年

练习任务

◇ 任务描述：

党的二十大报告指出"完成脱贫攻坚、全面建成小康社会的历史任务，实现第一个百年奋斗目标"，"从现在起，中国共产党的中心任务就是团结带领全国各族人民全面建成社会主义现代化强国、实现第二个百年奋斗目标，以中国式现代化全面推进中华民族伟大复兴"。

"两个一百年"奋斗目标，与中国梦一起，成为引领中国前行的时代号召，成为全国各族人民共同的奋斗目标。

现在，你幸福地生活在 21 世纪的某个年度里，你知道今年是建党多少周年和新中国成立多少周年吗？

◇ 输入格式：

一个整数 n（n≥2000），代表某个年度数。

◇ 输出格式：

两个整数，以空格分隔，分别代表建党周年数和新中国成立周年数。

◇ 输入样例：

2049

◇ 输出样例：

128 100

任务代码

```c
#include<stdio.h>
int main(){
    int n;
    scanf("%d",&n);
    printf("%d %d",n-1921,n-1949);
    return 0;
}
```

相关知识

常量和变量

程序运行的过程中，值不变的量称为常量，常量可分为字面常量和符号常量。字面常量就是直接写出来的一个数据，符号常量则是用一个标识符来代表一个常量。

程序运行的过程中，值可以改变的量称为变量。

每个常量和变量都必须归属于一个确定的数据类型，不同类型的常量和变量占据不同大小的存储空间，具有不同的表示范围。

上述代码中的 1921、1949 和 0 都是字面常量，n 是变量。

任务 2.2.2 答题时间

◇ **任务描述：**

小白参加期末考试，于 H1 时 M1 分开始答题，于 H2 时 M2 分交卷，时间采用 24 小时制。请你算算小白此次考试用了多少分钟。

◇ **输入格式：**

空格分隔的四个整数，分别表示 H1、M1、H2、M2。

◇ **输出格式：**

一个整数。

◇ **输入样例：**

8 30 9 10

◇ **输出样例：**

40

任务 2.2.3 认识整型常量

◇ **任务描述：**

整型常量有八进制、十进制、十六进制三种表示形式。编写程序输入三个整数，按要求输出它们的不同表示形式。

◇ **输入格式：**

以空格分隔的三个整数，其中第一个为十进制数，第二个为八进制数，第三个为十六进制数。

◇ **输出格式：**

请按输出样例形式输出这三个数的不同表示形式，其中：

第一行输出十进制形式；

第二行输出八进制形式；

第三行输出带前导 0 的八进制形式；

第四行输出十六进制形式，字母数字小写；

第五行输出十六进制形式，字母数字大写；

第六行输出十六进制形式，字母数字小写，并输出前导 0x。

◇ **输入样例：**

```
2298  04372  0X8FA
```

◇ **输出样例：**

```
2298,2298,2298
4372,4372,4372
04372,04372,04372
8fa,8fa,8fa
8FA,8FA,8FA
0x8fa,0x8fa,0x8fa
```

任务代码

```c
#include<stdio.h>
int main(){
    int a,b,c;
    scanf("%d%o%x",&a,&b,&c);
    printf("%d,%d,%d\n",a,b,c);      //十进制形式
    printf("%o,%o,%o\n",a,b,c);      //八进制形式
    printf("%#o,%#o,%#o\n",a,b,c);//八进制形式,带前导 0
    printf("%x,%x,%x\n",a,b,c);      //十六进制形式,字母数字小写
    printf("%X,%X,%X\n",a,b,c);      //十六进制形式,字母数字大写
    printf("%#x,%#x,%#x",a,b,c);    //十六进制形式,带前导 0x
    return 0;
}
```

相关知识

整型常量

1. 整型常量的表示

整型常量在 C 语言程序中有多种表示方法。

（1）十进制整数。由 0～9 十个数字表示的整数，逢 10 进 1，整数前不能加前导 0，如 521、-9、0、123、456、2147483647 等。

（2）八进制整数。以数字 0 开头，由 0～7 八个数字表示的整数，逢 8 进 1，如 0521、-04、+0123、556677 等。

（3）十六进制整数。以 0x 开头，由 0～9 和 A～F 十六个数字或字母表示的整数，逢 16 进 1，如 0x521、-0x9、0x5A6B7F 等。字符 x 和数字 A～F 可以大写也可以小写。

C 语言对于没有后缀且在 int 表示范围内的整型常量都视为 int 型，对于超过此范围的整数，根据其大小范围依次认定为 unsigned int、long [int]、unsigned long [int]、long long [int] 或 unsigned long long [int]型。

（1）L 后缀。可以在整型常量的末尾加上字符 L 或 LL 来特别说明这是一个 long [int]型或 long long [int]型的整型常量，如 521L、034LL、0xAL 等（L 可小写）。

（2）U 后缀。可以在一个整型常量的末尾加上字符 u 或 U 来特别说明一个无符号整型常量。L、LL 和 U 的位置可以互换，如 12U、12LU、12ULL 都是正确的表示方法。

2．整型数据格式说明符

我们已经知道，"%d"是十进制整数说明符，"%o"是八进制整数说明符，"%x"是十六进制整数说明符，百分号后面的字母 x 也可以大写。这三种形式可以用于 scanf 语句中输入相应格式的整数。

语句"scanf("%d%o%x",&a,&b,&c);"的功能是依次输入十进制、八进制和十六进制三个整数，分别赋值给 int 型变量 a、b 和 c。

在 printf 语句中输出整数时有以下多种形式可以选择。

（1）%o 以八进制形式输出，%#o 表示输出前导 0；

（2）%x 以十六进制形式输出，%#x 表示输出前导 0x，数字中的字母和前导 x 都是小写；当以%X 或%#X 格式输出十六进制数据时，数字中的字母和前导 X 都是大写。

整型常量数据的表示和输入输出的基本规则，大家清楚了吧？如果不太清楚，就多多练习，慢慢熟悉就好了。

第 2.3 关　实　型　常　量

任务 2.3.1　小麦丰收了

◇ **任务描述**：

小康村的小麦丰收了，收获后的小麦被堆成一个圆柱形的粮仓。经测量后得知，该粮仓的底面半径为 r（单位：m），高为 h（单位：m）。

假设 1m³ 小麦重 450kg，请你算一算这堆小麦有多少千克。

假设每吨小麦的价格是 3500 元，那么，编写程序计算这堆小麦的价值。

提示：圆周率π取 3.14159265。

◇ **输入格式**：

输入两个实数，表示粮仓的底面半径和高。

◇ **输出格式**：

输出两个实数，即小麦的质量和价值（单位：万元），保留到小数点后四位。

◇ **输入样例**：

    1.5 2.5

◇ **输出样例**：

    7952.1564 27832.5474

任务代码

```c
#include<stdio.h>
#define PI 3.14159265
int main(){
    double r,h,v;
    scanf("%lf%lf",&r,&h);
    v=PI*r*r*h;
    printf("%.4lf %.4lf",v*450.,v*450.00*3.5);
    return 0;
}
```

代码分析

程序中的 3.14159265、450.、450.00、3.5 都是合法的实型常量，标识符 PI 是符号常量。

（1）语句 "double r,h,v;" 的功能是定义三个 double 型的变量 r、h 和 v。

（2）语句 "scanf("%lf%lf",&r,&h);" 的功能是输入两个实数，赋值给变量 r 和 h。"%lf" 是实型数据格式说明符，此处用于输入实数。

（3）语句 "v=PI*r*r*h;" 的功能是将表达式 "PI*r*r*h" 的值赋给左侧的变量 v。

（4）语句 " printf("%.4lf %.4lf",v*450.,v*450.00*3.5); " 的功能是输出格式字符串 ""%.4lf %.4lf"" 的内容。"%lf" 用于输出实型数据，默认输出 6 位小数，"%.4lf" 在输出实型数据时保留 4 位小数。

该程序语句首先输出 "v*450." 的值，再原样输出一个空格，最后输出表达式 "v*450.00*3.5" 的值。

相关知识

一、实型常量的表示

实型常量用十进制表示，有如下两种表示方法。

（1）小数形式：如 3.14159265、-0.618 等。其中，小数点前或后的唯一 0 可以省略，但不能全省略，如 100.、.618、-.618、.0、0.等都是正确的表示方法。

（2）指数形式：当一个实数很小或很大时，用小数形式表示起来十分困难，而用指数形式表示就很方便，其格式为 "±尾数部分 E±指数部分"（E 也可小写）。例如，-1.2e+2 表示-1.2×10^2、1.32E-2 表示 1.32×10^{-2}，e 或 E 前后必须都有数字，且 e 或 E 后必须为整数。

不加后缀说明的所有实型常量都被解释成 double 类型；在实型常量后加上字符 f 或 F 后缀，可以将其说明为 float 类型；在实型常量后加上字符 l 或 L 后缀，可以将其说明为 long double 类型。例如，常量 3.14159265 是 double 类型，常量 3.14159265F 是 float 类型，常量 3.14159265L 是 long double 类型。

二、符号常量

定义符号常量的格式为

```
#define  符号常量标识符  值
```

程序中，指令"#define PI 3.14159265"的意义是定义一个符号常量 PI，其值是 3.14159265。这样在程序中就可以使用 PI 来进行运算了。

符号常量的值一经定义，就不允许改变。符号常量的定义属于编译预处理指令，通常放在主函数外的程序开始处。实质上是在程序正式编译之前的预处理时，将程序中的所有 PI 都替换成 3.14159265，然后编译执行。也就是说，符号常量的实质是正式编译前预处理时的替换。

任务 2.3.2 男性标准体重

◇ **任务描述**：

根据世界卫生组织推荐的计算方法，男性标准体重的计算方法为 [身高（单位：cm）-80] × 70%。本任务要求输入一个表示某男性身高的实数（单位为 m，小数点后最多两位），输出此人的标准体重，小数点后保留两位。

◇ **输入格式**：

输入只有一行，一个实数。

◇ **输出格式**：

在一行中输出标准体重结果，结果后输出 kg。

◇ **输入样例**：

```
1.85
```

◇ **输出样例**：

```
73.50kg
```

任务 2.3.3 实数运算

◇ **任务描述**：

本任务要求输入两个实数，然后分别输出这两个数的和及乘积。

◇ **输入格式**：

输入只有一行，两个实数用空格分开。

◇ **输出格式**：

在一行中输出两个值，中间以一个空格分隔，每个值保留小数点后三位。

◇ **输入样例：**

```
3.14159  2.71828
```

◇ **输出样例：**

```
5.860 8.540
```

任务 2.3.4 计算圆的面积

◇ **任务描述：**

本任务要求输入一个表示圆半径的实数，输出这个圆的面积。程序中的圆周率取 3.14159265。

◇ **输入格式：**

输入只有一行，一个实数。

◇ **输出格式：**

在一行中输出结果，保留小数点后四位。

◇ **输入样例：**

```
1.0
```

◇ **输出样例：**

```
3.1416
```

第 2.4 关 字符型常量

任务 2.4.1 字符型实质上是整型

◇ **任务描述：**

C 语言中字符型数据的实质是整型数据，它是 1 字节的整数，取值范围是 -128～+127。字符型数据在内存中实质上存储的是它的 ASCII 值，字符型数据和整型数据可以混合运算。

◇ **输入格式：**

首先是一个字符 A，然后跟一个 32～126 范围内的正整数 N。

◇ **输出格式：**

第一行输出字符 A 的 ASCII 值和整数 N 的值，用一个空格分隔。

第二行输出字符 A 和 ASCII 值为 N 的字符。

第三行输出字符 A 后相邻的字符，再输出 ASCII 值为 N+1 的字符。

◇ **输入样例:**

A 97

◇ **输出样例:**

65,97
A,a
B,b

任务代码

```c
#include<stdio.h>
int main(){
    char a;
    int n;
    scanf("%c%d",&a,&n);
    printf("%d,%d\n",a,n);
    printf("%c,%c\n",a,n);
    printf("%c,%c",a+1,n+1);
    return 0;
}
```

代码分析

（1）语句"char a;"的功能是定义字符型变量 a；语句"int n;"的功能是定义整型变量 n。

（2）语句"scanf("%c%d",&a,&n);"的功能是输入一个字符和整数，赋值给变量 a 和 n。其中，"%c"是字符型格式说明符，在这里指输入一个字符。

（3）语句"printf("%d,%d\n",a,n);"的功能是输出两个以逗号分隔的整数和回车。第一个%d 输出的是表达式 a 的值，就是字符 a 的 ASCII 值，字符 a 可以直接作为整型数据使用；第二个%d 输出的是整数 n 的值。

（4）语句"printf("%c,%c\n",a,n);"的功能是输出两个以逗号分隔的字符和回车。第一个%c 输出的是字符 a；第二个%c 输出的是以 n 为 ASCII 值的字符，这里的整数 n 将以字符的身份输出。

（5）语句"printf("%c,%c",a+1,n+1);"的功能也是输出两个以逗号分隔的字符。第一个%c 输出的是以 a+1 为 ASCII 值的字符，这里的字符 a 和整数 1 可以直接相加；第二个%c 输出的是以 n+1 为 ASCII 值的字符。

通过以上的学习和分析，大家应该明白字符型数据的原理了吧！

相关知识

一、ASCII

ASCII（American standard code for information interchange，美国标准信息交换代码）是

基于拉丁字母的一套计算机编码系统，主要用于显示现代英语和其他西欧语言。它是现今最通用的单字节编码系统，并等同于国际标准 ISO/IEC 646。

ASCII 使用 8 位二进制数组合（正好 1 字节）来表示 0～255 共 256 种可能的字符，如表 2-2 所示。其中，前 128 个字符是标准 ASCII，表示所有的大小写字母、数字 0～9、标点符号，以及在美式英语中使用的特殊控制字符；后 128 个字符是扩展 ASCII，一般用来表示特殊符号、外来语字母和图形符号。

表 2-2 标准 ASCII 值对照表

ASCII 值	字符	ASCII 值	字符	ASCII 值	字符	ASCII 值	字符	ASCII 值	字符	ASCII 值	字符
0	NUL	22	SYN	44	,	66	B	88	X	110	n
1	SOH	23	ETB	45	-	67	C	89	Y	111	o
2	STX	24	CAN	46	.	68	D	90	Z	112	p
3	ETX	25	EM	47	/	69	E	91	[	113	q
4	EOT	26	SUB	48	0	70	F	92	\	114	r
5	ENQ	27	ESC	49	1	71	G	93	]	115	s
6	ACK	28	FS	50	2	72	H	94	^	116	t
7	BEL	29	GS	51	3	73	I	95	_	117	u
8	BS	30	RS	52	4	74	J	96	`	118	v
9	HT	31	US	53	5	75	K	97	a	119	w
10	LF	32	空格	54	6	76	L	98	b	120	x
11	VT	33	!	55	7	77	M	99	c	121	y
12	FF	34	"	56	8	78	N	100	d	122	z
13	CR	35	#	57	9	79	O	101	e	123	{
14	SO	36	$	58	:	80	P	102	f	124	|
15	SI	37	%	59	;	81	Q	103	g	125	}
16	DLE	38	&	60	<	82	R	104	h	126	~
17	DC1	39	'	61	=	83	S	105	i	127	DEL
18	DC2	40	(	62	>	84	T	106	j		
19	DC3	41	)	63	?	85	U	107	k		
20	DC4	42	*	64	@	86	V	108	l		
21	NAK	43	+	65	A	87	W	109	m		

二、字符型常量

字符型常量是由一对单引号括起来的一个字符。字符常量的表示方法有两种：普通字符和转义字符。

普通字符就是用单引号将一个单字符括起来，如'A'、'6'、'$'、';'、'>'、'G'、'?' 等。单引号只是一对定界符，在普通字符表示中只能包括一个字符。

转义字符是指用形如 '\???' 的形式来表示一个字符，常用的转义字符及其含义如表 2-3 所示。

表 2-3　常用的转义字符及其含义

转义字符	含义
'\a'	报警（ANSI C）
'\n'	换行
'\t'	Tab 字符，横向（水平）跳格到下一个 Tab 位置
'\v'	竖向跳格
'\b'	退格
'\r'	回车
'\f'	走纸换页
'\\'	反斜杠(\)
'\''	单引号(')
'\"'	双引号(")
'\?'	问号(?)
'\ddd'	1～3 位八进制数（ASCII 值）所代表的字符
'\xhh'	1～2 位十六进制数（ASCII 值）所代表的字符
'\0'	空字符（ASCII 值为 0），通常作为字符串结束标记

由于字符'A'的 ASCII 值为十进制数 65，用八进制表示是 0101，用十六进制表示是 0x41，所以字符'\101'和'\X41'都表示字符'A'。用这种方法可以表示任何字符。例如，'\141'表示字符'a'；'\0'、'\000'和'\x00'代表的都是 ASCII 值为 0 的控制字符，即空字符。空字符用来作为字符串结束的标记。

三、字符型数据在内存中的表示

字符型数据在内存中是以整型数据形式存储的。举例来说，字符'A'在内存中占 1 字节，存储的是整型数据 65（字符'A'的 ASCII 值），也就是说字符型数据是占 1 字节的整数。

由表 2-2 可知，所有大写英文字母的 ASCII 值比它们的小写形式小 32。也就是说，'A'+32 的值是 97，也就是'a'；'b'-32 的值是 66，也就是'B'。

字符型数据和整型数据是可以通用、混合运算的。字符型数据可以当作整型数据使用，整型数据也可以当作字符型数据使用。

四、字符串常量

字符串常量是以双引号括起来的一串字符序列，如"This is a c program."、"ABC"、"I LOVE C"或""（空串）等。其中，双引号为字符串的定界符，不属于字符串的内容。

字符串常量在内存中的某个起始存储单元开始依次存储各个字符（实际存储的是 ASCII 值），并在最末字符的下一个字节位置额外存储一个空字符'\0'，表示字符串结束。因此，字符串数据在内存中存储在一块连续的地址空间中，所占内存空间长度为其实际字符个数加 1。例如，字符串"CHINA'在内存中所占用的存储空间是 6 字节，验证代码如下。

```c
#include<stdio.h>
int main(){
```

```
    printf("%d", sizeof("CHINA") );
    return 0;
}
```

执行程序输出：

```
6
```

任务 2.4.2 英文字母变换

◇ **任务描述：**

输入数据为一个大写字母 A 和小写字母 b（没有空格），编程分别输出它们对应的小写或大写字母。

◇ **输入样例 1：**

```
Am
```

◇ **输出样例 1：**

```
aM
```

◇ **输入样例 2：**

```
Xy
```

◇ **输出样例 2：**

```
xY
```

第 2.5 关 变 量

任务 2.5.1 小明父亲的工资

◇ **任务描述：**

小明想知道父亲的工资，请编程帮助计算。本任务要求输入小明父亲每个月的工资数（单位：元，实数）和工作时间（月份数，整数），另外，发工资时要扣除 15% 的个人所得税，输出应发工资总额（实数，保留两位小数）。

◇ **输入格式：**

在一行中输入两个值，一个是月工资数，另一个是工作月数。

◇ **输出格式：**

只输出一个实数，保留两位小数。

◇ **输入样例：**

```
10000  12
```

◇ **输出样例：**

```
102000.00
```

任务代码

```c
#include<stdio.h>
int main(){
    double x,s;                //double 型变量，x 表示月工资数，s 表示应发工资总额
    int t;                     //int 型变量，表示工作月数
    scanf("%lf%d",&x,&t);      //输入数据赋给变量 x 和 t
    s=x*t*(1-0.15);            //计算应发工资总额
    printf("%.2lf",s);         //输出结果
    return 0;
}
```

代码分析

该任务代码定义了两个 double 型变量（x,s）和一个 int 型变量 t。

（1）语句"scanf("%lf%d",&x,&t);"的功能是输入一个实数和一个整数，输入数据之间可由空格、Tab 或回车分隔，输入的数据按顺序赋给右边的变量 x 和 t。

（2）语句"s=x*t*(1-0.15);"的功能是计算工资总额，赋给左边的变量 s。

（3）语句"printf("%.2lf",s);"的功能是输出结果，其中，"%.2lf"说明在输出数据时保留两位小数。

相关知识

变量

在程序运行的过程中，值可以改变的量称为变量。变量有不同的数据类型，占据不同大小的存储空间，具有不同的表示范围。变量的基本属性包括变量名称、变量类型和变量值。

每一个变量都有一个变量名称，都从属于某一个数据类型，在其生存期内的每一时刻都有值。变量一经定义，其类型就不再改变。

1. 变量的定义

变量定义语句的一般格式为

数据类型标识符　变量名列表；

变量名列表中如果有多个变量，那么变量之间要用逗号分隔。变量一定要先定义后使用，并且在同一个作用域内变量不可重复定义。例如，以下变量的定义都是合理的：

```c
int a,b,s;
short f;
long p,q,r;
```

```
unsigned long k;
char c1,c2;
float x,y;
double d1,d2;
```

2. 变量的赋初值

第一次给变量赋值，也称为给变量赋初值。给变量赋初值可以通过一个单独的赋值语句来完成。例如：

```
int a;    a=8;
```

给变量赋初值也可以在定义变量的时候一次完成。例如：

```
int a=8;          //定义变量 a 为整型，同时赋初值为 8
float f=3.14;     //定义变量 f 为单精度实型，同时赋初值为 3.14
double d=0.5;     //定义变量 d 为双精度实型，同时赋初值为 0.5
```

我们也可以在定义变量时，只给部分变量赋初值。例如：

```
int a=3,b,c;      //定义 a,b,c 三个整型变量，只给 a 赋初值 3
```

定义变量，必须一个一个进行。例如，如果想给多个变量（a,b,c,d）赋相同的初值 6，则必须写成

```
int a=6,b=6,c=6,d=6;
```

不允许写成

```
int a=b=c=d=6;
```

任务 2.5.2　鸡兔同笼

◇ **任务描述**：

中国古代《孙子算经》中记载了有趣的"鸡兔同笼"问题："雉兔同笼，上有三十五头，下有九十四足，问雉兔各几何？"请编程输入一组可能的头的数量和脚的数量，分别输出鸡兔各多少只。（提示：可能的数据有头 35 脚 94、头 88 脚 244、头 100 脚 200、头 80 脚 240 等。）

◇ **输入格式**：

头的数量和脚的数量。

◇ **输出格式**：

鸡的数量和兔的数量，中间空一格。

◇ **输入样例 1**：

10 30

◇ **输出样例 1**：

5 5

◇ **输入样例 2：**

```
100 200
```

◇ **输出样例 2：**

```
100 0
```

习题 2

习题 2 及其参考答案和代码请从本书配套的资源包中查阅。

第3单元 运　算 ✎

任何程序的根本任务都是操作数据，数据操作的实质就是各种运算。C 语言提供了丰富的运算符，这使 C 语言的功能十分完善，这也是 C 语言的特点之一。

第 3.1 关　基本算术运算

任务 3.1.1　勾股定理

引导任务

◇ **任务描述**：

　　勾股定理是几何学中一颗光彩夺目的明珠，被称为"几何学的基石"。中国是发现和研究勾股定理较古老的国家之一。勾股定理是指直角三角形两直角边的平方和等于斜边的平方。如果用 a、b 和 c 分别表示直角三角形的两直角边和斜边，那么 $a^2+b^2=c^2$。

　　若三个正整数 a,b,c 满足 $a^2+b^2=c^2$，则称 a,b,c 是勾股数。

　　可以证明，对任意一个正整数 n，设 a=2n+1，b=2n(n+1)，c=b+1，则 a,b,c 就是一组勾股数。

◇ **输入格式**：

　　一个正整数 n。

◇ **输出格式**：

　　请按输出样例格式输出题目中算出的一组勾股数。

◇ **输入样例 1**：

　　1

◇ **输出样例 1**：

　　(3,4,5)

◇ **输入样例 2**：

　　3

◇ **输出样例 2**：

　　(7,24,25)

任务代码

```c
#include<stdio.h>
int main(){
    int n,a,b,c;
    scanf("%d",&n);
    a=2*n+1;
    b=2*n*(n+1);
    c=b+1;
    printf("(%d,%d,%d)",a,b,c);
    return 0;
}
```

代码分析

该任务代码首先定义四个整型变量，然后输入变量 n 的值，接下来通过三个赋值语句分别计算 a、b、c 的值，最后按格式要求输出。

代码中用到了加法、乘法和括号，下面我们就一起来看看 C 语言中的运算符吧。

相关知识

一、运算符、表达式、优先级和结合性

1. 运算符

运算符是指表达操作数之间运算规则的符号。C 语言的运算符包括算术运算符、关系运算符、逻辑运算符、位运算符、赋值运算符、条件运算符、逗号运算符、指针运算符、求字节数运算符、强制类型转换运算符、分量运算符、下标运算符等多种类型。

只需要一个操作对象的运算符（如!、++、--等）称为单目运算符；需要两个操作对象的运算符（如加号+、减号-等）称为双目运算符；需要三个操作对象的运算符（如 ?: 等）称为三目运算符。

2. 表达式

表达式是指用运算符将运算对象连接起来的式子。运算对象包括常量、变量、函数等。例如，表达式 a+b、a*b+c、3.1415926*r*r、(a+b)*c-10/d、sin(x)/cos(y)、a>=b、m+3<n-2、x>y&&y>z、a*b+6/c-1.2+'a'都是正确的表达式。特别地，15、3.1415926、x、(n)等也是正确的表达式。

3. 优先级和结合性

每种运算符都有不同的优先级别，当在一个表达式中有多种运算混合时，运算次序要严格按优先级别进行，所有的运算符中，括号的优先级最高。C 语言中运算符的优先级和结合性如表 3-1 所示。

表 3-1 C 语言中运算符的优先级和结合性

优先级	运算符	名称	运算对象个数	结合方向
1	( ) [ ] -> .	圆括号 下标运算符 指向结构体成员运算符 结构体成员运算符		自左至右
2	! ~ ++ -- - (类型说明符) * & sizeof()	逻辑非运算符 按位取反运算符 自增 1 运算符 自减 1 运算符 负号 类型转换运算符 指针运算符 取地址运算符 取长度运算符	1（单目运算符）	自右至左
3	* / %	乘法运算符 除法运算符 取余运算符	2（双目运算符）	自左至右
4	+ -	加法运算符 减法运算符	2（双目运算符）	自左至右
5	<< >>	左移运算符 右移运算符	2（双目运算符）	自左至右
6	<、<=、>、>=	关系运算符	2（双目运算符）	自左至右
7	== !=	等于运算符 不等于运算符	2（双目运算符）	自左至右
8	&	按位与运算符	2（双目运算符）	自左至右
9	^	按位异或运算	2（双目运算符）	自左至右
10	|	按位或运算符	2（双目运算符）	自左至右
11	&&	逻辑与运算符（并且）	2（双目运算符）	自左至右
12	||	逻辑或运算符（或者）	2（双目运算符）	自左至右
13	?:	条件运算符	3（三目运算符）	自右至左
14	=、+=、-= *=、/=、%=、>>=、<<=、&=、^=、|=	赋值运算符 及各种复合赋值运算符	2（双目运算符）	自右至左
15	,	逗号运算符		自左至右

在求解表达式的值时，应根据运算符的优先级和结合性进行运算，具体规定如下：

（1）在求解某个表达式时，如果某个操作对象的左右两侧都出现运算符，则按运算符优先级别高低的次序执行运算。

例如，在表达式"a+b*c"中，操作对象 b 的左侧为加号运算符，右侧为乘号运算符，而乘号运算符的优先级高于加号，所以 b 优先和其右侧的乘号结合，即先运算 b*c，表达式相当于"a+(b*c)"。

（2）在表达式求值时，如果某个操作对象的左右两侧都出现运算符且优先级别相同，则按运算符的结合性来决定运算次序。

例如，在表达式"a+b-c"中，操作对象 b 的左侧为加号运算符，右侧为减号运算符，而减号运算符与加号运算符的优先级别相同。这时我们要看加号和减号的结合性，由于它们的结合性是"自左至右"，因此运算对象 b 优先和其左侧的加号结合，即先运算 a+b，表达式相当于"(a+b)-c"。

4. 不同类型数据的混合运算

C 语言规定，只有类型相同的两个操作对象才能一起运算。如果运算符两侧的操作对象类型不同但相容（如 char 和 double），系统会按规则自动转换它们的类型，使双方的类型一致。系统进行自动类型转换的规则如图 3-1 所示。

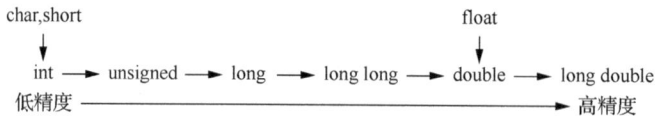

图 3-1　自动类型转换的规则

在图 3-1 中，纵向的转换是无条件的。也就是说，只要是字符型或短整型都是无条件地先转换成基本整型再参加运算，只要是单精度实型都是无条件地先转换成双精度实型再参加运算；横向的转换是在运算符两边操作对象类型不一致时进行的，精度低的类型自动转换成精度高的类型。（注：Dev C++和 Visual C++中的单精度实型不再自动转换成双精度实型。）

例如，对于表达式"100+'A'-5.0*8"，它的运算过程如图 3-2 所示。

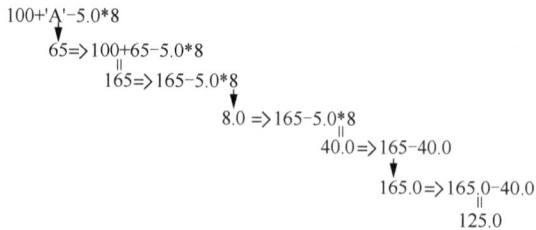

"→"表示类型转换，"‖"表示运算结果。

图 3-2　表达式"100+'A'-5.0*8"的运算过程示意图

系统自左至右扫描表达式至'A'时，首先无条件地将'A'转换成基本整型数据 65，表达式变成了"100+65-5.0*8"；继续扫描发现 65 左右两侧的运算符分别为"+"和"−"，它们的优先级相同并且结合性是自左至右，所以 65 优先与其左侧的"+"结合，即先计算 100+65，其结果为 165，表达式变成"165-5.0*8"；继续扫描表达式，至 5.0 时发现其左右两侧的运算符"−"和"*"优先级别不同，那么 0.5 自然先与优先级别高的"*"结合，即先计算 5.0*8，计算时，系统会自动将精度低的整型常量 8 转换成双精度实型 8.0，运算结果为 40.0，表达式最终变成"165-40.0"；继续运算，系统先将 165 转换成 165.0，然后运算得到结果为 125.0。

5. 强制类型转换

在 C 语言中，除了系统自动进行的类型转换以外，我们也可以利用强制类型转换运算符将一个表达式转换成所需的类型，其一般格式为

(类型标识符) 表达式

例如：

```
(int)(5.2+3.3)      //将表达式 5.2+3.3 的值转换成 int 类型,转换后的值为 8
(double)(5+3)       //将表达式 5+3 的值转换成 double 类型,转换后的值为 8.0
(float)(x+y)        //将表达式 x+y 的值的类型转换成 float 类型
(float)x+y          //将表达式 x 的值转换成 float 类型后再与 y 相加
```

注意：(float)(x+y)与(float)x+y 的区别。

二、算术运算

算术运算符是用来进行数学运算的，包括+、-、*、/、%、++、--。用算术运算符连接起来的式子就是算术表达式，算术表达式的值是一个数值。

C 语言中基本的算术运算符如表 3-2 所示。

表 3-2　基本的算术运算符

算术运算符	名称	示例
+	加法运算符或正值运算符	如 5+6、a+c、+3、+b
-	减法运算符或负值运算符	如 5-6、a-c、-3、-b
*	乘法运算符	如 5*6，值为 30
/	除法运算符	如 25/3，值为 8
%	求余运算符或称为取模运算符	如 15%6，值为 3

C 语言规定两个整型数相除的结果仍然是整型数。例如，5/2 的结果为整数 2，不保留小数部分。若被除数或除数有一个为实型，则结果为 double 类型。例如，5.0/2 的结果为实型数 2.5。

取模运算符"%"的意义是求解两个操作对象相除后的余数，如 7%3 的结果为 1，15%6 的结果为 3。余数的符号与被除数一致，如-15%6 和-15%-6 的结果都是-3，15%-6 和 15%6 的结果都是 3。C 语言规定取模运算符的两侧必须均为整型数据，因为只有整型数据才能取余数。如果一方为实型数据，则编译程序时就会出错。

在进行 C 语言的基本运算时，当不同的运算出现在同一个表达式中时，各种运算是有先后次序的，依据是各个运算符的优先级及结合性；当表达式中遇到不同类型数据间的混合运算时，系统将按相应的规则先进行数据类型转换，然后再运算。

我们任何时候都可以使用括号来改变运算次序，并且恰当地使用括号会增加表达式的可读性。

任务 3.1.2　苹果装盘

◇ 任务描述：

有 n 个苹果要全部装盘，每个盘子装两个，编程输入苹果数量 n，输出这些苹果能装多少盘。

◇ **输入格式**:

一个整数 n。

◇ **输出格式**:

一个整数，盘子数量。

◇ **输入样例 1**:

15

◇ **输出样例 1**:

8

◇ **输入样例 2**:

20

◇ **输出样例 2**:

10

任务代码

解法 1：

```c
#include<stdio.h>
int main(){
    int n,p;              //int 型变量，苹果数量 n,盘子数量 p
    scanf("%d",&n);       //输入苹果数量
    p=n/2+n%2;            //请思考该表达式的意义,此处还有另一种解法,你会吗?
    printf("%d",p);
    return 0;
}
```

代码分析

解法 1 中，表达式 "n/2" 的意义可以理解为 n 个苹果能装的整盘的数量，整数除法的结果为整数。表达式 "n%2" 的意义可以理解为半盘的数量，其结果不是 0 就是 1。两个表达式的和正好是装 n 个苹果需要的盘子数量。

任务代码

解法 2：

```c
#include<stdio.h>
int main(){
    int n,p;              //int 型变量，苹果数量 n,盘子数量 p
    scanf("%d",&n);       //输入苹果数量
    p=(n+1)/2;            //请思考这个表达式的意义
    printf("%d",p);
    return 0;
}
```

代码分析

解法 2 中,表达式"(n+1)/2"的意义可以理解为,若 n 为奇数,则额外补 1 个苹果凑成偶数,除以 2 正好是需要的盘子数量;若 n 为偶数,则"(n+1)/2"和"n/2"的结果是相同的,因为整数除法的结果还是整数。

任务代码

解法 3:

```c
#include<stdio.h>
int main(){
    int n,p;              //int 型变量,苹果数量n,盘子数量p
    scanf("%d",&n);       //输入苹果数量
    p=(n+n%2)/2;          //请思考这个表达式的意义
    printf("%d",p);
    return 0;
}
```

代码分析

解法 3 中,表达式"(n+n%2)/2"的意义可以理解为总是把苹果凑成偶数个再除以 2,若 n 为奇数,则"n+n%2"的值就是 n+1;若 n 为偶数,则"n+n%2"的值就是 n。

苹果装盘程序是一个比较简单的问题,但是只使用算术运算完成还是需要技巧的。从以上三种解法可以体会到程序设计的灵活性和算法的多样性,希望大家多做题、多思考、多实践,以写出更好的程序。

任务 3.1.3 计算并联电阻的阻值

◇ **任务描述:**
对于阻值为 r_1 和 r_2 的电阻,其并联后电阻值计算公式为

$$R = \frac{1}{\dfrac{1}{r_1} + \dfrac{1}{r_2}}$$

要求计算过程使用 double 类型。

◇ **输入格式:**
两个电阻阻抗大小,浮点型,以一个空格分开。

◇ **输出格式:**
并联之后的阻抗大小,结果保留小数点后两位。

◇ **输入样例:**
1 2

◇ **输出样例：**
```
0.67
```

任务 3.1.4   三阶行列式求值

◇ **任务描述：**

要求输入一个三阶行列式，输出这个行列式的值。

◇ **输入格式：**

输入数据共三行，每行三个数字（都是整数，绝对值不大于 100），代表一个三阶行列式。

◇ **输出格式：**

输出行列式的值。

◇ **输入样例：**
```
1 2 3
6 5 4
8 7 9
```

◇ **输出样例：**
```
-21
```

任务 3.1.5   球的表面积和体积

◇ **任务描述：**

对于半径为 r 的球，其表面积公式是 $S=4\pi r^2$，体积公式为 $V=\dfrac{4}{3}\pi r^3$，这里取 $\pi=3.14159265$。现给定 r，求 S 和 V。

◇ **输入格式：**

输入为一个不超过 100 的非负实数，即球半径，类型为 double。

◇ **输出格式：**

输出两个实数，即球的表面积和体积，保留到小数点后两位。

◇ **输入样例：**
```
4
```

◇ **输出样例：**
```
201.06 268.08
```

任务 3.1.6 等差数列末项计算

◇ **任务描述：**

给出一个等差数列的前两项 a_1 和 a_2，求第 n 项。

◇ **输入格式：**

输入一行，包含三个整数 a_1、a_2、n。$-100 \leqslant a_1$，$a_2 \leqslant 100$，$1 \leqslant n \leqslant 1000$。

◇ **输出格式：**

输出一个整数，即第 n 项的值。

◇ **输入样例：**

1 4 100

◇ **输出样例：**

298

任务 3.1.7 三位数"减肥"

◇ **任务描述：**

有一个三位数想"减肥"，还不想让其他数看出来，它采取的办法是将自己的十位数去掉，把自己伪装成一个两位数。

◇ **输入格式：**

一个三位正整数。

◇ **输出格式：**

"减肥"后的两位数。

◇ **输入样例：**

219

◇ **输出样例：**

29

任务 3.1.8 逆序后四位

◇ **任务描述：**

要求每次输入一个至少四位数的正整数，然后输出其后四位按位逆序的数字。注意：当输入的数字含有结尾的 0 时，输出不应带有前导的 0。例如，输入 57000，输出的应该是 7。

◇ **输入格式：**

一个正整数。

◇ **输出格式：**

　输出后四位逆序的数。

◇ **输入样例 1：**

　34500

◇ **输出样例 1：**

　54

◇ **输入样例 2：**

　34567

◇ **输出样例 2：**

　7654

第 3.2 关　自　增　自　减

任务 3.2.1　年龄计算

引导任务

◇ **任务描述：**

　小白今年 n 岁，请问一年后他的年龄是多少？

◇ **输入格式：**

　一个整数 n。

◇ **输出格式：**

　一个整数。

◇ **输入样例 1：**

　5

◇ **输出样例 1：**

　6

◇ **输入样例 2：**

　18

◇ **输出样例 2：**

　19

任务代码

解法 1：

```c
#include<stdio.h>
int main(){
```

```
    int n1,n2;
    scanf("%d",&n1);
    n2=n1+1;
    printf("%d",n2);
    return 0;
}
```

代码分析

解法 1 中，首先输入一个整数 n1，然后将 n1+1 赋值给变量 n2，最后输出 n2。

任务代码

解法 2：

```
#include<stdio.h>
int main(){
    int n1,n2;
    scanf("%d",&n1);
    n2=++n1;
    printf("%d",n2);
    return 0;
}
```

代码分析

解法 2 中，语句 "n2=++n1;" 的功能是将 ++n1 的值赋给变量 n2，"++n1" 的含义是先将 n1 的值自加 1，再参与运算，所以最后 n2 得到的值实际上就是 n1 的原值加 1。也就是说，此语句实际等价于 "n1=n1+1;n2=n1;"。

思考：如果将语句 "n2=++n1;" 改成 "n2=n1++;"，那么运行程序后的结果是什么？为什么？

相关知识

1. 特殊的算术运算符（++、--）

C 语言还提供了两个功能特殊的算术运算符：++（自增 1 运算符）和 --（自减 1 运算符）。

这两个算术运算符都是单目运算符，其结合性是自右至左。这两个运算符的操作对象只能是一个变量，不可以是其他任何形式的表达式。它们既可以作为前缀运算符放在变量的左侧，也可以作为后缀运算符放在变量的右侧。

设 n 为一整型变量，当这两个算术运算符作为后缀运算符时，"n++" 表示先使用 n 的值参与运算，使用完成后再让 n 的值自加 1；"n--" 表示先使用 n 的值参与运算，使用完成后再让 n 的值自减 1。

当这两个算术运算符作为前缀运算符时，"++n"表示先让 n 的值自加 1，再使用 n 的值参与运算；"--n"表示先让 n 的值自减 1，再使用 n 的值参与运算。

例如，假设变量 i 的值为 3，那么：执行"j=i++;"后，j 的值为 3，i 的值为 4；执行"j=i--;"后，j 的值为 3，i 的值为 2；执行"j=++i;"后 j 的值为 4，i 的值为 4；执行"j=--i;"后，j 的值为 2，i 的值为 2。也可以这样来理解："j=i++;"相当于"j=i;　i=i+1;"或相当于"j=i; i++;";"j=++i;"相当于"i=i+1;j=i;"或相当于"i++; j=i;"。

可以知道，当"i++"或"++i"单独出现在独立的表达式中时，其作用都是使 i 的值加 1；当"i--"或"--i"单独出现在独立的表达式中时，其作用都是使 i 的值减 1，二者在功能上没有区别。

2.　自增自减运算符示例代码分析

自增自减运算符示例代码分析的内容请从本书的资源包中查阅。

任务 3.2.2　奇怪的加法

◇ **任务描述**

以下是一段简单的任务代码：

```
#include<stdio.h>
int main(){
    int a,b,s;
    scanf("%d%d",&a,&b);
    s=_____;        //请填空
    printf("a=%d,b=%d,s=%d",a,b,s);
    return 0;
}
```

结合输入、输出样例可知，该程序的功能是首先输入整型变量 a 和 b 的值，在最后输出时 a 和 b 的值都变成原值加 1，而 s 的值是 a 和 b 原值的和再加 1。

不幸的是，程序中重要的部分丢失了，你知道在横线处应该填写什么语句才能实现以上功能吗？你知道有多少种解法吗？

请将上述代码补充完整后提交（不要修改横线外的代码），要求至少使用三种解法。

◇ **输入样例 1：**

　2　8

◇ **输出样例 1：**

　a=3,b=9,s=11

◇ **输入样例 2：**

　11　25

◇ **输出样例 2：**

　a=12,b=26,s=37

通过语句"s=_____;"要实现将 a 的值加 1、b 的值加 1、表达式的值赋值给变量 s，相当于在一条语句中做三件事。

要想使变量 s 的值为 a+b 的和再加 1，可以在空白处填写：a+b+1，要想在表达式中实现使 a 和 b 的值加 1，可以在变量后加上++运算符，从而得到解法 1。如果恰当地使用前缀++，也可以完成同样的功能，见解法 2。

任务代码

解法 1：

```c
#include<stdio.h>
int main(){
    int a,b,s;
    scanf("%d%d",&a,&b);
    s = a++  +  b++  +1 ;
    printf("a=%d,b=%d,s=%d",a,b,s);
    return 0;
}
```

代码分析

解法 1 中，根据++运算符的规则，语句"s = a++ + b++ +1 ;"相当于按顺序执行"s = a+b+1;　a++;　b++;"三条语句。也就是说，变量 a 和 b 先参与运算，计算 s=a+b+1，再自加 1。

解法 1 是利用后缀++完成的代码，请大家在 Dev C++中运行测试，并在 PTA 平台提交。

任务代码

解法 2：

```c
#include<stdio.h>
int main(){
    int a,b,s;
    scanf("%d%d",&a,&b);
    s = ++a  +  b++ ;
    printf("a=%d,b=%d,s=%d",a,b,s);
    return 0;
}
```

代码分析

解法 2 中，根据++运算符的规则，语句"s = ++a + b++ ;"相当于按顺序执行"++a;s=a+b;b++;"三条语句。

任务 3.2.3　时光逆转

◇ **任务描述：**

时光如流水，你能让时光逆转吗？现给出某一时刻的小时（H）和分钟（M）两个整数，要求输出上一时刻（前一分钟）是几点几分。（采用 24 小时制）

◇ **输入格式：**

形如 HH:MM 的用冒号分隔的两个整数，表示某一真实的时刻。

◇ **输出格式：**

以 HH:MM 格式输出上一分钟的时间，采用 24 小时制。

◇ **输入样例 1：**

```
6:24
```

◇ **输出样例 1：**

```
6:23
```

◇ **输入样例 2：**

```
00:00
```

◇ **输出样例 2：**

```
23:59
```

第 3.3 关　赋 值 运 算

任务 3.3.1　计算库存

◇ **任务描述：**

俗话说：民以食为天。小白的爷爷经营着一家粮食批发商店，已知昨天的库存是大米 a kg、小米 b kg，今天的进销记录是大米卖出 c kg、小米进货 d kg。

编程要求输出今日的库存。小白为爷爷编写了一段程序，解决了这个问题，但程序中的一个部分不小心被删除了，你能恢复吗？

```c
#include<stdio.h>
int main(){
    double a,b,c,d,s;
    scanf("%lf%lf%lf%lf",&a,&b,&c,&d);
    s=_____;            //请补充丢失的代码
    printf("大米:%.2lf,小米:%.2lf,总库存:%.2lf",a,b,s);
    return 0;
}
```

◇ 输入格式：

四个实数，分别对应任务中的 a、b、c、d。

◇ 输出格式：

程序中已经给出输出样式。

◇ 输入样例：

100.50　200.80　50.00　300.00

◇ 输出样例：

大米：50.50,小米：500.80,总库存：551.30

任务代码

解法 1（利用赋值运算）：

```c
#include<stdio.h>
int main(){
    double a,b,c,d,s;
    scanf("%lf%lf%lf%lf",&a,&b,&c,&d);
    s= (a=a-c) + (b=b+d) ;
    printf("大米:%.2lf,小米:%.2lf,总库存:%.2lf",a,b,s);
    return 0;
}
```

代码分析

根据题意可知，要求在语句"s=_____;"中实现三个操作，即 a=a-c、b=b+d 和 s=a+b。

因为赋值表达式是有值的，可以参与运算，且其值就是赋的那个值，所以在解法 1 中，我们将以上三个表达式合并写成一个：s= (a=a-c) + (b=b+d)。这样就实现了在一个表达式中改变三个变量的值的功能。

任务代码

解法 2（利用复合赋值运算）：

```c
#include<stdio.h>
int main(){
    double a,b,c,d,s;
    scanf("%lf%lf%lf%lf",&a,&b,&c,&d);
    s= (a-=c) + (b+=d) ;
    printf("大米:%.2lf,小米:%.2lf,总库存:%.2lf",a,b,s);
    return 0;
}
```

代码分析

解法 2 利用复合赋值完成相同功能。

相关知识

1. 赋值运算符

在前面的程序中我们接触了很多关于赋值的操作，在 C 语言中赋值也是一种运算，运算符为单个的等号（=）。赋值运算的一般格式为

```
变量名称=表达式
```

它的功能是将赋值运算符右侧表达式的值赋给其左侧的变量。赋值运算符的左侧只能是一个变量。

2. 赋值表达式

赋值是一种运算，由赋值运算符连接组成的式子称为赋值表达式。赋值表达式是有值的，它的值就是最终赋给变量的值。赋值表达式的值还可以参与运算。例如：

```
a=3              //a 的值是 3,整个赋值表达式的值为 3
b=5+(a=3)        //a 的值为 3,b 的值为 8,整个赋值表达式的值为 8
a=b=c=8          //相当于 a=(b=(c=8)),即 a,b,c 的值均为 8,整个表达式的值为 8
a=(b=10)/(c=2)   //b 的值是 10,c 的值是 2,a 的值 5,整个表达式的值是 5
b=(a=5)+(c=++a)  //a 与 c 的值是 6,b 的值是 11,整个表达式的值是 11
```

3. 不同类型间赋值

当赋值运算符左右两侧的数据类型不一致但相容（如均为数值）时，系统会通过类型自动转换规则将表达式值的类型转换成左侧变量的类型后完成赋值。如果是低精度向高精度赋值，其精度将自动扩展；如果是高精度向低精度赋值，那么可能会发生溢出或损失精度（通常是小数）。例如：

```
int a=5.8;       //a 最后收到的值是 5
double d=5;      //d 最后收到的值是 5.0
```

4. 复合赋值运算符

复合赋值运算符有+=、-=、*=、/=、%=、<<=、>>=、&=、^=、|=等。这里只讨论前五种，后五种关于位操作的复合赋值运算符本书不作讨论。

复合赋值运算是某种赋值运算的简写，即如果把某变量与另一表达式的某种运算结果赋值给该变量，如 a=a+3,那么这一赋值表达式就可以用复合赋值运算符进行简写,如 a+=3。请看以下的几种复合情形：

```
x*=8             //等价于 x=x*8
x*=y+8           //等价于 x=x*(y+8),注意不是等价于 x=x*y+8
x%=3             //等价于 x=x%3
```

任务 3.3.2　动态考核

◇ **任务描述：**

小白本次期末考核语文卷面分为 a，数学卷面分为 b，品德积分为 c，劳动积分为 d（d 为偶数）。

学校实行动态考核制度，经过严格审核，小白的语文因为作文写得特别好而获得加 m 分的奖励，数学因答题超时被罚 n 分，品德因拾金不昧而积分加倍，劳动因忘记值日而积分减半。

那么，小白各科最后的成绩分别是多少呢？

◇ **输入格式：**

在一行中输入 6 个整数，分别对应任务中的 a、b、c、d、m、n，其中 d 是偶数。

◇ **输出格式：**

一行中以空格分隔输出小白的各科最后得分。

◇ **输入样例：**

80 90 100 150 10 5

◇ **输出样例：**

90 85 200 75

第 3.4 关　关 系 运 算

任务 3.4.1　判断是否肥胖

◇ **任务描述：**

现代社会的人们非常重视体重问题，目前国际上常用体质指数（body mass index，BMI）来衡量人体胖瘦程度及是否健康。

BMI 的计算方法如下：

体质指数（BMI）= 体重（kg）/身高（m）的平方。

肥胖程度与 BMI 指数的关系如表 3-3 所示。由表 3-3 可知，BMI 小于 24 为非肥胖体质（非异常），否则为肥胖体质（异常），表示有不同程度的肥胖。

表 3-3　肥胖程度与 BMI 的关系

肥胖程度		BMI
非肥胖体质（非异常）	偏瘦	$BMI < 18.5$
	正常	$18.5 \leqslant BMI < 24$

肥胖程度		BMI
		续表
肥胖体质（异常）	偏胖	$24 \leqslant BMI < 28$
	肥胖	$28 \leqslant BMI < 40$
	极重度肥胖	$BMI \geqslant 40$

◇ **输入格式：**

在一行里输入体重（kg）和身高（m）的值。

◇ **输出格式：**

若体质指数异常输出 1，否则输出 0。

◇ **输入样例 1：**

62 1.71

◇ **输出样例 1：**

0

◇ **输入样例 2：**

98 1.75

◇ **输出样例 2：**

1

任务代码

```c
#include<stdio.h>
int main(){
    double g,h,bmi;
    scanf("%lf%lf",&g,&h);
    bmi=g/(h*h);
    printf("%d",bmi>=24.00 );
    return 0;
}
```

代码分析

语句 "printf("%d",bmi>=24.00);" 中的表达式 "bmi>=24.00" 就是关系表达式，若它成立则其值为 1，若它不成立则其值为 0，符合题目的输出要求。

相关知识

关系运算

1. 关系运算符

在 C 语言程序设计中，除了算术运算和赋值运算以外，还常常需要比较两个值之间的大小关系或判断某一个条件是否成立，这时我们就需要用到关系运算（比较运算）。

C 语言提供的关系运算符有以下 6 种：>（大于）、>=（大于等于）、<（小于）、<=（小于等于）、==（等于）、!=（不等于）。

关系运算符的优先级高于赋值运算符，低于算术运算符。在关系运算符中，前四个运算符（>、>=、<、<=）的优先级高于后两个（==、!=）。例如：

```
x<y+z          //相当于 x<(y+z)
x+5==y<z       //相当于 (x+5)==(y<z)
x=y>z          //相当于 x=(y>z)
```

2. 关系表达式

用关系运算符将两个表达式连接起来，就称为关系表达式。关系运算符两侧的表达式可以是算术表达式、关系表达式、逻辑表达式（后面介绍）、赋值表达式等。例如，下面的表达式都是正确的关系表达式：

6>5、a+b<=c+d、a>b!=c、4<100-a、a>=b>=c、'A'>'B'。

3. 关系表达式的值

任何合法的表达式都有一个确定的值，关系表达式也不例外。关系表达式的值是一个逻辑值，若表达式是成立的，则其值为真，用 1 表示；否则值为假，用 0 表示。也就是说，关系表达式的值为一个整型数，或者是 1，或者是 0。

关系表达式的值也可参与其他的运算。例如，若有语句"int x=2,y=3,z=5;"，则"x>=2"的值为 1，"x>y"的值为 0，"x==y"的值为 0，"x!=y"的值为 1，"z>=x<=y"的值为 1。

任务 3.4.2 判断是否在射程内

◇ **任务描述：**

"老夫聊发少年狂，左牵黄，右擎苍，锦帽貂裘，千骑卷平冈。为报倾城随太守，亲射虎，看孙郎。"——出自宋代苏轼的《江城子·密州出猎》。

作者骄傲地描写了一幅"太守出猎图"。苏轼满怀豪情壮志，左手牵着黄犬，右臂托起苍鹰，浩浩荡荡，盛装骑行，准备亲自射杀老虎，犹如传说中射虎的孙权。诗中用一"狂"字笼罩全篇，借以抒写胸中雄健豪放的一腔磊落之气。

假设当时苏轼的坐标是（x_0, y_0），弓箭的射程是 r，老虎的坐标是（x_1, y_1），苏轼能射到老虎吗？

◇ **输入格式：**

第一行是 x_0、y_0、r 三个实数，第二行是 x_1、y_1 两个实数。

◇ **输出格式：**

如果老虎在苏轼的射程之内，就输出 1，否则输出 0。

◇ **输入样例 1：**

```
0 0 100
0 100
```

◇ **输出样例 1：**

```
1
```

◇ **输入样例 2：**

```
0 0 100
100.001 0
```

◇ **输出样例 2：**

```
0
```

任务 3.4.3 大米装袋问题

练习任务

◇ **任务描述：**

小白同学家的庄稼丰收了，在他家的场院里有三堆小麦，工人想把这些小麦装袋运走，已知每个麻袋最多可装小麦 x kg。问：这三堆小麦至少需要多少个麻袋？

◇ **输入格式：**

输入一行，包括四个实数，前三个数代表三堆小麦的质量，第四个数代表 x，每个数的小数位数最多为两位。

◇ **输出格式：**

输出也是一行，输出整数结果。注意最后一个麻袋可能装不满。

◇ **输入样例：**

```
100.00 200.0 306.61 101.10
```

◇ **输出样例：**

```
7
```

第 3.5 关 条 件 运 算

任务 3.5.1 人体发热

引导任务

◇ **任务描述：**

人体正常体温平均为 36～37℃（腋窝），超过 37℃则认为是有发热症状，要求编程输入体温（实数），输出是否发热。

◇ **输入格式：**

一个实数。

◇ **输出格式：**

发热输出：have a fever，不发热输出：no。

◇ 输入样例 1：

　39.2

◇ 输出样例 1：

　have a fever

◇ 输入样例 2：

　35

◇ 输出样例 2：

　no

任务代码

解法 1：

```
#include<stdio.h>
int main(){
    double t;                //体温
    scanf("%lf",&t);         //输入温度
    printf( t > 37.0 ? "have a fever" : "no" ); //输出结果
    return 0;
}
```

代码分析

解法 1 中，表达式"t > 37.0 ? "have a fever" : "no""的值取决于条件"t > 37.0"，若条件成立则表达式的值为"have a fever"，不成立则值为"no"。所以该程序的输出正好符合题目的要求，请将程序在 Dev C++中运行验证，然后在 PTA 中提交。

利用条件运算符也可以得到以下代码，请自行分析。

任务代码

解法 2：

```
#include<stdio.h>
int main(){
    double t;                //体温
    scanf("%lf",&t);     //输入温度
    t > 37.0 ? printf("have a fever") : printf("no") ; //输出结果
    return 0;
}
```

相关知识

条件运算符

程序要求根据体温范围不同，输出不同的结果。用之前学过的运算符无法实现在两个

结果中选择一个输出。C 语言为我们专门提供了一个条件运算符，以满足上述需求。下面作简单介绍。

条件运算符是一个三目运算符，需要三个操作数。条件表达式的一般形式如下：

> 表达式 1　?　表达式 2　:　表达式 3

条件表达式的运算规则：首先求解表达式 1，若表达式 1 的值为非 0（真），则将表达式 2 的值作为整个表达式的值；若表达式 1 的值为 0（假），则将表达式 3 的值作为整个表达式的值。

条件运算符的优先级仅高于赋值运算符和逗号运算符。利用条件运算符可实现二选一的操作，应用十分广泛。例如：

```
b=6>7?1:0                 //6>7 不成立，所以 b 被赋值为 0
x>=0?x:-x                 //整个表达式的值为 x 的绝对值
x>y?x:y                   //表达式值为 x 与 y 中的较大者 (非常重要)
(x>y?x:y)>z?(x>y?x:y):z   //表达式值为 x,y,z 三个变量的最大值 (非常重要)
```

任务 3.5.2　两个数中的较大值

◇ **任务描述**：

利用关系运算和条件运算，编程输入两个整数，输出它们中的较大值。

◇ **输入样例 1**：

20　35

◇ **输出样例 1**：

35

◇ **输入样例 2**：

38　19

◇ **输出样例 2**：

38

任务代码

```c
#include<stdio.h>
int main(){
    int a,b,max;
    scanf("%d%d",&a,&b);
    max=a>b?a:b;
    printf("%d",max);
    return 0;
}
```

代码分析

本代码不难理解，表达式"a>b?a:b"的值正是变量 a、b 间的大者，这是最简单的二选一案例，请一定熟记。

理解了这个任务，请大家完成以下两个练习任务，都可以有多种解法，现在就开始吧。

任务 3.5.3 三个数中的最大值

◇ **任务描述**：

利用关系运算和条件运算，编程输入三个整数，输出它们中的最大值。

◇ **输入样例 1**：

1 2 3

◇ **输出样例 1**：

3

◇ **输入样例 2**：

3 1 2

◇ **输出样例 2**：

3

任务 3.5.4 四个数中的最大值

◇ **任务描述**：

利用关系运算和条件运算，编程输入四个整数，输出它们中的最大值。

◇ **输入样例 1**：

1 2 3 4

◇ **输出样例 1**：

4

◇ **输入样例 2**：

4 3 1 2

◇ **输出样例 2**：

4

任务 3.5.5 N 天后

◇ **任务描述：**

如果今天是星期三，2 天后就是星期五；如果今天是星期六，3 天后就是星期二。我们用数字 1～7 对应星期一～星期日。编程要求给定某一天，输出那天的"N 天后"是星期几。

◇ **输入格式：**

输入第一个正整数 D（1≤D≤7），代表一周里的某一天。输入第二个正整数 N（0≤n≤1000），代表 N 天后。

◇ **输出格式：**

在一行中输出 D 的 N 天后是星期几（一个数字）。

◇ **输入样例 1：**

3 2

◇ **输出样例 1：**

5

◇ **输入样例 2：**

3 705

◇ **输出样例 2：**

1

任务 3.5.6 苹果和虫子

◇ **任务描述：**

一箱有 n 个苹果，假设箱子里有一条虫子，虫子每 x 小时能吃掉一个苹果，虫子在吃完一个苹果之前不会吃另一个，那么，经过 y 小时箱子里还有多少个完整的苹果？

◇ **输入格式：**

输入仅一行，包括 n、x 和 y（均为整数）。注意输入数据保证 y<=n * x。

◇ **输出格式：**

输出也仅一行，剩下的苹果个数。

◇ **输入样例：**

10 4 9

◇ **输出样例：**

7

第 3.6 关　逻 辑 运 算

任务 3.6.1　判断闰年

◇ **任务描述**：

　　闰年（leap year）是指在公历中有闰日的年份，地球绕太阳运行的周期为 365 天 5 小时 48 分 46 秒（合 365.24219 天），即一回归年。公历的平年只有 365 日，比回归年短约 0.2422 日，每四年累积约一天，把这一天加于 2 月末（2 月 29 日），使当年的历年长度为 366 日，这一年就为闰年。

　　按照每四年一个闰年计算，平均每年就要多算出 0.0078 天，经过四百年就会多出大约 3 天来，因此，每四百年中要减少三个闰年。所以规定公历年份是整百数的，必须是 400 的倍数才是闰年，不是 400 的倍数的就是平年。归结起来就是通常说的"四年一闰，百年不闰，四百年再闰"。

　　综上，公历闰年的简单计算方法（符合以下条件之一的年份为闰年）：

　　（1）能被 4 整除而不能被 100 整除；

　　（2）能被 400 整除。

　　编程输入年份（正整数），输出该年份是否为闰年。

◇ **输入格式**：

　　一个四位正整数，表示年份。

◇ **输出格式**：

　　若是闰年，则输出：Leap Year；若不是，则输出：Not Leap Year。

◇ **输入样例 1**：

　　2000

◇ **输出样例 1**：

　　Leap Year

◇ **输入样例 2**：

　　2100

◇ **输出样例 2**：

　　Not Leap Year

任务代码

解法 1：

```
#include<stdio.h>
int main(){
    int y;
```

```
    scanf("%d",&y);
    printf(
        (y%4==0 && y%100!=0)||(y%400==0) ? "Leap Year" : "Not Leap Year"
            );
    return 0;
}
```

代码分析

解法 1 和解法 2 两种解法的方法和原理是一样的，都使用了逻辑与（并且关系）和逻辑或（或者关系）运算的组合。解法 1 中的表达式 "(y%4==0&&y%100!=0)||(y%400==0)" 准确地表达了闰年的判断逻辑：能被 4 整除且不能被 100 整除，或者能被 400 整除。因为加了括号，所以此表达式表述非常清晰，便于阅读和理解。

任务代码

解法 2：

```
#include<stdio.h>
int main(){
    int y,t;
    scanf("%d",&y);
    t= y%4==0 && y%100!=0 || y%400==0 ;
    printf( t==1 ? "Leap Year" : "Not Leap Year" );
    return 0;
}
```

执行程序，在 Dev C++ 中运算测试，并在 PTA 中提交，可尝试使用不同的测试数据。例如：

输入：2100；输出：Not Leap Year。

输入：2800；输出：Leap Year。

输入：2024；输出：Leap Year。

解法 2 中的表达式 "y%4==0&&y%100!=0||y%400==0" 同样准确地表达了闰年的判断逻辑。因为算术运算的优先级高于条件运算，条件运算的优先级高于逻辑运算，逻辑与的优先级高于逻辑或。但是，因为没有适当加括号，表达式比较长，不太容易阅读和理解，所以表达式中适当加括号，可以增加代码的可读性。

解法 2 的 printf 语句中，如果将条件 "t==1" 换成 "t"，即

```
printf( t ?"Leap Year":"Not Leap Year" );
```

那么，能否得到正确的结果呢？答案是可以的，因为在作为逻辑表达式存在时（判断真假值时），"t==1" 与 "t" 是等价的，"t==0" 与 "!t" 是等价的。

我们还可以看出，对于语句 "int a=5;"，在作为数值时，a 的值为 5，在作为逻辑值（真假值）时，a 的值为 1，!a 的值为 0。其实任何表达式都可以作为逻辑表达式使用，规则仍

然是值为非 0 时即为真，值为 0 时即为假。例如，表达式"(a=5)-(b=8)"作为逻辑条件时，值为 1。

任务代码

解法 3：

```
#include<stdio.h>
int main(){
    int y;
    scanf("%d",&y);
    printf(
    y%4==0 && y%100!=0 ? "Leap Year" : y%400==0 ? "Leap Year" : "Not Leap
Year"
        );
    return 0;
}
```

代码分析

解法 3 的代码同样可以得到正确结果，printf 语句中使用了条件运算符的嵌套，也就是条件运算符的某一个分支表达式又是另一个条件表达式，从而实现多中选一的操作。如果把表达式加上括号改写一下，阅读理解起来就会好很多，即

```
(y%4==0 && y%100!=0) ? ("Leap Year") :(y%400==0 ? "Leap Year" : "Not Leap
Year")
```

以上表达式可以简单理解为以下逻辑：

如果(y%4==0 && y%100!=0)成立，则表达式的值为("Leap Year")；否则表达式的值为(y%400==0 ? "Leap Year" : "Not Leap Year")。这一分支的求解规则是如果 y%400==0 成立，则表达式的值为"Leap Year"，否则值为"Not Leap Year"。

该解法通过条件运算符的嵌套实现了三选一。

任务代码

解法 4：

```
#include<stdio.h>
int main(){
    int y,t;
    scanf("%d",&y);
    (y%4==0 && y%100!=0)  ? printf("Leap Year"):
    (y%400==0)            ? printf("Leap Year"):
                            printf("Not Leap Year") ;
    return 0;
}
```

代码分析

解法 4 的代码与解法 3 的原理是完全一致的, 都是条件运算符的嵌套。不同的地方是特殊的代码排版方式, 解法 4 中将关键部分对齐显示。这样排版以后, 代码的逻辑就可以简单理解为一个多分支的选择结构:

如果(y%4==0 && y%100!=0)成立, 就求解其后的 printf("Leap Year"); 否则如果(y%400==0)成立, 就求解其后的 printf("Leap Year"); 否则, 就求解其后的 printf("Not Leap Year")。

这是一个特别重要的发现, 从此我们就可以用条件运算符方便地解决复杂的逻辑判断问题了。

相关知识

假设用变量 y 表示年份, 这个任务中主要涉及三个条件的判断: 能被 4 整除(y%4==0)、不能被 100 整除(y%100!=0)、能被 400 整除(y%400==0)。

这三个条件单独表示都没问题, 但是要组合到一起, 构成更复杂的逻辑判断表达式, 就需要使用下面介绍的逻辑运算符。

1. 逻辑运算符

C 语言提供的逻辑运算符有以下三个。

(1) &&: 逻辑与。

(2) ||: 逻辑或。

(3) !: 逻辑非。

运算符 " ! " 是单目运算符, 它的优先级别最高, 高于算术运算符; 运算符 " && " 和 " || " 是双目运算符。这三个逻辑运算符中 " ! " 的优先级别最高, 其次是 " && ", 再次是 " || "。

2. 逻辑表达式

用逻辑运算符将两个关系表达式或逻辑量连接起来的式子就是逻辑表达式。下面的表达式都是正确的逻辑表达式:

```
a>b&&c<d          //相当于(a>b)&&(c<d)
!a&&b>4           //相当于(!a)&&(b>4)
a>5||b<6&&c>9     //相当于(a>5)||(b<6)&&(c>9)
a=!b&&c+6         //相当于a=(!b)&&(c+6)
```

逻辑表达式的值和关系表达式的原理一样, 如果表达式成立, 则值为真, 用 1 表示; 否则值为假, 用 0 表示。也就是说, 在表示真假值时, 用 1 表示真, 用 0 表示假。但在判断真假时, C 语言规定非 0 为真, 0 为假。例如:

```
!5          //5是非0值,为真(1),所以!5的值为假(0)
!(5>6)      //5>6不成立,值为0,!0为真,所以表达式的值为1
7>6>5       //7>6成立,值为1,但1>5不成立,所以表达式7>6>5的值为0
```

3. 运算规则

逻辑与 "&&" 的运算规则：只有当两个操作对象都为真时，表达式的值才为真。

逻辑或 "||" 的运算规则：只有当两个操作对象都为假时，表达式的值才为假。

逻辑非 "!" 的运算规则：非真为假，非假为真。

三种逻辑运算符的运算规则（真值表）如表 3-4 所示。

表 3-4　逻辑运算符的真值表

a	b	!a	!b	a&&b	a||b
真（非0）	真（非0）	假（0）	假（0）	真（1）	真（1）
真（非0）	假（0）	假（0）	真（1）	假（0）	真（1）
假（0）	真（非0）	真（1）	假（0）	假（0）	真（1）
假（0）	假（0）	真（1）	真（1）	假（0）	假（0）

C99 标准（即 ISO/IEC 9899:1999）以前 C 语言中没有专门的逻辑型数据，逻辑值就是整型数据，是可参与各种运算的。例如，若 a=(5>3)&&(3<2)，则 a 的值为 0；若 b=(5<=6)+3，则 b 的值为 4。

任务 3.6.2　判断水仙花数

◇ **任务描述**：

在数学中，如果一个三位正整数的每个位上数字的立方和等于它本身，则称这个数是水仙花数（narcissistic number）。例如，$1^3+5^3+3^3=153$，所以 153 是水仙花数。

请编程输入一个三位正整数，判断它是否是水仙花数。

◇ **输入格式**：

一个三位正整数。

◇ **输出格式**：

如果此数是水仙花数，输出：Narcissistic number，否则输出：Not。

◇ **输入样例 1**：

370

◇ **输出样例 1**：

```
Narcissistic number
```

◇ **输入样例 2**：

372

◇ **输出样例 2**：

```
Not
```

任务 3.6.3　判断日期合法性（1）

◇ **任务描述：**

输入 2100 年某一月和日的值，输出这一天是否为合法日期。

◇ **输入格式：**

输入两个整数，表示月和日。

◇ **输出格式：**

合法日期输出 YES，否则输出 NO。

◇ **输入样例 1：**

5 31

◇ **输出样例 1：**

YES

◇ **输入样例 2：**

2 29

◇ **输出样例 2：**

NO

任务 3.6.4　判断日期合法性（2）

◇ **任务描述：**

输入某一年、月和日的值，输出这一天是否为合法日期。

◇ **输入格式：**

输入三个整数，表示年、月和日。

◇ **输出格式：**

输出 YES 或 NO。

◇ **输入样例 1：**

2049 5 31

◇ **输出样例 1：**

YES

◇ **输入样例 2：**

2100 2 29

◇ **输出样例 2：**

NO

任务 3.6.5 石头剪刀布（1）

◇ **任务描述：**

今天请你来和计算机玩石头剪刀布的游戏，用整数 1 表示石头，2 表示剪刀，3 表示布。

◇ **输入格式：**

两个不一样的整数，第一个代表你出的，第二个代表计算机出的，没有平局。

◇ **输出格式：**

输出游戏结果：You Win!或者 Computer Win!。

◇ **输入样例 1：**

1 2

◇ **输出样例 1：**

You Win!

◇ **输入样例 2：**

3 2

◇ **输出样例 2：**

Computer Win!

任务 3.6.6 石头剪刀布（2）

◇ **任务描述：**

今天再次请你和计算机玩石头剪刀布的游戏，依然用整数 1 表示石头，2 表示剪刀，3 表示布。

◇ **输入格式：**

两个不一样的整数，第一个代表你出的，第二个代表计算机出的，可以平局。

◇ **输出格式：**

输出游戏结果：You Win!或者 Computer Win!或者平局：Same!。

◇ **输入样例 1：**

1 2

◇ **输出样例 1：**

You Win!

◇ **输入样例 2：**

2 2

◇ **输出样例 2：**

Same!

◇ **输入样例 3**：

  3 2

◇ **输出样例 3**：

  Computer Win!

◇ **输入样例 4**：

  3 3

◇ **输出样例 4**：

  Same!

任务 3.6.7 X 在哪里

◇ **任务描述**：

X 同学每天严格按作息时间过着"宿舍—食堂—教室"三点一线的生活。他早上 6 点前和晚上 6 点后在宿舍休息，早上 6 点～7 点、中午 12 点～1 点、下午 5 点～6 点在食堂吃饭，其余时间在教室上课。你知道 X 同学现在在哪里吗？（要求不能用 if 语句和 switch 语句）

◇ **输入格式**：

一行中给出当天的一个时间点，形如 HH:MM:SS，HH 表示小时，MM 表示分，SS 表示秒，全天时间采用 24 小时制表示。

◇ **输出格式**：

根据不同情况，输出一行文本，若确定在宿舍，则输出：dormitory；若确定在食堂，则输出：canteen；若确定在教室，则输出：classroom；若在两段时间交接处即不确定在哪里，则输出：on the way。

◇ **输入样例 1**：

  20:10:20

◇ **输出样例 1**：

  dormitory

◇ **输入样例 2**：

  08:00:00

◇ **输出样例 2**：

  classroom

◇ **输入样例 3**：

  06:00:00

◇ **输出样例 3：**

```
on the way
```

◇ **输入样例 4：**

```
17:30:00
```

◇ **输出样例 4：**

```
canteen
```

相关知识

一、逻辑短路

C 语言的逻辑表达式有一个特别的求解规则，被称为"逻辑短路"。

在一个整体上全与运算的表达式中，若某个子表达式的值为 0（假），则不再求解其右侧的子表达式，整个表达式的值为 0。

在一个整体上全或运算的表达式中，若某个子表达式的值为 1（真），则不再求解其右侧的子表达式，整个表达式的值为 1。

1. 全与运算逻辑短路

全与运算逻辑短路的示例代码及分析如下。

示例代码：

```
#include<stdio.h>
int main(){
    int a,b,c,d;
    a=5; b=6;
    c=(a<=8)&&(b=7)>5;   printf("c=%d,b=%d\n",c,b);
    a=5; b=6;
    c=(a<=4)&&(b=7)>5;   printf("c=%d,b=%d",c,b);
}
```

执行程序，输出：

```
c=1,b=7
c=0,b=6
```

示例代码分析：

语句"c=(a<=4)&&(b=7)>5;"中，由于"(a<=4)"的值为 0，因此"&&"右侧的表达式将被忽略，不再求解，即"(b=7)"不会被执行。也就是说，对于全与表达式，只要遇到假值就停止求解右侧的表达式。

注意：尽量不要在逻辑表达式中嵌入赋值操作，否则不能保证程序的正确执行（隐藏BUG）。

2. 全或运算逻辑短路

全或运算逻辑短路的示例代码及分析如下。

示例代码：

```
#include<stdio.h>
int main(){
    int a,b,c,d;
    a=5; b=6;
    d=(a>=8)||(b=19)<90; printf("d=%d,b=%d\n",d,b);
    a=5; b=6;
    d=(a>=4)||(b=19)<90; printf("d=%d,b=%d",d,b);
}
```

执行程序，输出：

```
d=0,b=19
d=1,b=6
```

示例代码分析：

语句"d=(a>=4)||(b=19)<90;"中，由于"(a>=4)"的值为 1，因此"||"右侧的表达式将被忽略，不再求解，即"(b=19)"不会被执行。也就是说，对于全或表达式，只要遇到真值就停止求解右侧的表达式。

注意：尽量不要在逻辑表达式中嵌入赋值操作，否则不能保证程序的正确执行（隐藏BUG）。

二、逗号运算符

逗号运算符是 C 语言提供的比较特殊的一个运算符。用逗号运算符将两个或多个表达式连接起来，就构成一个逗号表达式。逗号表达式的一般形式如下：

```
表达式 1,表达式 2,…,表达式 n
```

逗号运算符在所有运算符中优先级别最低，逗号表达式的运算规则为从左至右依次求解每一个表达式的值，其值为构成该逗号表达式的最后一个表达式的值。例如：

```
3+5,6+9                    //值为 15
a=5+6,a++                  //值为 11
(a=5),a+=6,a+9             //值为 20
1+(a=2),a-=8,(a=78,a++,a-=60)   //值为 19
```

第 3.7 关 常用数学函数

任务 3.7.1 数学函数

◇ **任务描述**：

请分析如下代码，并直接提交。

```c
#include<stdio.h>
#include<math.h>
#define PI 3.1415926
int main(){
    double a,b;
    scanf("%lf%lf",&a,&b);                      //输入两个实数
    printf("sin(%lf)=%lf\n",a,sin(a*PI/180));
                                                //输出 a 的正弦,a*PI/180 为弧度
    printf("cos(%lf)=%lf\n",a,cos(a*PI/180));
                                                //输出 a 的余弦,a*PI/180 为弧度
    printf("exp(%lf)=%lf\n",a,exp(a));          //输出 e 的 a 次方
    printf("log(%lf)=%lf\n",a,log(a));          //输出以 e 为底 a 的对数
    printf("log10(%lf)=%lf\n",a,log10(a));      //输出以 10 为底 a 的对数
    printf("pow(%lf,%lf)=%lf\n",a,b,pow(a,b));  //输出 a 的 b 次方
    return 0;
}
```

该程序的功能为输入两个实数 a 和 b，然后输出一系列运算结果。

◇ **输入样例**：

```
3 2
```

◇ **输出样例**：

```
sin(3.000000)=0.052336
cos(3.000000)=0.998630
exp(3.000000)=20.085537
log(3.000000)=1.098612
log10(3.000000)=0.477121
pow(3.000000,2.000000)=9.000000
```

相关知识

数学函数

在程序设计的过程中，经常要用到数学计算，对较为复杂的数学计算（如求平方根）一般都要通过调用数学函数来完成。

C 语言为用户提供了许多已定义好的数学函数，主要的数学函数如下（函数名称前面的类型名称为函数返回值的类型）：

```
double exp(x)        //返回自然常数 e 的 x 次方的值
double log(x)        //返回以自然对常数 e 为底的 x 的对数
double log10(x)      //返回以 10 为底 x 的对数
double sqrt(x)       //返回 x 的算术平方根（参数 x 必须是非负值，否则会出错）
double pow(x,y)      //返回 x 的 y 次方的值
int    abs(n)        //返回参数 n 的绝对值,n 为整型数
double fabs(x)       //返回参数 x 的绝对值,x 为实型数
long   labs(ln)      //返回参数 ln 的绝对值,ln 为长整型数
double sin(x)        //返回弧度 x 的正弦值
double cos(x)        //返回弧度 x 的余弦值
double tan(x)        //返回弧度 x 的正切值
double asin(x)       //返回实数 x 的反正弦值（x∈[-1,1]）
double acos(x)       //返回实数 x 的反余弦值（x∈[-1,1]）
double atan(x)       //返回实数 x 的反正切值
```

注意：所有关于角度运算的函数中，参数 x 均被定义成弧度。

C 语言对数学标准函数的定义多位于头文件"math.h"中。在使用了数学函数的 C 语言程序中，必须在程序的开头加上以下编译预处理命令：

```
#include <math.h>
```

任务 3.7.2 输出函数值

◇ **任务描述**：

编程输入实数 x，输出以下函数的值：

$$f(x) = e^{2x} + \sin x^{3.5} + \ln x - 1 。$$

◇ **输入格式**：

一个实数 x。

◇ **输出格式**：

一个实数，保留 6 位小数。

◇ **输入样例**：

```
2.0
```

◇ **输出样例**：

```
53.341477
```

相关知识

一、随机数

C 语言提供了两个产生随机整数的函数：

```
void  srand(unsigned seed)          //初始化随机数发生器
int   rand()                        //返回一个 0~32767 范围内的随机整数
```

C 语言关于这两个函数的定义位于头文件"stdlib.h"中，所以在使用了这两个函数的程序中，必须在程序的开头加上以下编译预处理命令：

```
#include <stdlib.h>
```

srand()函数需要一个种子（无符号整数）作为参数，同一个种子产生的随机序列是相同的，通常的用法是 "srand((unsigned)time(NULL));"，即用 time(NULL)函数的返回值作为参数，time(NULL)函数的返回值为从 1970 年 1 月 1 日零时整到现在所持续的秒数。使用 time(NULL)函数时需要在程序的开头加上以下编译预处理命令：

```
#include <time.h>
```

示例代码 1：

```
#include<stdio.h>
#include<stdlib.h>
int main(){
    srand(1);
    printf("%d %d %d %d %d",rand(),rand(),rand(),rand(),rand());
    return 0;
}
```

执行程序，每次都会输出：

```
19169 26500 6334 18467 41
```

示例代码 1 分析：

语句 "srand(1);" 的功能是以种子 1 产生一个随机数序列。因为每次执行的种子都是 1，所以每次产生的随机序列都是相同的，这样的随机序列称为伪随机序列。

计算机出加法题的示例代码如下。

示例代码 2：

```
#include<stdio.h>
#include <stdlib.h>
#include <time.h>
int main(){
    int a,b,c;
    srand(time(NULL));                  //随机序列初始化
    a=rand()%100+1;                     //生成随机数赋值给 a
    b=rand()%100+1;                     //生成随机数赋值给 b
    printf("%d+%d=",a,b);               //输出算式
    scanf("%d",&c);                     //输入算式结果
    printf(c==a+b?"GOOD!":"SORRY!");    //结果正确输出 GOOD!,错误输出 SORRY!
}
```

执行程序，首先输出：

```
(65+99=)
输入：(165)
输出：(GOOD!)
```

再次执行程序，首先输出：

```
(36+74=)
输入：(56)
输出：(SORRY)
```

示例代码 2 分析：

上述程序的功能是让计算机随机生成两个 1～100 范围内的整数，并输出一个加法算式，用户从键盘输入这两个整数的和。若输入正确，则输出"GOOD!"，否则输出"SORRY!"。

（1）语句"srand(time(NULL));"的功能为初始化随机序列，time(NULL)函数的值为从 1970 年 1 月 1 日零时整到程序执行时所持续的秒数，这个值在每次执行程序时是不同的，也就是说随机序列的"种子"不同，因此每次产生的随机序列也是不同的。

（2）rand()函数的值是一个 0～32767 范围内的随机整数，表达式 rand()%100+1 的值是 1～100 范围内的随机整数。

二、算法与程序结构

算法与程序结构的内容请从本书配套的资源包中查阅。

习题 3

习题 3 及其参考答案和代码请从本书配套的资源包中查阅。

第4单元 顺序结构 ✏️

到目前为止，我们学过的程序都是以一条语句为单位，从上到下依次执行，从第一条语句到最后一行或遇到 return 为止，这种程序结构称为顺序结构。

顺序结构的程序，每条语句都能被执行到，而且只能被执行一次。

第 4.1 关　顺序结构的应用

任务 4.1.1　考考你

引导任务

◇ **任务描述：**

由计算机给出一个算式，请你来判定这个算式是否正确，若正确则输出：GOOD；若不正确则输出：SORRY。

◇ **输入格式：**

第一个整数是 a，第二个整数代表运算符号 op，第三个整数是 b，第四个数是整数 c，代表你的答案。这四个数代表形如 a op b=c 的算式，其中 op 的值为 1，2，3，4 时分别代表加、减、乘、除。

注意：所有测试数据保证除数不为 0。

◇ **输出格式：**

首先输出算式，然后空一格，若算式正确则输出：GOOD，否则输出：SORRY。具体参照输出样例。

◇ **输入样例 1（代表算式 1+2=3）：**

    1 1 2 3

◇ **输出样例 1：**

    1+2=3 GOOD

◇ **输入样例 2（代表算式 5*2=15）：**

    5 3 2 15

◇◇ **输出样例 2：**

5*2=15 SORRY

◇◇ **输入样例 3（代表算式 5-2=3）：**

5 2 2 3

◇◇ **输出样例 3：**

5-2=3 GOOD

◇◇ **输入样例 4（代表算式 5/2=2）：**

5 4 2 2

◇◇ **输出样例 4：**

5/2=2 GOOD

任务代码

```c
#include <stdio.h>
int main(){
    int a,b,c,op,r;
    scanf("%d%d%d%d",&a,&op,&b,&c);
    (op==1)?(printf("%d+%d=%d ",a,b,c),r=a+b):1;
    (op==2)?(printf("%d-%d=%d ",a,b,c),r=a-b):1;
    (op==3)?(printf("%d*%d=%d ",a,b,c),r=a*b):1;
    (op==4)?(printf("%d/%d=%d ",a,b,c),r=a/b):1;
    printf(c==r?"GOOD":"SORRY");
    return 0;
}
```

代码分析

程序首先输入四个整型变量，然后通过四个条件表达式语句，识别运算符号，并根据运算符号的不同，输出不同的算式。

语句"(op==1)?(printf("%d+%d=%d ",a,b,c),r=a+b):1;"的功能是首先判断"(op==1)"是否成立，若成立，则求解"(printf("%d+%d=%d ",a,b,c),r=a+b)"，输出加法算式并将 a 与 b 的和赋值给 r；若不成立，则求解表达式 1，其实质是让它什么都不做，1 只是为了填补这个位置。

剩下的三个语句是同样的形式和原理，请自行分析。

语句"printf(c==r?"GOOD":"SORRY");"的功能为用一个条件表达式"c==r"是否成立来决定是输出 GOOD 还是 SORRY。

相关知识

顺序结构

1. 语句

C 语言的程序以函数为基本单位，函数由语句构成，语句必须以分号结束。C 语言程序的语句主要分为以下几类。

1）说明语句

说明语句一般指用来定义变量数据类型等的语句。例如：

```
int a=5,b;        float f1,f2;
```

2）表达式语句

表达式语句是指由一个 C 语言表达式加上分号构成的语句。例如：

```
a=b+1;            //赋值表达式 a=b+1 加上分号
1;                //算术表达式 1 加上分号，此表达式无实际意义
2+2;              //算术表达式 2+2 加上分号，此表达式无实际意义
x>y?x:y;          //条件表达式 x>y?x:y 加上分号，此表达式无实际意义
i=1,j=2;          //逗号表达式 i=1,j=2 加上分号
i++;              //表达式 i++ 加上分号
```

3）函数调用语句

函数调用语句是由一个函数调用加上分号。例如：

```
printf("\n");
srand(time(NULL));
cos(6);           //*无实际意义的语句
```

这类语句也可以归属于表达式语句，因为函数调用本身也是一个表达式。

4）空语句

空语句是仅由一个分号所构成的语句，没有任何动作。例如：

```
;
```

5）复合语句

复合语句是指将一组多条语句用大括号括起来，从而使整个大括号变成一个整体。也就是说，从整体上看复合语句是一条语句。例如：

```
{
    a=5;
    b=6;
    c=7;
}
```

复合语句在 C 语言程序中的用处很大，在以后的学习中大家会逐渐体会到。有的书中也将复合语句称为分程序或语句块。

6）控制语句

控制语句会完成一定的控制功能,实现程序流程的跳转。C 语言提供的控制语句如下:

```
goto                无条件转向语句
if( ) ... else ...  选择语句
switch( ){ }        多分支选择语句
while( )            循环语句
for( )              循环语句
do{ }while()        循环语句
break               循环控制语句
continue            循环控制语句
return              从函数返回语句
```

控制语句在本书的后续单元中会为大家一一呈现。

2. 顺序结构

顺序结构是最简单的程序结构,执行顺序是自上而下,依次执行。每一条语句都能被执行到,而且每条语句只能被执行一次。

我们之前接触到的所有程序几乎都是顺序结构的。

3. 基本输入/输出功能的实现

C 语言的输入/输出功能都是通过函数调用来实现的。C 语言提供的标准函数库 "stdio.h" 中包括标准输入/输出函数 scanf() 和 printf() 等的定义和说明。

C 语言还提供了字符输入/输出函数 getchar()、getch()、getche() 和 putchar() 等。它们的定义或说明都放在头文件 "stdio.h" 中,所以使用这些函数的 C 语言程序,应该在程序的开头加上以下编译预处理命令:

```
#include <stdio.h>
```

或者

```
#include "stdio.h"
```

任务 4.1.2 考考计算机

◇ **任务描述**:

现在给你一个考考计算机的机会,由你来出一道格式形如 A+B 的四则运算题,让计算机输出结果。

◇ **输入格式**:

形如 A+B 的算式,A 和 B 为整数,中间是+、-、*、/ 符号之一。算式中间没有空格,所有输入数据中的除数都不为 0。

◇ **输出格式**:

一个整数。

◇ **输入样例 1：**

1+2

◇ **输出样例 1：**

3

◇ **输入样例 2：**

3*5

◇ **输出样例 2：**

15

◇ **输入样例 3：**

1-2

◇ **输出样例 3：**

-1

◇ **输入样例 4：**

13/5

◇ **输出样例 4：**

2

第 4.2 关　标准输入/输出

任务 4.2.1　小白算算术

◇ **任务描述：**

老师给小白同学出了一道算术题，你帮他编个程序吧。

◇ **输入格式：**

一行带有?的算式，形如 a=@,b=@,axb=?。其中，@代表整数，x 可能是+、-、*、/ 之一。题目保证除法时除数不为 0。

◇ **输出格式：**

输出正确的算式，在?处输出正确的值，具体请参照输入、输出样例。

◇ **输入样例 1：**

a=5,b=8,a*b=?

◇ **输出样例 1：**

5*8=40

◇ **输入样例 2：**

a=55,b=-8,a-b=?

◇ 输出样例 2：

    55--8=63

◇ 输入样例 3：

    a=55,b=-8,a/b=?

◇ 输出样例 3：

    55/-8=-6

◇ 输入样例 4：

    a=5,b=8,a+b=?

◇ 输出样例 4：

    5+8=13

任务代码

```c
#include<stdio.h>
int main(){
    int a,b,r;
    char op;
    scanf("a=%d,b=%d,a%cb=?",&a,&b,&op);
    (op=='+') ? (r=a+b) : (1);
    (op=='-') ? (r=a-b) : (1);
    (op=='*') ? (r=a*b) : (1);
    (op=='/') ? (r=a/b) : (1);
    printf("%d%c%d=%d",a,op,b,r);
    return 0;
}
```

代码分析

（1）语句"scanf("a=%d,b=%d,a%cb=?",&a,&b,&op);"的功能是实现格式化输入数据，输入数据的格式是由格式控制字符串""a=%d,b=%d,a%cb=?""决定的，格式控制字符串中的普通字符要原样读入，具体的读取数据过程（从左到右）分解如下：

① 原样读入普通字符 a=；

② 读取一个整数赋值给变量 a；

③ 原样读取普通字符"b= "；

④ 读取一个整数赋值给变量 b；

⑤ 原样读取普通字符"a"；

⑥ 读取一个字符赋值给变量 op；

⑦ 原样读取普通字符 b=?。

（2）正确读入数据以后，通过四个条件表达式语句实现计算算式的结果，赋值给 r。

（3）语句"printf("%d%c%d=%d",a,op,b,r);"的功能是输出结果，""%d%c%d=%d""是

输出格式字符串，其中的普通字符"="要原样输出，"%d"表示输出整数，"%c"表示输出一个字符。

📝 相关知识

一、输入流、输出流

通过 scanf()、getchar()等函数输入数据时，如果是在 Dev C++中执行，则需要用户从键盘输入一串字符；如果是在网络上的 PTA 平台或者其他在线编程评测平台（Online Judge，OJ）执行，则程序从输入样例或测试数据中读取数据。

无论是用户通过键盘输入数据，还是从测试数据中读取数据，被读取的数据都可以看作一个字符流（字节流），数据输入函数就是从输入流中依次读取数据的。

通过 printf()函数输出数据时，输入的内容同样可以看作字符流或字节流，字符流输出的目的地，或者是显示器、打印机、文件，它们也可以称为输出流。

可以说，程序从输入流读取数据，向输出流输出数据。

二、标准格式化输出函数 printf()

1. printf()函数

printf()函数向标准输出设备（显示器）中按规定格式输出信息。调用 printf()函数的一般形式为

```
printf(格式控制字符串,输出值参数列表);
```

（1）格式控制字符串：包括普通字符和格式说明符。其中，格式控制字符串中的普通字符要按原样输出。

格式说明符以"%"开头，后跟一个或几个规定字符，用来代表一个输出的数据，并规定了该数据的输出格式。例如，在语句"printf("a=%d,b=%d",a,b);"中，字符串""a=%d,b=%d""是格式控制字符串，其中，"a="、"b="是普通字符，而"%d"就是格式说明符；a,b 是输出值参数列表。

（2）输出值参数列表是一系列用逗号分开的表达式，表达式的个数和顺序与前面的格式说明符要一一对应。例如，有整型变量 a 和 b，它们的值分别是 3 和 8，则执行以下语句：

```
printf("a=%d,b=%d",a,b);
```

输出结果如下：

```
a=3,b=8。
```

2. 格式说明符

不同类型的数据在输出时应该使用不同的格式说明符。常用的格式说明符及其含义如表 4-1 所示。

表 4-1　格式说明符

格式说明符	所代表的数据类型和输出形式
%d,%ld,%lld	int,long,long long 型；十进制有符号整数，正数符号省略
%u	int 型；十进制无符号整数
%o	int 型；无符号八进制整数，不输出前导 0
%x,%X	int 型；无符号十六进制整数，不输出前导 0x
%#o、%#x、%#X	对于八进制和十六进制整型数据的输出加上前导 0 或 0x 或 0X
%c	int 型（char 型）；一个字符
%f,%lf	double 型；十进制小数，默认小数位数为 6 位
%e	double 型；指数形式输出浮点数
%g	double 型；自动在%f 和%e 之间选择输出宽度小的表示法
%s	字符串；顺序输出字符串的每个字符，不输出'\0'
%%	%本身
%p	指针的值

（1）"%"和字母之间可加一个整数表示输出场宽，即输出数据所占据的最大宽度（字符个数）。例如，"%3d"表示输出数据占 3 个字符位，不够 3 位右对齐，左补空格。"%8s"表示输出数据占 8 个字符位，不够 8 个字符右对齐，左补空格。

（2）"%M.Nf"中，整数 M 表示输出最大场宽，整数 N 表示小数位数。例如，"%9.2f"表示输出宽度为 9 个字符位的实数，保留 2 位小数，不够 9 位右对齐，左补空格。

如果数据的实际值超过所给的场宽，将按其实际长度输出。

（3）"%04d"表示在输出一个小于 4 位的整数时，将在前面补 0 使其总宽度为 4 位。

（4）"%6.9s"表示输出字符串的最大宽度是 9，最小宽度是 6，即输出所占的宽度不小于 6 且不大于 9。若字符个数小于 6 则左补空格补至 6 个字符；若字符个数大于 9，则第 9 个字符以后的内容将不被显示。

（5）负号可以控制输出的数据是左对齐。例如，"%-7d"表示输出整数占 7 位场宽，不足左对齐，右补空格；"%-10s"表示输出字符串占 10 位场宽，不足左对齐，右补空格。

下面我们学习几个示例代码。

示例代码 1：

```c
#include<stdio.h>
int main(){
    int a=1234, i; char c;
    float f=3.141592653589;
    double x=0.12345678987654321;
    i=12; c='\x41';
    printf("\n01.a=%d.", a);
    printf("\n02.a=%6d.", a);
    printf("\n03.a=%06d.", a);
```

```
    printf("\n04.a=%2d.", a);
    printf("\n05.a=%-6d.",a);
    printf("\n06.f=%f.", f);
    printf("\n07.f=%6.4f.", f);
    printf("\n08.x=%lf.",x);
    printf("\n09.x=%18.16lf.", x);
    printf("\n10.c=%c.", c);
    printf("\n11.c=%x.", c);
    printf("\n12.%s.","ABCDEFGHIJK");
    printf("\n13.%4s.","ABCDEFGHIJK");
    printf("\n14.%14s.","ABCDEFGHIJK");
    printf("\n15.%-14s.","ABCDEFGHIJK");
    printf("\n16.%4.6s.","ABCDEFGHIJK");
}
```

执行程序, 输出:

```
01.a=1234.
02.a=  1234.
03.a=001234.
04.a=1234.
05.a=1234.
06.f=3.141593.
07.f=3.1416.
08.x=0.123457.
09.x=0.1234567898765432.
10.c=A.
11.c=41.
12.ABCDEFGHIJK.
13.ABCDEFGHIJK.
14.   ABCDEFGHIJK.
15.ABCDEFGHIJK   .
16.ABCDEF.
```

示例代码 2:

```
int main(){
    int a=1234;
    printf("\n01.a=%d.a=%#d", a,a);
    printf("\n02.a=%o.a=%#o", a,a);
    printf("\n03.a=%x.a=%#x", a,a);
    printf("\n05.a=%-8X.a=%#8X", a,a);
    printf("\n06.a=%08X.a=%#08X", a,a);
    return 0;
}
```

执行程序，输出：

```
01.a=1234.a=1234
02.a=2322.a=02322
03.a=4d2.a=0x4d2
05.a=4D2    .a=   0X4D2
06.a=000004D2.a=0X0004D2
```

示例代码 3：

```
#include<stdio.h>
int main(){
    printf("+---------------------------------------------+\n");
    printf("|%16s|%12s|%20s|\n","姓名","学号","邮箱");
    printf("|%16s+%12s+%20s|\n","----------------","------------",
"--------------------");
    printf("|%16s|%12s|%20s|\n","李忠达","2015120666",
"1610649511@qq.com");
    printf("|%16s+%12s+%20s|\n","----------------","------------",
"--------------------");
    printf("|%16s|%12s|%20s|\n","伞洪涛","2017120088",
"1143708748@qq.com");
    printf("|%16s+%12s+%20s|\n","----------------","------------",
"--------------------");
    printf("|%16s|%12s|%20s|\n","王冠翔","2017145678",
"394276890@qq.com");
    printf("|%16s+%12s+%20s|\n","----------------","------------",
"--------------------");
    printf("|%16s|%12s|%20s|\n","王宇翔","2016146789",
"247399615@qq.com");
    printf("+---------------------------------------------+\n");
    return 0;
}
```

执行程序，输出：

姓名	学号	邮箱
李忠达	2015120666	1610649511@qq.com
伞洪涛	2017120088	1143708748@qq.com
王冠翔	2017145678	394276890@qq.com
王宇翔	2016146789	247399615@qq.com

以上代码示例比较全面地展示了基本数据类型的格式输出，请大家一定要熟悉这些格式控制方法的含义和使用。

三、标准格式化输入函数 scanf()

scanf()函数从标准输入设备（键盘）上读取用户输入的数据，并将输入的数据赋值给相应的变量。调用格式输入函数 scanf()的一般形式为

```
scanf(格式控制字符串,变量地址列表)
```

功能说明：

（1）格式控制字符串是用来规定以何种形式从输入设备上接收数据。格式控制字符串中包含以下三种字符。

① 格式说明符：这里的格式说明符与 printf()函数中的格式说明符基本相同，一个格式说明符代表一个输入的数据。

② 空白字符：空白字符会使 scanf()函数在读取数据时略去输入数据中的一个或多个空白字符。空白字符包括空格、回车和制表符（Tab 键）。

③ 普通字符：普通字符在输入数据时要原样输入。

（2）变量地址列表是用逗号分隔的变量地址，与格式控制字符串中的格式说明符一一对应。取变量地址的运算符为 "&"，则变量 a 的地址用&a 表示，在此处一定不要忘记变量前面应该加上取地址运算符 "&"。

运行程序时，从前向后依次读取用户所输入的数据，如果读到了非法的数据，函数就会结束，程序会往下运行并不报错。但从遇到非法数据的变量开始，它或它以后的变量将得不到用户所输入的值，通常它们的值是随机的。

格式说明中也可以规定场宽，用来表示接收数据的最大位数，如 "%4d" 表示最多只读 4 位整数。

任务 4.2.2　海伦公式

◇ **任务描述：**

海伦公式是利用三角形的三条边长直接求三角形面积的公式。假设三角形的三边长分别为 a，b 和 c，$p = \dfrac{a+b+c}{2}$，则计算该三角形面积的海伦公式为 $s = \sqrt{p(p-a)(p-b)(p-c)}$。

相传这个公式最早是由古希腊数学家阿基米德得出的，但因为这个公式最早出现在海伦的著作《测地术》中，所以被称为海伦公式。

请编程输入三角形的三边长 a，b，c，输出其面积 s。输入/输出格式请参照样例。

◇ **输入样例 1：**

```
a=3.0,b=4.0,c=5.0
```

◇ **输出样例 1：**

```
s=6.0000
```

◇ **输入样例 2：**

```
a=6,b=8,c=10
```

◇ **输出样例 2：**

```
s=24.0000
```

任务 4.2.3　计算多项式的值

◇ **任务描述：**

对于多项式 $f(x)=ax^3+bx^2+cx+d$ 和给定的 a，b，c，d，x，计算 $f(x)$ 的值。

◇ **输入格式：**

输入仅一行，形如 x=#，a=#，b=#，c=#，d=#.（#代表一个实数），共包含五个实数，分别是 x 及参数 a，b，c，d 的值，每个数都是绝对值不超过 100 的双精度浮点数。输入中没有空格。

◇ **输出格式：**

输出形如 $f(x)$=多项式值，保留到小数点后 7 位。

◇ **输入样例：**

```
x=2.31,a=1.2,b=2,c=2,d=3.
```

◇ **输出样例：**

```
f(2.3100000)=33.0838692
```

任务 4.2.4　小白算算术（升级版）

◇ **任务描述：**

老师拿出来一道运算符空缺的算式 "A?B=C"，让小白补充完整。

老师说这题有一点点难度，小白表示不信自己做不出来！

◇ **输入格式：**

一行带有 "?" 的算式，形如 a?b=c。a,b,c 都是整数，并且 b 不是 0。在整个输入中仅整数前可能有空格，整数后无空格。

◇ **输出格式：**

输出正确的算式或者错误算式的信息。请严格按+、−、*、/的顺序判断，只要符合某种运算，就输出?='X'及正确的算式。如果四种运算都不成立，就输出?=?及算式原样。具体格式请认真参照输入输出样例。

注意：为了便于阅读，输出结果中适当加入了空格，如果有负数要加括号。

◇ **输入样例 1：**

```
 -23?    5=    -4
```

◇ **输出样例 1：**

    ? = '/' , (-23) / 5 = (-4)

◇ **输入样例 2：**

    -5?8=   3

◇ **输出样例 2：**

    ? = '+' , (-5) + 8 = 3

◇ **输入样例 3：**

            0?1=   0

◇ **输出样例 3：**

    ? = '*' , 0 * 1 = 0

◇ **输入样例 4：**

    -1? -5=   -9

◇ **输出样例 4：**

    ? = '?' , (-1) ? (-5) = (-9)

◇ **输入样例 5：**

    55?   -8=63

◇ **输出样例 5：**

    ? = '-' , 55 - (-8) = 63

任务代码

```
#include<stdio.h>
int main(){
    int a,b,c,r;
    char op;
    scanf("%d%c%d=%d",&a,&op,&b,&c);            //读入算式
    (c==a+b) ? (op='+') :                       //根据算式确定运算符是什么
    (c==a-b) ? (op='-') :
    (c==a*b) ? (op='*') :
    (c==a/b) ? (op='/') : (op='?');
    printf("? = \'%c\' , ",op);                 //输出运算符
    a>=0?printf("%d",a):printf("(%d)",a);       //输出 a
    printf(" %c ",op);                          //输出运算符
    b>=0?printf("%d",b):printf("(%d)",b);       //输出 b
    printf(" = ");                              //输出=
    c>=0?printf("%d",c):printf("(%d)",c);       //输出 c
    return 0;
}
```

任务 4.2.5 打印成绩单

◇ **任务描述：**

小明想打印一份格式工整的成绩单给妈妈，请编程实现。

◇ **输入格式：**

一行中有四个成绩数据（实型数），分别代表 C 语言（C Language）、高等数学（Higher Mathematics）、线性代数（Linear Algebra）和大学英语（College English）的成绩，数据之间以一个空格分隔。

◇ **输出格式：**

严格按样例格式输出成绩表，其中，表格线由字符"+"、"-"和"|"构成，第二列成绩的总宽度为 10 个字符，每个成绩与后面的竖线之间有两个空格，所有成绩的小数点对齐。

◇ **输入样例：**

```
100 99.5 98 90.25
```

◇ **输出样例：**

```
+------------------+----------+
|COURSE            |  GRADE   |
+------------------+----------+
|C Language        |  100.00  |
+------------------+----------+
|Higher Mathematics|   99.50  |
+------------------+----------+
|Linear Algebra    |   98.00  |
+------------------+----------+
|College English   |   90.25  |
+------------------+----------+
```

任务 4.2.6 一元二次方程（有实根）

◇ **任务描述：**

输入一元二次方程的三个系数 a，b，c 的值，输出其两个根（假设方程有实根）。请根据输出样例确定两个根的输出顺序。

◇ **输入格式：**

三个数，空格分隔。

◇ **输出格式：**

按输出样例格式输出。

◇ **输入样例 1：**
```
1 4 3
```
◇ **输出样例 1：**
```
X1=-1.000
X2=-3.000
```
◇ **输入样例 2：**
```
1 2 1
```
◇ **输出样例 2：**
```
X1=-1.000
X2=-1.000
```
◇ **输入样例 3：**
```
-1 4 -3
```
◇ **输出样例 3：**
```
X1=1.000
X2=3.000
```

任务 4.2.7 方差

◇ **任务描述：**

请编程输入四个实数，输出它们的方差，结果保留四位小数。（提示：方差是各个数据与它们的平均数之差的平方的平均数。）

◇ **输入样例：**
```
1 2 3 4
```
◇ **输出样例：**
```
1.2500
```

第 4.3 关　scanf()函数进阶

任务 4.3.1 四数之和

◇ **任务描述：**

以下代码表示从输入流中读取四个整数，请补充代码，并研讨格式说明符的用法。

```
#include <stdio.h>
int main(){
    int a,b,c,d;
```

```
    scanf("_____",&a,&b,&c,&d);//请补充代码
    printf("a=%d,b=%d,c=%d,d=%d\n",a,b,c,d);
    printf("a+b+c+d=%d",a+b+c+d);
    return 0;
}
```

◇ **输入样例**：

　12　34,　56,　　78

◇ **输出样例**：

　a=12,b=34,c=56,d=78
　a+b+c+d=180

相关知识

　　关于 scanf()函数，有一些细节需要特别注意，结合下面的案例代码，我们一起讨论一下吧。

　　1. 对空白字符的处理

　　scanf()函数在以%d、%lf、%s 等格式输入数据时，通常会忽略数据之间的空白字符。我们来看下面的示例代码。

　　示例代码：

```
int main(){
    int a,b;
    scanf("%d%d",&a,&b);
    printf("a=%d,b=%d",a,b);
}
```

　　执行程序，输入：

123□456□789□10✓ (□表示一个空格✓表示一个回车,下同)

或者输入：

123✓
456□789✓

都将输出：

a=123,b=456

　　示例代码分析：

　　程序中的 "scanf("%d%d",&a,&b);" 语句中，输入格式控制字符串 ""%d%d"" 的意义：首先读取一个整型数据赋给变量 a，然后忽略若干空白字符（数据间分隔符、空格、回车或者 Tab 字符），最后读入另一个整型数据赋给变量 b。如果有多余的数据，系统会忽略处理。

再次执行该程序，输入：

```
123,456↙
```

输出：

```
a=123,b=1235
```

对于此程序来讲，以上输入数据的方法是不正确的。可以看出，第一个整型数据 123 可以正确接收，紧跟着应该出现若干空白字符，之后是另一个整数。但此时却遇到了逗号这个非法数据（不可以识别为整数），所以 scanf() 函数中止。变量 b 没有被赋值，它的值是一个随机值。

2. 对普通字符的处理

格式控制字符串中的普通字符要原样输入，我们一起来看下面的示例代码。

示例代码 1：

```
//格式输入函数 scanf() 应用举例
int main(){
    int a,b;
    scanf("%d,%d",&a,&b);
    printf("a=%d,b=%d",a,b);
    return 0;
}
```

执行程序，输入：

```
□□□123,↙
□□□□□456□□□7890↙
```

输出：

```
a=123,b=456
```

示例代码 1 分析：

在这个示例中首先读入一个整型数据 123 赋给变量 a，然后立即读入一个逗号字符，最后读入另一个整型数据 456 赋给变量 b。

注意：在读入数值型数据时，会忽略数值的前置空白字符。所以读入 123 时，忽略其前面的空格；紧跟着成功读入一个逗号后，读入下一个数值时，忽略了其前置的回车和空格，成功读入 456。

再次执行程序，输入：

```
123□□,□456↙
```

输出：

```
a=123,b=66
```

程序首先成功读入 123 写入变量 a 的地址，然后系统需要立即读入一个逗号，但键盘缓冲区中读入的字符是空格，二者不匹配，所以 scanf()函数中止执行。变量 b 未成功读入，其值不可预知，为一随机值。

再次执行程序，输入：

```
123✓
```

输出：

```
a=123,b=66
```

此结果原理同上，系统在正确接收数值 123 后，没有立即接收到逗号，却迎来一个回车符，二者不匹配，所以 scanf()函数中止执行。变量 b 未成功读入，其值不可预知。

示例代码 2：

```
//格式输入函数 scanf()应用举例
int main(){
    int a,b;
    scanf("a=%d,b=%d",&a,&b);
    printf("a=%d,b=%d",a,b);
    return 0;
}
```

执行程序，输入：

```
123,456✓
```

输出：

```
a=66,b=66
```

示例代码 2 分析：

在这个示例中的 "scanf("a=%d,b=%d",&a,&b);" 调用语句中，输入格式控制字符串 ""a=%d,b=%d"" 的意义：首先读一个字符 a，再读入一个字符 "="，然后读入一个整数，再读取一个逗号，再读取一个字符 b，再读取一个字符 "="，最后读取一个整型数据。此次输入的第一个字符就与格式字符串不匹配，scanf()函数中止，没有读到有效数据。变量 a 和 b 的值不定。

再次执行程序，输入：

```
a=123,b=456✓
```

输出：

```
a=123,b=456
```

综上可以看出，输入格式控制中如果规定了普通字符，则要原样输入，如果没有普通字符只有格式说明符，则输入的数据之间要以至少一个空白字符来分隔。

3. 一个数据读入的开始和完成

scanf()函数在读取某个数据（除了读入字符型数据）时，从遇到第一个不是空白的字符开始，到遇到空白字符、达到指定宽度、非法输入等情况时认为该数据结束。我们来看下面的示例代码。

示例代码：

```
//格式输入函数 scanf()应用举例
int main(){
    int a,b;
    scanf("%d%d",&a,&b);
    printf("\na=%d,b=%d",a,b);
}
```

执行程序，输入：

```
□□123□□□□□456ABC✓
```

程序输出：

```
a=123,b=456
```

第一个数据从第一个非空白字符 1 开始（忽略空白字符），遇空白字符（空格）结束，于是读入 123；第二个数据从接下来的第一个非空白字符 4 开始（忽略空白字符），遇非法输入(A)结束，于是读入 456。

再次执行程序，输入：

```
123.456✓
```

程序输出：

```
a=123,b=66
```

第一个数据从第一个非空白字符 1 开始（忽略空白字符），遇非法字符 "." 结束，于是读入 123；第二个数据从字符 "." 开始，但它本身就是非法输入，于是语句结束。

4. 读入指定宽度

我们来看下面的示例代码。

示例代码：

```
//格式输入函数 scanf()应用举例
int main(){
    int a,b;
    scanf("%2d%2d",&a,&b);  //对于用户所输入的整型数据，最多只读取两位
    printf("\na=%d,b=%d",a,b);
    return 0;
}
```

执行程序，输入：

```
1□□23456↙
```

程序输出：

```
a=1,b=23
```

再次执行程序，输入：

```
123□□456↙
```

输出：

```
a=12,b=3
```

再次执行程序，输入：

```
123456↙
```

输出：

```
a=12,b=34
```

示例代码分析：

在这个示例中的"scanf("%2d%2d",&a,&b);"调用语句中，输入格式控制字符串""%2d%2d""的意义：首先读入一个整数（最多两位），忽略若干空白字符后，再读入一个整数（最多两位）。所以本示例才有上述结果。

5. 从输入流中跳过某些数据

字符"*"也可用于输入格式控制中（如%*d），加了星号（*）表示此数据读入后被跳过，并不赋值给任何变量。我们来看下面的示例代码。

示例代码 1：

```c
#include<stdio.h>
int main(){
    int a,b;
    scanf("%d%*d%d",&a,&b);
    printf("a=%d,b=%d",a,b);
    return 0;
}
```

执行程序，输入：

```
123  456  789↙
```

输出：

```
a=123,b=789
```

示例代码 1 分析：

格式控制符 ""%d%*d%d"" 的含义为先从输入流中读取一个整数存入变量 a 的地址，再读入一个整数忽略掉，最后读入一个整数存入变量 b 的地址。

示例代码 2：

```
#include<stdio.h>
int main(){
    int a,b;
    scanf("%2d%*2d%2d",&a,&b);
    printf("a=%d,b=%d",a,b);
    return 0;
}
```

执行程序，输入：

```
123456789✓
```

输出：

```
a=12,b=56
```

示例代码 2 分析：

"scanf("%2d%*2d%2d",&a,&b);" 语句中格式控制符 ""%2d%*2d%2d"" 的含义为先从输入流中读入一个整数（最多两位即 12）存入变量 a 的地址，再读入一个整数（最多两位即 34）忽略掉，最后读入一个整数（最多两位即 56）存入变量 b 的地址。

再次执行程序，输入：

```
3□□4□□✓
□□□5678□□□□□9✓
```

输出：

```
a=3,b=56
```

格式控制符 ""%2d%*2d%2d"" 的含义为先从输入流中读入一个整数（最多两位即 3）存入变量 a，再读入一个整数（最多两位即 4）忽略掉，最后读入一个整数（最多两位即 56）存入变量 b。

任务 4.3.2 部分数的和（1）

◇ **任务描述：**

```
#include<stdio.h>
int main(){
    int a,b;
    scanf("_____",&a,&b,&c);//请补充代码
    printf("%d",a+b+c);
```

```
        return 0;
    }
```

输入流中有五个整数，但要求只输出其中的第一、三、五个数的和。

◇ **输入样例 1：**

```
1 2 3 4 5
```

◇ **输出样例 1：**

```
9
```

◇ **输入样例 2：**

```
12 25 8 65 7
```

◇ **输出样例 2：**

```
27
```

任务 4.3.3 　部分数的和（2）

◇ **任务描述：**

输入数据是一大串数字，要求读取五个数，并输出其中的第一、三、五个数的和。第一个数只读一位数，第二个数只读两位数，第三个数只读三位数，第四个数只读四位数，第五个数只读五位数。

◇ **输入样例：**

```
12345678901234567890
```

说明：按照题意，此样例要求读入的数据依次是 1，23，456，7890，12345，最后输出 1，456，12345 这三个数的和。

◇ **输出样例：**

```
12802
```

任务 4.3.4 　日期格式化

◇ **任务描述：**

世界上不同国家有不同的写日期的习惯，如美国人习惯写成"月-日-年"，而中国人习惯写成"年-月-日"。于龙同学在写日期时不小心把年份的位置写错了，可能在最前，可能在中间，也可能在最后。

下面请编写程序，自动把读入的于龙同学写的日期改成中国习惯的日期形式。

◇ **输入格式：**

在一行中按照"mm-dd-yyyy"或"mm-yyyy-dd"或"yyyy-mm-dd"的格式给出年、月、日。给出的日期是 1900 年 1 月 1 日以后合法的日期，并且月在前日在后，年份是四位数。

◇ **输出格式：**

在一行输出符合中国人使用习惯的日期格式，要求月份和日期都用两位输出，不足两位的在前面补 0。

◇ **输入样例 1：**

5-1-2019

◇ **输出样例 1：**

2019-05-01

◇ **输入样例 2：**

11-2019-05

◇ **输出样例 2：**

2019-11-05

相关知识

读入字符型数据

以上关于 scanf() 函数的数据输入规则仅适用于输入数值型数据和字符串，而对于用 scanf() 函数来输入字符型数据的情况，规则就不太相同了。

当 scanf() 函数用 %c 格式输入字符型数据时，空白字符不再被忽略，除非 %c 前面有空格。也就是说，用户所输入的所有字符将一一被读取。示例代码如下。

示例代码 1：

```
//利用格式输入函数 scanf()输入字符型数据的应用举例
int main(){
    char c1, c2;
    scanf("%c%c", &c1, &c2);
    printf("c1=%c,c2=%c\n",c1,c2);
    printf("c1=%d,c2=%d\n",c1,c2);
    return 0;
}
```

执行程序，输入：

ABCD↙

输出：

c1=A,c2=B
c1=65,c2=66

再次执行程序，输入：

□ABCD↙

输出：

```
c1=□,c2=A
c1=32,c2=65
```

再次执行程序，输入：

```
↙
ABCD↙
```

输出：

```
c1=
,c2=A
c1=10,c2=65
```

再次执行程序，输入：

```
A↙
```

输出：

```
c1=A,c2=
c1=65,c2=10
```

示例代码 1 分析：

以上输入输出结果表明，"scanf("%c%c", &c1, &c2);" 语句的功能就是从键盘输入流中依次读入两个字符。

在读取字符型数据时，没有略过空白字符，而是把空格、回车或者 Tab 也当成字符读入。

示例代码 2：

```
//利用格式输入函数 scanf() 输入字符型数据的应用举例
int main(){
    char c1, c2;
    scanf(" %c %c", &c1, &c2);
    printf("c1=%c,c2=%c\n",c1,c2);
    printf("c1=%d,c2=%d\n",c1,c2);
    return 0;
}
```

执行程序，输入：

```
□□□□A□□B□□□CD↙
```

或者输入：

```
□A↙
BCD↙
```

或者输入：

```
✓
ABCD✓
```

程序执行后都输出：

```
c1=A,c2=B
c1=65,c2=66
```

示例代码 2 分析：

以上输入输出结果表明，"scanf(" %c %c", &c1, &c2);" 语句的功能也是从键盘输入流中依次读入两个字符。

在读取字符型数据时，由于 "%c" 前面有空格，因此会先略过空白字符，读取非空白字符。

任务 4.3.5 简单算式

◇ **任务描述：**

现有一个形如 A+B 或 A-B 的算式，要求编程读入这个算式并输出它的结果。X 同学表示用 if 语句可以轻松解决这道题，可是 Y 老师不允许他使用 if 语句和 switch 语句。X 同学犯愁了，不知道该怎么办。不使用 if 语句和 switch 语句，你能解决这个问题吗？

◇ **输入格式：**

一行中给出一个算式，形如 A+B 或 A-B，A 和 B 为整数。运算符前后可能包含若干空格。

◇ **输出格式：**

在一行中输出算式结果，如果算式不是加法和减法，则输出：error!。

◇ **输入样例 1：**

```
1+2
```

◇ **输出样例 1：**

```
3
```

◇ **输入样例 2：**

```
1#2
```

◇ **输出样例 2：**

```
error!
```

◇ **输入样例 3：**

```
1-2
```

◇ **输出样例 3：**

```
-1
```

相关知识

专门的字符输入输出函数

1. 字符输出函数 putchar()

putchar() 函数的一般形式如下：

```
putchar(参数表达式)
```

功能说明：

（1）参数表达式可以为字符或整型，值为将要输出字符的 ASCII 值，或者是字符本身。函数的功能就是在标准输出设备（显示器）上输出一个字符。

（2）如果表达式的值不是整型值，则自动舍弃小数部分取整。

（3）C 语言中 ASCII 值共有 256 个，所以参数值应在 0～255 范围内，如果超过 255，则系统会自动除以 256 取余数，使之回到 0～255 的范围内。

（4）有些控制字符是不可显示的，如 ASCII 值为 7 的字符的作用是使计算机的扬声器响一声。

我们来看下面的示例代码。

示例代码：

```
#include<stdio.h>
int main(){
    char c='A';
    int  n=65;
    // 以下 6 条语句输出 AAABBB
    putchar('A');  putchar(c);  putchar(n);
    putchar('A'+1); putchar(c+1); putchar(n+1);
    putchar(10);                      // 以下 5 条语句输出 AAAAA
    putchar(65);  putchar('\101'); putchar('\x41');
    putchar(0101); putchar(0x41);
    putchar(10);                      // 以下两条语句输出 AA
    putchar(65.6); putchar(8*8.2);
    putchar(10);          //以下一条语句使扬声器响一声,无可显示输出
    putchar(7);
}
```

执行程序，输出：

```
AAABBB
AAAAA
AA
```

本程序执行的同时会听到计算机扬声器滴的一声。请大家仔细对照程序中的语句和输出结果，明确哪个字符由哪个语句执行得到。另外，大家要注意程序中 putchar() 函数参数的多种形式。

2. 字符输入函数 getchar()

getchar()函数的一般形式如下：

```
getchar()
```

功能说明：

（1）getchar()函数没有参数，其功能是从标准输入设备（键盘）上读入一个字符。程序执行到该函数时暂停，光标在屏幕上闪烁，等待用户输入字符，用户输入的字符会依次显示在屏幕上。当用户输入一串字符（可能 1 个，可能多个，也可能 0 个）并按下回车（Enter键）时，输入完成。函数 getchar()的返回值为用户所输入（键盘缓冲区）的第一个字符的 ASCII 值（即字符本身）。

（2）如果用户在输入字符时直接按回车键，那么函数 getchar()的值为回车字符。

（3）单独使用 getchar()能使程序暂停，待用户按回车键时继续，但是所输入的字符没有被使用。

我们来看下面的示例代码。

示例代码：

```c
#include<stdio.h>
int main(){
    char c;
    c=getchar();    //输入字符直到回车结束，接收第一个
    putchar(c);     //显示输入的第一个字符
    return 0;
}
```

执行程序，输入：

```
ABCD    EFG<回车>
```

程序输出：

```
A
```

示例代码分析：

用户从键盘输入的字符暂时存放在键盘缓冲区中，当用户按下回车键时，才会将所有已输入的字符送给程序处理。getchar()函数依次接收键盘缓冲区（输入流）中的字符，本示例接收到的是第一个字符 A。

3. 字符输入函数 getche()和 getch()

C 语言还为我们提供了两个字符输入函数 getche()和 getch()。调用它们的一般形式如下：

```
getche()
getch()
```

功能说明：

这两个函数的调用形式与 getchar()函数完全相同，功能也相同，都是从标准输入设备（键盘）中读入一个字符。区别主要有以下两点：

（1）这两个函数在执行时，要求用户输入字符型数据。只要用户输入一个字符（不需按回车键），函数就立即获得返回值。getchar()函数的规则是允许用户输入多个字符，按下回车键时，函数将输入的第一个字符作为返回值，程序为向下运行。

（2）函数 getche()在执行时，用户输入的字符会显示在屏幕上（回显）；而函数 getch()在执行时，用户输入的字符不在屏幕上显示（不回显）。

我们来看下面的示例代码。

示例代码：

```
#include<stdio.h>
int main(){
    char ch;
    ch=getche();    //输入的字符回显，不用按回车键
    printf("你输入的字符是:%c",ch);
}
```

执行程序，输入一个字符：

y(输入 y 后，不用回车程序立即向下运行)

输出：

你输入的字符是:y

示例代码分析：

如果将程序中的 getche()换成 getch()，则输入的字符不会显示。这两个函数会起到程序暂停的作用，用户按下任意键后继续执行。

第 4.4 关　scanf()函数的返回值

任务 4.4.1　分情况输出

◇ **任务描述：**

输入最多两个整数，如果输入的是一个整数，就输出它的平方，如果输入的是两个整数，就输出它们的乘积。

◇ **输入样例 1：**

25

◇ **输出样例 1：**

625

◇ **输入样例 2：**

2 5

◇ **输出样例 2：**

10

任务 4.4.2 小白识数

◇ **任务描述：**

老师要求小白识别一下输入流中有几个整型数据。请编程帮他计算。

◇ **输入格式：**

一行中有不超过五个整数，请从左到右识别，直到末尾或者遇到非数字字符时结束。

◇ **输出格式：**

识别出的整数个数，如果无输入，则输出-1。

◇ **输入样例 1：**

18 -299 520 1314 2587

◇ **输出样例 1：**

5

◇ **输入样例 2：**

A=56,B=69,C=78,D=123,E=4567

◇ **输出样例 2：**

0

◇ **输入样例 3：**

56 69 78,123 4567

◇ **输出样例 3：**

3

◇ **输入样例（无输入）4：**

◇ **输出样例 4：**

-1

任务 4.4.3 特别任务

◇ **任务描述：**

老师给小白布置了一项特别任务：编程输入几个整数，最多四个，最少一个，输出它们的和以及平均值。

◇ **输入格式：**

只有一行，一行中有几个空格分隔的整数，最多是四个，最少是一个。

◇ **输出格式：**

输出和还有平均值，平均值保留两位小数。

◇ **输入样例 1：**

  1 2 3 4

◇ **输出样例 1：**

  SUM=10,AVG=2.50

◇ **输入样例 2：**

  1

◇ **输出样例 2：**

  SUM=1,AVG=1.00

◇ **输入样例 3：**

  1 3 2

◇ **输出样例 3：**

  SUM=6,AVG=2.00

相关知识

scanf()函数有返回值，具体为成功读入数据的个数。如果在开始读入数据时就遇到了"文件结束"（后面没有数据了，在线评测时非常有用）或者输入流出现错误，则返回 EOF（-1）。我们来看下面的示例代码。

示例代码：

```
#include<stdio.h>
int main(){
    int a,b,s;
    s=scanf("%d%d",&a,&b);
    printf("a=%d,b=%d,s=%d",a,b,s);
    return 0;
}
```

执行程序，几组输入输出结果如下。

输入：

23 54 89↙

输出：

a=23,b=54,s=2

再次输入：

23,54↙

输出：

a=23,b=5064,s=1

再次输入:

```
X23A54↙
```

输出:

```
a=356,b=5064,s=0
```

再次输入:

```
^Z^Z↙
```

输出:

```
a=1,b=0,s=-1
```

示例代码分析:

第一组输入数据,程序成功读入两个数据,scanf()函数的返回值为2。

第二组输入数据,程序成功读入一个数据,scanf()函数的返回值为1。变量 b 没有读到数据,其值是不确定的,也是没意义的。

第三组数据没有读入成功,scanf()函数的返回值为0。变量 a 和 b 没有读到数据,其值是不确定的,也没意义。

第四组数据中输入的是两次 CTR+Z,CTR+Z 在 Windows 操作系统中表示文件结束符(输入流结束,通常按两次才可以)。因为读第一个数据时就遇到了文件结束符,输入流中无数据可读,所以此时 scanf()函数的返回值为-1,变量 a 和 b 没有读到数据,其值是不确定的,也没意义。

第 4.5 关   综 合 训 练

任务 4.5.1 计算分数的浮点数值

◇ **任务描述:**

将两个整数 a 和 b 分别作为分子和分母,即分数 a/b,编程输出它的浮点数值(双精度浮点实数,保留小数点后 9 位)。

◇ **输入格式:**

输入仅一行,包括两个整数 a 和 b。

◇ **输出格式:**

输出也仅一行,即分数 a/b 的浮点数值(双精度浮点数,保留小数点后 9 位)。

◇ **输入样例:**

```
5 7
```

◇ **输出样例：**

```
0.714285714
```

任务 4.5.2　日期格式强迫症

◇ **任务描述：**

在文档中填写日期时，不同的人有不同的书写习惯，很多人习惯用小数点或其他字符作为分隔符，如"2022.01.07"和"2022/1/7"都表示 2002 年 1 月 7 日。甲同学习惯将日期写成形如"2022-01-07"的形式。下面请编写程序，自动把读入的其他格式的日期改写成用"-"分隔的日期形式。

◇ **输入格式：**

在一行中按照"yyyy.mm.dd"或"yy.mm.dd"的格式给出年、月、日，保证给出的日期是 1900 年 1 月 1 日至今的合法日期。其中，年可能为 4 位或 2 位，当年为 2 位数字时，默认为 20 世纪。例如，"76-2-23"表示 1976 年 2 月 23 日。其中月份和日期可能为两位，也可能为一位数字。

◇ **输出格式：**

在一行中按照"yyyy-mm-dd"的格式输出日期，其中年份为四位，月份和日期为两位，不够两位时用 0 补齐。

◇ **输入样例 1：**

```
2002.1.7
```

◇ **输出样例 1：**

```
2002-01-07
```

◇ **输入样例 2：**

```
97/07/1
```

◇ **输出样例 2：**

```
1997-07-01
```

任务 4.5.3　判断日期区间

◇ **任务描述：**

2001 年 1 月 24 日是农历辛巳蛇年的春节（大年初一），2002 年 2 月 11 日是辛巳蛇年的除夕。我们将这一时间段内出生的男孩子称为"辛巳蛇宝男"，赵中瑞同学的生日是 2002 年 1 月 7 日，所以他属于"辛巳蛇宝男"，请找出其他的"辛巳蛇宝男"。

◇ **输入格式：**

一行中给出某同学的身份证号和姓名，中间没有空格。注意：身份证号倒数第 2 位若为奇数则为男生。为保证信息安全，样例中身份证号的前 6 位统一设为 239999。

◇ **输出格式：**

若是 2001 年出生，则输出：YES，否则输出：NO。

◇ **输入样例 1：**

239999200003132617 于龙

◇ **输出样例 1：**

NO

◇ **输入样例 2：**

239999200201131429 张玮娜

◇ **输出样例 2：**

NO

◇ **输入样例 3：**

239999200002210832 杨冰

◇ **输出样例 3：**

NO

◇ **输入样例 4：**

239999200201210017 刘哲

◇ **输出样例 4：**

YES

任务 4.5.4　还原乘法结果

◇ **任务描述：**

于老师给小白出了一道两位数的数学乘法题，即 AB×CD，但是他把被乘数和乘数都写错了，写成了 XAXB×CXDX（X 是一位随机数），即在被乘数中每位数字之前加了一位整数，在乘数每位数字之后加了一位整数。现在给出算式：XAXB×CXDX，你能得出原题的答案吗？

◇ **输入格式：**

在一行中给出被污染的算式：XAXB*CXDX，其中 A，B，C，D，X 均代表一位数字。

◇◇ **输出格式：**

按样例格式输出原算式和结果。

◇◇ **输入样例：**

1234*5678

◇◇ **输出样例：**

24*57=1368

习题 4

习题 4 及其参考答案和代码请从本书配套的资源包中查阅。

第 5 单元　选　择　结　构 ✏️

　　程序设计有时需要条件判断来决定执行哪些代码，不执行哪些代码，这就是选择结构。
C 语言提供 if 语句、switch 语句和 break 语句用于选择结构，本单元将学习这 3 个语句在选
择结构程序设计中的应用。

第 5.1 关　单分支和双分支

任务 5.1.1　绝对值

◇ **任务描述：**

　　输入一个整数，编程输出其绝对值。

◇ **输入样例 1：**

　　-299

◇ **输出样例 1：**

　　299

◇ **输入样例 2：**

　　1314

◇ **输出样例 2：**

　　1314

任务代码

　　解法 1（条件运算符）：

```
#include<stdio.h>
int main(){
    int i;
    scanf("%d",&i);
    printf("%d",i>=0?i:-i);
    return 0;
}
```

代码分析

输出一个整数的绝对值，需要分两种情况。若为非负数（i>=0），则输出 i 本身，否则输出 i 的相反数。

解法 1 的代码利用条件运算符实现在两个表达式中选一个输出，这一点我们已经非常熟悉了。其实，C 语言提供了专门的选择结构语句（if 语句）来完成类似的工作。

任务代码

解法 2（单分支 if 语句 1）：

```
#include<stdio.h>
int main(){
    int i;
    scanf("%d",&i);
    if(i>=0) printf("%d",i);
    if(i<0)  printf("%d",-i);
    return 0;
}
```

代码分析

解法 2 的代码中包含两个单分支 if 语句。

第一个 if 语句：如果 i>=0 成立，则输出 i；

第二个 if 语句：如果 i<0 成立，则输出-i。

注意两个 if 语句的条件判断要覆盖所有情况并且没有交叉，这样不管输入什么数据，两个 if 语句中的条件有且只有一个是真的。

思考：如果两个 if 语句的条件中都包含等于，程序会是什么结果？如果都不包含呢？请到 Dev C++中执行并在 PTA 平台提交试一试。

任务代码

解法 3（单分支 if 语句 2）：

```
#include<stdio.h>
int main(){
    int i;
    scanf("%d",&i);
    if(i<0) i=-i;
    printf("%d",i);
    return 0;
}
```

代码分析

解法 3 的代码中使用了一个单分支 if 语句，执行逻辑是：如果 i<0，那么就把-i 赋值给 i，这样就把 i 的负号去掉了。然后再输出 i 的值。这个逻辑也是非常简单的。

思考：如果 if 语句的条件改成 "<="，程序还正确吗？

任务代码

解法 4（双分支 if 语句 1）：

```c
#include<stdio.h>
int main(){
    int i;
    scanf("%d",&i);
    if(i>=0)  printf("%d",i);
    else      printf("%d",-i);
    return 0;
}
```

代码分析

解法 4 的代码中使用了一个双分支 if 语句，执行逻辑更加清晰：如果 i>=0，那么就输出 i，否则就输出-i。

思考：如果 if 语句的条件改成 "<="，程序需要如何修改才能正确呢？

任务代码

解法 5（双分支 if 语句 2）：

```c
#include<stdio.h>
int main(){
    int i,k;
    scanf("%d",&i);
    if(i>=0)  k=i;
    else      k=-i;
    printf("%d",k);
    return 0;
}
```

代码分析

解法 5 的代码中使用额外的一个变量 k 记录 i 的绝对值，双分支 if 语句的执行逻辑是：如果 i>=0，那么就将 i 赋值给 k，否则就将-i 赋值给 k。程序最后输出 k 的值。

📝 **相关知识**

if 语句

1. 单分支 if 选择结构

单分支 if 选择结构的一般形式如下：

```
if(表达式) 分支语句;
```

如果括号中表达式的值为真（非 0），那么就执行分支语句，否则不执行，其流程图如图 5-1 所示。

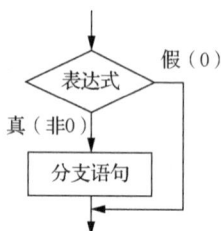

图 5-1　单分支 if 语句的流程图

2. 双分支 if 选择结构

双分支 if 语句的一般形式如下：

```
if(表达式) 分支语句1;
else       分支语句2;
```

（1）if 和 else 后面各有一个分支，每个分支只能是一个语句。如果想在某个分支中执行多个语句，必须用大括号{}将这些语句括起来，构成一个复合语句（也称为分程序）。

（2）若表达式的值为真（非 0），则执行分支语句 1；若表达式的值为假（0），则执行分支语句 2。当有一个分支被执行时，另一个分支就不再被执行，其流程图如图 5-2 所示。

（3）if 语句从整体上看是一个语句。

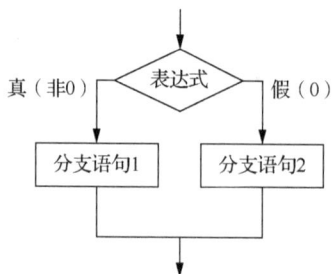

图 5-2　双分支 if 语句的流程图

任务 5.1.2 奇数偶数

◇ **任务描述：**

编程输入一个正整数，输出它是奇数还是偶数。如果是奇数，则输出：Odd，否则输出：Even。

◇ **输入样例 1：**

55

◇ **输出样例 1：**

Odd

◇ **输入样例 2：**

100

◇ **输出样例 2：**

Even

任务代码

解法 1（双分支 if 语句）：

```c
#include<stdio.h>
int main(){
    int i;
    scanf("%d",&i);
    if(i%2==1) printf("Odd");
    else       printf("Even");
    return 0;
}
```

代码分析

解法 1 的代码的逻辑简单明了，双分支 if 语句中用 i%2==1 来判别 i 是否为奇数，如果成立则输出"Odd"，否则输出"Even"。

因为问题本身就是双分支结构（奇偶两支），所以用双分支解决是最方便、最直观的。

任务代码

解法 2（单分支 if 语句）：

```c
#include<stdio.h>
int main(){
    int i;
    scanf("%d",&i);
```

```
    if(i%2==1) printf("Odd");
    if(i%2==0) printf("Even");
    return 0;
}
```

代码分析

解法 2 的代码中使用了两个独立的单分支 if 语句，分别单独判别两种情况。

第一个 if 语句的逻辑：如果 i 是奇数（i%2==1 成立），就输出"Odd"；

第二个 if 语句的逻辑：如果 i 是偶数（i%2==0 成立），就输出"Even"。

两个 if 语句中的条件判别依然要保证覆盖所有情况并且没有交叉。

思考：将解法 2 中的"i%2==1"替换成"i%2"是否可行，为什么？把"i%2==0"替换成"!(i%2)"是否行，为什么？

任务代码

解法 3（条件运算符）：

```
#include<stdio.h>
int main(){
    int i;
    scanf("%d",&i);
    (i%2==1) ? printf("Odd") : printf("Even");
    return 0;
}
```

代码分析

解法 3 的代码中使用条件运算符从两个输出中选择一个执行，也是可行的。但是代码的可读性不如 if 语句。因此，对于选择结构的问题，还是建议选结构语句来解决。

任务 5.1.3　数字判别

◇ **任务描述**：

输入一个字符 c，判别它是否是数字字符。

◇ **输入格式**：

一个字符。

◇ **输出格式**：

如果 c 是数字，则输出：'c' is a Digit.；否则输出：'c' is not a Digit.。

◇ **输入样例 1**：

8

◇ **输出样例 1：**

　'8' is a Digit.

◇ **输入样例 2：**

　$

◇ **输出样例 2：**

　'$' is not a Digit.

任务代码

解法 1（双分支 if 语句）：

```c
#include<stdio.h>
int main(){
    char c;
    scanf("%c",&c);
    if(c>='0'&&c<='9')
        printf("\'%c\' is a Digit.",c);
    else
        printf("\'%c\' is not a Digit.",c);
    return 0;
}
```

代码分析

这个问题本身又是一个双分支结构问题，解法 1 的代码中用表达式 "c>='0'&&c<= '9'" 判别字符 c 是不是数字字符。代码逻辑既简单又清晰，符合条件输出的是数字，否则输出的不是数字。

任务代码

解法 2（单分支 if 语句）：

```c
#include<stdio.h>
int main(){
    char c;
    scanf("%c",&c);
    if(c>='0'&&c<='9')
        printf("\'%c\' is a Digit.",c);
    if(!(c>='0'&&c<='9'))
        printf("\'%c\' is not a Digit.",c);
    return 0;
}
```

代码分析

解法 2 的代码使用两个独立的单分支语句解决问题，前一个用"(c>='0'&&c<='9')"判别是数字，后一个用"!(c>='0'&&c<='9')"判别不是数字。该代码在逻辑上没有问题，同时也满足两个条件覆盖所有情况且没有交叉。

但这个代码又要判别是数字，又要判别不是数字，显然比解法 1 复杂。

思考：若将代码中的"!(c>='0'&&c<='9')"替换成"(c<'0'||c>'9')"是否可行，为什么？

任务代码

解法 3（单分支 if 语句）：

```c
#include<stdio.h>
int main(){
    char c;
    scanf("%c",&c);
    printf("\'%c\' is ",c);
    if(!(c>='0'&&c<='9'))
        printf("not ");
    printf("a Digit.");
    return 0;
}
```

代码分析

解法 3 的代码将输出结果分为三段字符串来处理，第一段和第三段是固定内容，只有中间的"not"是根据条件可选的，如果 c 不是数字则输出它，否则不输出。

任务 5.1.4　英文字母判别

◇ **任务描述**：

输入一个字符 c，判别它是否是英文字母。

◇ **输入格式**：

一个字符。

◇ **输出格式**：

如果 c 是英文字母，则输出：'c' is a Letter.；否则输出：'c' is not a Letter.。

◇ **输入样例 1**：

8

◇ **输出样例 1**：

'8' is not a Letter.

◇ **输入样例 2：**

a

◇ **输出样例 2：**

'a' is a Letter.

◇ **输入样例 3：**

#

◇ **输出样例 3：**

'#' is not a Letter.

◇ **输入样例 4：**

A

◇ **输出样例 4：**

'A' is a Letter.

第 5.2 关　排　　序

任务 5.2.1　两个数排序

◇ **任务描述：**

输入两个整数，按从小到大的顺序输出。

◇ **输入样例：**

8 5

◇ **输出样例：**

5 8

任务代码

解法 1（双分支 if 语句）：

```c
#include<stdio.h>
int main(){
    int m,n;
    scanf("%d%d",&m,&n);
    if(m<n)
        printf("%d %d",m,n);
    else
        printf("%d %d",n,m);
    return 0;
}
```

代码分析

解法 1 的这段代码用一个双分支解决问题，如果 m<n，那么输出 m 和 n，否则输出 n 和 m。这是一段非常简洁明了的代码，不难理解。

任务代码

解法 2（单分支 if 语句）：

```
#include<stdio.h>
int main(){
    int m,n;
    scanf("%d%d",&m,&n);
    if(m<=n)
        printf("%d %d",m,n);
    if(m>n)
        printf("%d %d",n,m);
    return 0;
}
```

代码分析

解法 2 的这段代码使用两个单分支 if 语句解决问题，注意两个 if 语句中的判别条件要覆盖所有情况而且不能有交叉。

任务代码

解法 3（比较交换法）：

```
#include<stdio.h>
int main(){
    int m,n,t;
    scanf("%d%d",&m,&n);
    if(m>n){              //交换 m、n
      t=m; m=n; n=t;
    }
    printf("%d %d",m,n);
    return 0;
}
```

代码分析

解法 3 的这段代码使用了比较交换技术，非常经典，大家一定要认真学习，深入领悟！其中的核心代码单分支 if 语句的逻辑是：如果 m>n 就交换 m 和 n 的值，从而保证 m<=n 成立。然后输出 m 和 n 的值，输出结果保证一定是从小到大排序的。

复合语句{t=m; m=n; n=t;}整体上是一个语句，其中包含 3 个语句，如果 m>n 成立就整体执行，否则整体都不执行，所以才需要写成一个复合语句，因为 if 语句的分支只能是一个语句。

一定记住复合语句中的 3 条语句的功能：通过第三方变量 t 交换变量 m 和 n 的值。

比较交换法的思想是两两比较，位置不符合要求就交换。这种方法是绝大多数排序算法的基础操作，以后我们会经常遇到。

思考：以下 3 个语句没有借助第三个变量，是否仍可以实现两个变量值的交换呢？

```
{ m=m+n; n=m-n; m=m-n; }
```

任务 5.2.2　3 个数排序

◇ **任务描述**：

输入 3 个整数，按从小到大的顺序输出。

◇ **输入样例**：

8 5 6

◇ **输出样例**：

5 6 8

任务代码

```c
#include<stdio.h>
int main(){
    int a,b,c,d,t;
    scanf("%d%d%d",&a,&b,&c);
    if(a>b){ t=a; a=b; b=t; }
    if(a>c){ t=a; a=c; c=t; }
    if(b>c){ t=b; b=c; c=t; }
    printf("%d %d %d",a,b,c);
    return 0;
}
```

代码分析

直接判别 3 个数的大小关系，实在是太困难了，有 abc、acb、bac、bca、cab、cba 共 6 种情况，如果是 4 个以上的数排序就更复杂了。此时，可以应用刚刚学习的比较交换法。具体算法思路如下。

前两个 if 语句：让 a 分别与 b 和 c 比较，顺序不符合要求就交换。此操作完成后保证 a 最小。最小值放在 a 处确定后，问题就变成给 b 和 c 两个变量排序了。

第三个 if 语句：通过一次比较交换完成 b 和 c 的排序。

最后输出变量 a、b、c 的值，一定是从小到大排好序的。

任务 5.2.3　4 个整数排序

练习任务

◇ **任务描述：**
　　输入 4 个整数，按从小到大的顺序输出。

◇ **输入样例：**
```
8 5 6 3
```

◇ **输出样例：**
```
3 5 6 8
```

任务 5.2.4　5 个整数排序

练习任务

◇ **任务描述：**
　　输入 5 个整数，按从小到大的顺序输出。

◇ **输入样例：**
```
8 5 6 9 2
```

◇ **输出样例：**
```
2 5 6 8 9
```

第 5.3 关　多　分　支

任务 5.3.1　整数符号

引导任务

◇ **任务描述：**
　　输入一个整数，请输出它的符号（正数输出+，负数输出-，零输出 0）。

◇ **输入样例 1：**
```
18
```

◇ **输出样例 1：**
```
+
```

◇ **输入样例 2：**
```
0
```

◇ **输出样例 2：**
```
0
```

◇ **输入样例 3：**
```
-18
```

◇ **输出样例 3：**

—

◇ **输入样例 4：**

521

◇ **输出样例 4：**

+

任务代码

解法 1（单分支 if 语句）：

```
#include<stdio.h>
int main(){
    int a;
    scanf("%d",&a);
    if(a>0)  printf("+");
    if(a==0)  printf("0");
    if(a<0)  printf("-");
    return 0;
}
```

代码分析

不难看出，该任务是一个典型的三分支选择问题。解法 1 的代码使用 3 个单分支 if 语句来解决问题。3 个 if 语句彼此独立，无从属关系，3 个条件判别表达式要覆盖所有情况而且不能有交叉。

从此代码可以看出，多分支问题可以使用多个单分支解决，每个分支严格判别一种情况，所有的单分支中的条件判别要覆盖所有情况而且不能有交叉。

但是对于复杂问题，精确判别每种情况会有困难，此时可以先把多分支问题看成双分支，然后在某个分支中继续用双分支，如解法 2。

任务代码

解法 2（if 语句的嵌套）：

```
#include<stdio.h>
int main(){
    int a;
    scanf("%d",&a);
    if(a>0){
        printf("+");
    }
```

```
    else{
        if(a==0)  printf("0");
        else      printf("-");
    }
    return 0;
}
```

代码分析

解法 2 的这段代码是典型的 if 语句的嵌套形式，整体上是一个双分支 if 结构，如果 a>0 成立，那么输出 "+"，否则进入 else 分支。

在外层的 else 分支中，包含另一个双分支 if 结构，如果 a==0 成立，则输出 "0"，否则输出 "-"。

思考：你还能写出其他的嵌套形式吗？

相关知识

1. if 语句的嵌套

if 语句的某一个分支可以是另一个 if 语句，这种情况称为 if 语句的嵌套。if 语句嵌套的一般形式如下：

```
if()
        if()    分支语句1;
        else    分支语句2;
else
        if()    分支语句3;
        else    分支语句4;
```

对于以上的嵌套形式，可以很清楚地看到内外层之间的嵌套关系。但对于以下的形式就不那么容易了：

```
if(   )
        if()    分支语句1;
else
        if()    分支语句2;
        else    分支语句3;
```

虽然，在上面的程序书写结构中好像是第一个 if 与第一个 else 是配对关系，但事实并不是这样的。由于 C 语言程序的语句在书写上是很自由和随意的，因此不能简单地从书写格式上来判断 if 和 else 的配对关系。那么，对于这个问题 C 语言是如何规定的呢？

C 语言规定，从最内层开始，else 总是与它上面最近的 if（未曾和其他 else 配对过）配对。由此可以看出，上述结构中的第一个 if 没有 else 与之配对。为了强调 if 与 else 之间的配对关系，可以使用复合语句。例如：

```
if(   ){
  if( )    分支语句 1;
}
else{
    if( ) 分支语句 2;
    else    分支语句 3;
}
```

这样，此结构就变成了整体上的双分支选择结构。我们在编写类似结构的程序时，一定要注意这个问题，适当的时候使用复合语句是一个良好的习惯。

2. 多分支 if 选择结构

if 语句的嵌套从根本上说还是属于多分支的问题，此时我们完全可以使用多分支 if 选择结构来解决。多分支 if 选择结构的一般形式如下：

```
if(表达式 1)        分支语句 1;
else if(表达式 2)    分支语句 2;
else if(表达式 3)    分支语句 3;
    ...
else if(表达式 N)    分支语句 N;
else                分支语句 N+1;
```

多分支 if 选择结构的流程图如图 5-3 所示。

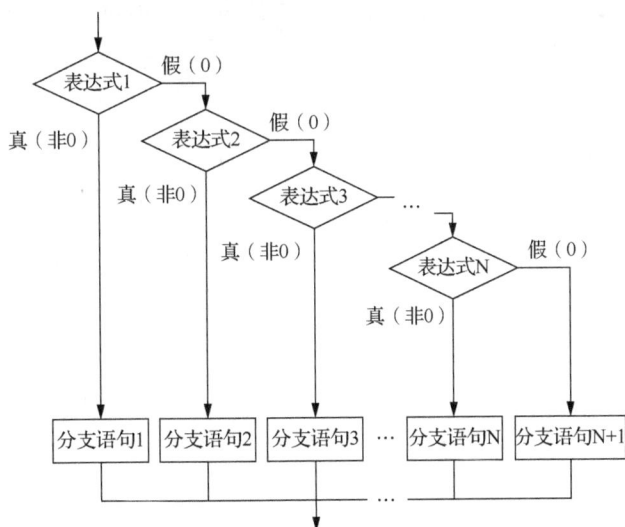

图 5-3　多分支 if 选择结构的流程图

从整体上看，这是一个多分支选择结构，是一个语句。从上至下考察括号内的表达式，当某个表达式的值为真时，执行其对应的分支语句，其他分支都不执行。若所有表达式的值均为假，则执行最后一个 else 分支的分支语句。多分支选择结构也可以不加最后的 else 分支。

任务代码

解法 3（多分支 if 语句）：

```
#include<stdio.h>
int main(){
    int a;
    scanf("%d",&a);
    if(a>0)         printf("+");
    else if(a==0)  printf("0");
    else            printf("-");
    return 0;
}
```

代码分析

解法 3 的这段代码是典型的多分支 if 语句的形式，整体上是一个语句。如果 a>0 成立，那么输出 "+"；否则如果 a==0 成立，那么输出 "0"，否则输出 "-"。

任务 5.3.2 计算金额

◇ **任务描述**：

某超市正在举行惠民促销活动，大白菜单次购买 5kg 以下 1.8 元/kg；购买 5~10kg（包括 5kg，下同），1.6 元/kg；购买 10~20kg，1.4 元/kg；购买 20kg 以上，1.0 元/kg。编程输入购买大白菜的千克数，输出应付的钱数。

◇ **输入格式**：

一个实数，表示购买大白菜的质量。

◇ **输出格式**：

一个实数，购买大白菜应付的金额。

◇ **输入样例**：

12.6

◇ **输出样例**：

17.640000

任务代码

解法 1（单分支 if 语句）：

```
#include<stdio.h>
```

```
int main(){
    double g,y;
    scanf("%lf",&g);
    if(g<5)              y=1.8*g;
    if(g>=5&&g<10)   y=1.6*g;
    if(g>=10&&g<20) y=1.4*g;
    if(g>=20)            y=1.0*g;
    printf("%lf",y);
    return 0;
}
```

代码分析

根据任务描述可以看出，这是一个四分支选择问题，大白菜的价格共分 4 种情况。

解法 1 的代码使用 4 个单分支 if 语句解决问题。4 个 if 语句彼此独立，无从属关系，4 个条件判别表达式要覆盖所有情况而且不能有交叉。

任务代码

解法 2（if 语句嵌套 1）：

```
#include<stdio.h>
int main(){
    double g,y;
    scanf("%lf",&g);
    if(g<5)              y=1.8*g;
    else{
        if(g<10)         y=1.6*g;
        else{
            if(g<20)     y=1.4*g;
            else         y=1.0*g;
        }
    }
    printf("%lf",y);
    return 0;
}
```

代码分析

解法 2 的代码使用双分支选择结构，从整体上是一个语句。最外层的 if 语句判别中如果 g<5 成立，那么按 1.8 元的单价计算总金额，否则执行 else 分支。最外层的 else 分支是一个嵌套其内的另一个 if 语句。第二层 if 语句的 else 分支又是一个嵌套其内的第三层 if 语句。

任务代码

解法 3（if 语句嵌套 2）：

```c
#include<stdio.h>
int main(){
    double g,y;
    scanf("%lf",&g);
    if(g<10)
        if(g<5)     y=1.8*g;
        else        y=1.6*g;
    else
        if(g<20)  y=1.4*g;
        else        y=1.0*g;
    printf("%lf",y);
    return 0;
}
```

代码分析

解法 3 的代码使用双分支选择结构，从整体上是一个语句。最外层的 if 语句判别中如果 g<10 成立，则执行嵌套其内的第二层 if 语句，否则执行 else 分支内嵌套的另一个第二层 if 语句。

思考：你还能写出其他嵌套形式的代码吗？

任务代码

解法 4（多分支 if 语句）：

```c
#include<stdio.h>
int main(){
    double g,y;
    scanf("%lf",&g);
    if(g<5)         y=1.8*g;
    else if(g<10)   y=1.6*g;
    else if(g<20)   y=1.4*g;
    else            y=1.0*g;
    printf("%lf",y);
    return 0;
}
```

代码分析

多分支选择类型的问题适合用多分支 if 选择结构解决，解法 4 的代码逻辑清晰，简洁易读，是以上 4 种解法中的最佳代码。

下面再介绍两种解法，请大家一起研讨。

任务代码

解法 5（嵌套的条件运算符）：

```c
#include<stdio.h>              //条件运算符
int main(){
    double g,y;
    scanf("%lf",&g);
    y=g<5?1.8*g:(g<10?1.6*g:(g<20?1.4*g:1.0*g));
    printf("%lf",y);
    return 0;
}
```

代码分析

解法 5 的代码利用条件运算符实现二选一的功能，嵌套多层条件运算符，以实现多选一。其逻辑实质上与解法 4 的多分支一致。

任务代码

解法 6（巧用逻辑表达式）：

```c
#include<stdio.h>              //巧用逻辑表达式
int main(){
    double g,y;
    scanf("%lf",&g);
    y=((g<5)*1.8+(g>=5&&g<10)*1.6+(g>=10&&g<20)*1.4+(g>=20)*1.0) * g;
    printf("%lf",y);
    return 0;
}
```

代码分析

解法 6 的代码巧用逻辑表达式的值非 1 即 0 的特点，将其值参与运算，从而实现我们想要的功能。

表达式 "((g<5) * 1.8 + (g>=5&&g<10) * 1.6 + (g>=10&&g<20) * 1.4 + (g>=20) * 1.0)" 中的 4 个逻辑条件正好对应问题中的 4 种价格情况，它们的值有且只有一个是 1（成立）的，而其他 3 个值都是 0（不成立），分别乘以对应单价再求和，结果正好是要求解的单价金额。

以上分析你明白了吗？和同学们一起好好讨论讨论吧。

任务 5.3.3　一元二次方程的实根

◇ **任务描述:**

编程输出一元二次方程 $ax^2+bx+c=0$ 的实根。已知系数 a, b, c（实数）的值，要求按不同情况输出方程的两个不同的实根、两个相同的实根和方程没有实根的情形。

◇ **输入格式:**

三个系数 a, b, c 的值。

◇ **输出格式:**

参考输出样例，特别是两个实根时的输出顺序。无实根时输出: This equation has no real root! 具体格式见样例。

◇ **输入样例 1:**

```
1.0 5.0 4.0
```

◇ **输出样例 1:**

```
x1=-1.000000
x2=-4.000000
```

◇ **输入样例 2:**

```
2 9 4
```

◇ **输出样例 2:**

```
x1=-0.500000
x2=-4.000000
```

◇ **输入样例 3:**

```
1 2 1
```

◇ **输出样例 3:**

```
x1=x2=-1.000000
```

◇ **输入样例 4:**

```
1 1 9
```

◇ **输出样例 4:**

```
This equation has no real root!
```

任务代码

```
#include<math.h>
int main(){
    double a,b,c,deta,x1,x2;
    scanf("%lf %lf %lf",&a,&b,&c);
    deta=b*b-4*a*c;
    if(deta>0){
```

```
        x1=(-b+sqrt(deta))/(2*a);
        x2=(-b-sqrt(deta))/(2*a);
        printf("x1=%lf\n" , x1);
        printf("x2=%lf\n" , x2);
    }
    else if(deta==0){
        printf("x1=x2=%lf" ,(-b)/(2*a));
    }
    else{
        printf("This equation has no real root!");
    }

    return 0;
}
```

代码分析

你一定知道，一元二次方程的根有 3 种情形。

（1）当 $b^2 - 4ac > 0$ 时，方程有两个不同的实根：

$$x_1 = \frac{-b + \sqrt{b^2 - 4ac}}{2a}, \quad x_2 = \frac{-b - \sqrt{b^2 - 4ac}}{2a};$$

（2）当 $b^2 - 4ac = 0$ 时，方程有两个相同的实根： $x_1 = x_2 = \frac{-b}{2a}$；

（3）当 $b^2 - 4ac < 0$ 时，方程没有实根。

本任务提出的问题涉及 3 种情况，所以用多分支 if 选择结构来完成。

思考：把计算方程根的语句写成 "x1=(-b+sqrt(deta))/2*a;" 可以吗？为什么？

任务 5.3.4 判断能否构成三角形

◇ **任务描述**：

输入 3 条线段的长度（整型），根据是否能组成三角形，输出以下结果之一：锐角三角形、直角三角形、钝角三角形、不能构成三角形。

◇ **输入格式**：

3 个整数。

◇ **输出格式**：

若为锐角三角形，则输出 Acute triangle；

若为直角三角形，则输出 Right triangle；

若为钝角三角形，则输出 Obtuse triangle；

若不能构成三角形，则输出 Not triangle。

◇ **输入样例 1:**

　2 3 3

◇ **输出样例 1:**

　Acute triangle

◇ **输入样例 2:**

　6 4 3

◇ **输出样例 2:**

　Obtuse triangle

◇ **输入样例 3:**

　5 4 3

◇ **输出样例 3:**

　Right triangle

◇ **输入样例 4:**

　8 4 3

◇ **输出样例 4:**

　Not triangle

任务 5.3.5 计算邮资

◇ **任务描述:**

一般根据邮件的质量和用户是否选择加急计算邮费,计算规则:质量在 1000g 以内(包括 1000g),基本费 8 元;超过 1000g 的部分,每 500g 加收超重费 4 元,不足 500g 部分按 500g 计算;如果用户选择加急,则多收 5 元。

◇ **输入格式:**

输入一行,包含整数和一个字符,以一个空格分开,分别表示质量(单位:g)和是否加急。如果字符是 y,说明选择加急;如果字符是 n,说明选择不加急。

◇ **输出格式:**

输出一行,包含一个整数,表示邮费。

◇ **输入样例:**

　1200 y

◇ **输出样例:**

　17

任务 5.3.6　判断选择骑自行车还是步行

练习任务

◇ **任务描述**：

从甲地到乙地可以选择骑自行车，也可以选择步行。

假设找到自行车，开锁并骑上自行车的时间为 27s，停车锁车的时间为 23s。已知步行每秒行走 1.2m，骑车每秒行走 3.0m。请判断针对甲、乙两地不同的距离，是骑自行车快还是步行快。

◇ **输入格式**：

输入一行，包含一个整数，表示甲、乙两地的距离（单位：m）。

◇ **输出格式**：

输出一行，如果骑自行车快，则输出 Bike；如果步行快，则输出 Walk；如果一样快，则输出 All。

◇ **输入样例**：

```
120
```

◇ **输出样例**：

```
Bike
```

任务 5.3.7　判断能否被 3、5、7 整除

练习任务

◇ **任务描述**：

给定一个整数，判断它能否被 3、5、7 整除，并输出以下信息。

（1）能同时被 3、5、7 整除（直接输出 3 5 7，每个数中间隔一个空格）；

（2）只能被其中两个数整除（输出两个数，较小数在前，较大数在后。例如，3 5 或者 3 7 或者 5 7，中间用空格分隔）；

（3）只能被其中一个数整除（输出这个数）；

（4）若不能被 3、5、7 中的任何数整除，则输出 n。

◇ **输入格式**：

输入一行，包括一个整数。

◇ **输出格式**：

输出一行，按照描述要求给出整数被 3、5、7 整除的情况。

◇ **输入样例 1**：

```
105
```

◇ **输出样例 1**：

```
3 5 7
```

◇ **输入样例 2：**

17

◇ **输出样例 2：**

n

◇ **输入样例 3：**

15

◇ **输出样例 3：**

3 5

◇ **输入样例 4：**

350

◇ **输出样例 4：**

5 7

任务 5.3.8　选择门票

◇ **任务描述**

中国·哈尔滨冰雪大世界旅游景区，始创于 1999 年，它凭借哈尔滨冰天雪地的时节优势，为游客推出大型冰雪艺术精品工程，展示了哈尔滨的冰雪文化和冰雪旅游的魅力。

2021 年哈尔滨冰雪大世界成人票价 180 元；70 岁以上（含 70 岁，下同）的男性老人和 65 岁以上的女性老人、11 岁以下儿童、残疾人士、现役军人和消防救援人员免费；18 周岁以下 12 周岁以上的青少年、60～69 岁的男性、55～64 岁的女性实行优惠票价 120 元。

编程输入购票者的年龄、性别和类别，输出正确的门票费用。

◇ **输入格式：**

在一行中包含 3 个数据，第一个是年龄，第二个是性别（M 代表男性，F 代表女性），第三个是类别（C 代表残疾人士，X 代表现役军人和消防人员，P 代表普通群众）。3 个数据之间以空格分隔。

◇ **输出格式：**

一个整数，代表门票费用。

◇ **输入样例：**

65 M P

◇ **输出样例：**

120

◇ **输入样例 2：**

62 F C

◇ **输出样例 2：**

0

第 5.4 关 switch 语句

任务 5.4.1 输出分数成绩

◇ **任务描述：**

用字符来代表成绩水平，规定 A 代表[90-100]、B 代表[80-90)、C 代表[70-80)、D 代表[60-70)、E 代表[0-60)。请编程输入一个字符，输出这个字符所代表的分数范围。若输入的字符不是 ABCDE，则输出：Error!。

◇ **输入样例 1：**

A

◇ **输出样例 1：**

[90-100]

◇ **输入样例 2：**

X

◇ **输出样例 2：**

Error!

◇ **输入样例 3：**

C

◇ **输出样例 3：**

[70-80)

◇ **输入样例 4：**

E

◇ **输出样例 4：**

[0-60)

任务代码

解法 1（if 语句）：

```
#include<stdio.h>
int main(){
```

```
char s;
scanf("%c",&s);
if(s=='A')        printf("[90-100]");
else if(s=='B')   printf("[80-90)");
else if(s=='C')   printf("[70-80)");
else if(s=='D')   printf("[60-70)");
else if(s=='E')   printf("[0-60)");
else              printf("Error!");
return 0;
}
```

代码分析

总体上看，此任务中的问题是一个简单的六分支问题，输入的变量 s 的值有 6 种情况。解法 1 中的代码用多分支 if 语句可以方便地解决，程序逻辑很清楚。

针对多分支选择问题，C 语言中还可选择用 switch 语句来实现，请看下面解法 2 的代码。

任务代码

解法 2（switch 语句）：

```
#include<stdio.h>
int main(){
    char s;
    scanf("%c",&s);
    switch(s){
        case 'A': printf("[90-100]"); break;
        case 'B': printf("[80-90)");  break;
        case 'C': printf("[70-80)");  break;
        case 'D': printf("[60-70)");  break;
        case 'E': printf("[0-60)");   break;
        default: printf("Error!");
    }
    return 0;
}
```

代码分析

该代码中 switch 语句的逻辑如下：

首先求解括号内的判别表达式 s 的值，此表达式必须是字符型或整型；

如果 s 的值等于'A'，则执行其后的分支，break 跳出 switch，否则向下执行；

如果 s 的值等于'B'，则执行其后的分支，break 跳出 switch，否则向下执行；

如果 s 的值等于'C'，则执行其后的分支，break 跳出 switch，否则向下执行；

如果 s 的值等于'D'，则执行其后的分支，break 跳出 switch，否则向下执行；

如果 s 的值等于'E'，则执行其后的分支，break 跳出 switch，否则向下执行；

输出 default 分支内的语句。

用 switch 语句解决多分支问题有一个前提条件，就是需要设计出统一的有序可数类型的判别表达式，即字符型或整型。例如，任务 5.3.2 中遇到的超市促销问题，因为判别条件无法统一设计成可数类型，所以并不适合用 switch 语句解决。也就是说，只有判别表达式的类型为可数类型，才能在 case 分支中把可能的值一一列举。

相关知识

1. switch 语句

C 语言提供的另一个专门的多分支选择结构语句为 switch 语句。switch 语句的一般形式如下：

```
switch(判别表达式){
    case 常量1:
        语句序列1;
    case 常量2:
        语句序列2;
        ...
    case 常量n:
        语句序列n;
    default:
        语句序列n+1;
}
```

（1）判别表达式必须是有序可数类型（如字符型、整型或枚举型），不能是实型等无序不可数的类型。

（2）每个 case 是一个分支，case 后只能是常量，常量后是冒号。冒号的后面就是分支语句序列，如果是多条语句，则不用定义成复合语句。default 也是一个分支，该分支也可以省略。

（3）执行过程：首先求解判别表达式的值，然后从上至下依次与每个 case 后的常量比较。如果相等，就执行这一分支及其以后的所有分支；如果都不等，就执行 default 分支。

2. break 语句

break 语句的一般形式如下：

```
break;
```

它的功能是跳出 switch 结构，这样就可以阻止执行以后的分支了。

思考：如果把代码中的 break 语句去掉，程序还正确吗？为什么？

我们来看针对解法 2 的 switch 语句的错误的示范代码。

错误示范代码：

```
#include<stdio.h>
int main(){
    char s;
    scanf("%c",&s);
    switch(s){
        case 'A': printf("[90-100]");
        case 'B': printf("[80-90)");
        case 'C': printf("[70-80)");
        case 'D': printf("[60-70)");
        case 'E': printf("[0-60)");
        default: printf("Error!");
    }
    return 0;
}
```

错误示范代码分析：

把 break 语句删除后，程序的逻辑会有所改变，这一点一定要注意。因为 switch 语句的规则是，如果一个分支被打通且没有 break 语句，那么会自动打开后面的所有分支。

若输入 A，则输出：[90-100][80-90)[70-80)[60-70)[0-60)Error!。输入 A 时，第 1 个分支被执行，因为没有 break 语句，所以后面所有的分支都被自动执行。

若输入 C，则输出：[70-80)[60-70)[0-60)Error!。输入 C 时，第 3 个分支被执行，因为没有 break 语句，所以后面所有的分支都被自动执行。

若输入 E，则输出：[0-60)Error!。输入 E 时，第 5 个分支被执行，因为没有 break 语句，所以后面所有的分支都被自动执行。

若输入 X，则输出：Error!。因为所有 case 分支都不执行，所以执行 default 分支。

break 语句的作用就是及时跳出 switch 语句，阻止后面分支的自动执行。但是有的问题，也会特意利用 switch 语句的这一特性，故意在某些分支后不加 break 语句。

任务 5.4.2 输出成绩等级

◇ **任务描述**：

用字符来代表成绩水平，规定 A 代表[90-100]，B 代表[80-90)，C 代表[70-80)，D 代表[60-70)，E 代表[0-60)。请编程输入一个成绩（整数），输出代表该成绩的字符。若输入的数据不在 0～100 范围内，则输出 X。

◇ **输入样例 1**：

```
100
```

◇ **输出样例 1:**

A

◇ **输入样例 2:**

75

◇ **输出样例 2:**

C

◇ **输入样例 3:**

95

◇ **输出样例 3:**

A

◇ **输入样例 4:**

105

◇ **输出样例 4:**

X

此任务用多分支 if 语句很容易实现，请大家探索用 switch 语句解决。

任务 5.4.3　判断汽车的归属地

◇ **任务描述:**

一般地，通过车牌可以知道车辆的归属地，已知黑龙江省车牌归属地的基本规则如下。

黑 A：哈尔滨　　黑 B：齐齐哈尔　　黑 C：牡丹江　　黑 D：佳木斯

黑 E：大庆　　　黑 F：伊春　　　　黑 G：鸡西　　　黑 H：鹤岗

黑 J：双鸭山　　黑 K：七台河　　　黑 L：松花江地区　黑 M：绥化

黑 N：黑河　　　黑 P：大兴安岭地区　黑 R：农垦系统

看到车牌，你能准确说出它的归属地吗？

◇ **输入格式:**

一个车牌号，如黑 A36Q61，测试数据保证所有车牌都是黑字开头。由于不同系统对汉字处理有不同机制，因此测试数据中的汉字"黑"用两个"–"代替。

◇ **输出格式:**

输出车牌所属地区的拼音全拼，首字母大写。如果不能识别所属地区，则输出 Noname。

◇ **输入样例 1:**

--H54250

◇ **输出样例 1：**

```
Hegang
```

◇ **输入样例 2：**

```
--RJ5942
```

◇ **输出样例 2：**

```
Nongkenxitong
```

◇ **输入样例 3：**

```
--P54250
```

◇ **输出样例 3：**

```
Daxinganlingdiqu
```

◇ **输入样例 4：**

```
--X12345
```

◇ **输出样例 4：**

```
Noname
```

任务 5.4.4 某月天数

◇ **任务描述：**

编程输入年份和月份，输出这一年中该月份的天数。

◇ **输入样例 1：**

```
2015 10
```

◇ **输出样例 1：**

```
31
```

◇ **输入样例 2：**

```
2016 2
```

◇ **输出样例 2：**

```
29
```

任务 5.4.5 第几天

◇ **任务描述：**

编程输入年、月、日 3 个整数（保证是合法日期），输出这一天是这一年的第几天。

◇ **输入样例 1：**

```
2015 10 31
```

◇ **输出样例 1:**

304

◇ **输入样例 2:**

2060 12 31

◇ **输出样例 2:**

366

第 5.5 关　选择结构训练

任务 5.5.1　**一元二次方程的所有根**

引导任务

◇ **任务描述:**

输入 3 个系数,求一元二次方程的根,要求输出所有可能的情况,包括复根。

◇ **输入格式:**

3 个实数 a,b,c。

◇ **输出格式:**

按输出样例格式输出,注意根的输出顺序。

◇ **输入样例 1:**

1 6 9

◇ **输出样例 1:**

x1=x2=-3.000000

◇ **输入样例 2:**

1 1 9

◇ **输出样例 2:**

x1=-0.500000+2.958040i
x2=-0.500000-2.958040i

◇ **输入样例 3:**

1 -5 6

◇ **输出样例 3:**

x1=3.000000,x2=2.000000

任务代码

```c
#include<stdio.h>
#include<math.h>
int main(){
    double a,b,c,deta,x1,x2,p,q;
    scanf("%lf%lf%lf", &a, &b, &c);      //输入一元二次方程的系数 a, b, c
    deta=b*b-4*a*c;                      //求出 deta 的值
    if(deta==0.0){                       //deta==0
        printf("x1=x2=%lf", -b/(2*a));   //输出两个相等的实根
    }
    else if(deta>0){                     //deta>0
        x1=(-b+sqrt(deta))/(2*a);        //求出两个不相等的实根
        x2=(-b-sqrt(deta))/(2*a);
        printf("x1=%lf,x2=%lf", x1, x2);
    }
    else{                                //deta<0
        p=-b/(2*a);                      //求出两个共轭复根的实部虚部
        q=sqrt(fabs(deta))/(2*a);
        printf("x1=%lf+%lfi\n", p, q);   //输出两个复根
        printf("x2=%lf-%lfi", p, q);
    }
    return 0;
}
```

代码分析

程序代码中首先计算判别式 deta 的值，然后用一个多分支 if 语句判别 3 种情况。

任务 5.5.2　计算机出题你来答

◇ **任务描述：**

读入一道形如 a+b=c 的四则运算题，正确则输出"GOOD!"，错误则输出"SORRY!"。其中两个运算数为 1～100 范围内的整数，运算符为加、减、乘、除 4 种运算之一。

◇ **输入格式：**

一个算式，中间没有空格。

◇ **输出格式：**

GOOD!或者 SORRY!。

◇ **输入样例 1：**

56+23=79

◇ **输出样例 1：**

GOOD!

◇ **输入样例 2：**

45/21=3

◇ **输出样例 2：**

SORRY!

任务 5.5.3～任务 5.5.15 的内容请从本书配套的资源包中查阅。

习题 5

习题 5 及其参考答案和代码请从本书配套的资源包中查阅。

第6单元　循　环　结　构

我们发现，在某些算法中，有一些步骤是被重复执行的。这种重复执行是通过某一个有条件的跳转指令来实现的，即根据某一条件来决定某些语句是否被重复执行。我们称这种在程序中不断被重复执行的结构为循环结构。循环结构有时也被称为重复结构。本单元主要介绍 3 种循环结构语句及应用。

第6.1关　循环结构的应用

任务 6.1.1　从 1 加到 n 的和

引导任务

◇ **任务描述：**

　　有"数学王子"之称的德国著名数学家高斯 10 岁的时候，某次数学课上老师布置了一道题数学题：从 1 一直加到 100 的和等于多少？高斯很快算出了答案：5050，并解释道：$1+100=101$，$2+99=101$，$3+98=101$，…，$49+52=101$，$50+51=101$，一共有 50 对和为 101 的数目，所以答案是 $50×101=5050$。

　　现在，老师给你布置一道编程题，输出从 1 加到 n 的和。

◇ **输入格式：**

　　一个整数 n（$1 \leq n \leq 100000$）。

◇ **输出格式：**

　　一个整数，从 1 加到 n 的和。

◇ **输入样例：**

```
10
```

◇ **输出样例：**

```
55
```

任务分析

　　我们知道，从 1 到 n 的自然数是一个等差数列，首项是 1，公差也是 1，共 n 项。所以根据等差数列的求和公式 $S = \dfrac{(a_1 + a_n)n}{2}$，很容易得到从 1 加到 n 的和为 $\dfrac{n(n+1)}{2}$。

任务代码

解法 1：根据公式直接求解。

```
#include<stdio.h>
int main(){
    int n,s;
    scanf("%d",&n);  //输入整数 n
    s=n*(n+1)/2;        //公式直接计算从 1 加到 n 的和 s
    printf("%d",s);  //输出结果
    return 0;
}
```

代码测试

在 Dev C++中执行程序，如下所示。

输入：1	输出：1	(测试边界数据，可能的最小值)
输入：10	输出：55	
输入：100	输出：5050	
输入：1000	输出：500500	
输入：0	输出：0	(尽管任务中说明不可能有 0，这里只为测试用)

以上代码大家一定都能理解，现在我们来讲解另一种解法。首先设置一个和变量 s=0，用来存储最终的和，初值为 0。然后设置计数器变量 i，我们让 i 的值从 1 到 n 变化，每一次都把 i 的值累加到变量 s（s=s+i）里。最后，变量 s 的值就是所求值，输出即可。

这就像初始时 s 是一个空的篮子，我们让计数器 i 从 1 数到 n，每数一次就扔 i 个小球到篮子里。最后，篮子里的小球数量就是最终答案。

每次扔 i 个小球到篮子里，这是重复操作，计数器 i 从 1 数到 n 是重复的次数。这里的重复操作就是循环的思想。可以用下面的算法来描述从 1 加到 n 的和的求解过程。

（1）输入变量 n，定义和变量 s=0（初值），计数器变量 i=1（初值）。

（2）如果 i≤n 成立就向下执行，如果不成立转到（6）。

（3）执行 "s=s+i"。

（4）执行 "i=i+1"。

（5）转到（2）。

（6）输出 s。

以上就是求解从 1 加到 n 的和算法的形式化描述，其中步骤（3）和（4）就是被重复执行的部分，称为循环体。计数器变量 i 称为循环变量，i≤n 称为循环条件。

为了实现以上算法中的循环结构，C 语言设计了 while 语句、do-while 语句和 for 语句 3 种循环结构，专门处理这类问题，对应的代码分别为解法 2～解法 4。

任务代码

解法 2（while 语句）：

```
#include<stdio.h>
int main(){
    int n,s,i;        //定义变量
    scanf("%d",&n);   //输入整数 n                ---算法步骤(1)
    s=0; i=1;         //和变量 s，计数器变量 i 赋初值 ---算法步骤(1)
    while(i<=n){      //满足循环条件就进入循环         ---算法步骤(2)
        s=s+i;        //将变量 i 的值累加到和变量 s 中 ---算法步骤(3)
        i=i+1;        //计数器 i 向后计数             ---算法步骤(4)
    }                 //                            ---算法步骤(5)
    printf("%d",s);   //输出结果                    ---算法步骤(6)
    return 0;
}
```

代码测试

在 Dev C++中执行程序，结果如下。

输入：1	输出：1	（测试边界数据，可能的最小值）
输入：10	输出：55	
输入：100	输出：5050	
输入：1000	输出：500500	
输入：0	输出：0	（尽管任务中说明不可能有 0，这里只为测试用）

结合 while 语句的语法规则，以及上文中的算法，这个代码也很好理解。这就是循环结构的代码，让循环变量 i 从 1 变到 n，循环体执行 n 次的代码框架，可以称为计次循环（循环次数固定可数）。关于 while 循环的结构，大家一定要牢记。

```
i=1;          //循环变量赋初值
while(i<=n){  //进入循环的条件
    循环体;
    i=i+1;    //循环变量的增量
}
```

任务代码

解法 3（do-while 语句）：

```
#include<stdio.h>
int main(){
    int n,s,i;
    scanf("%d",&n);   //输入整数 n
    s=0; i=1;         //和变量 s 赋初值 0，计数器变量 i 赋初值 1
    do{               //循环开始的标记
        s=s+i;        //将变量 i 的值累加到和变量 s 中
```

```
    i=i+1;          //计数器 i 向后计数
  }while(i<=n);     //满足循环条件就再次进入循环
  printf("%d",s);   //输出结果
  return 0;
}
```

代码测试

在 Dev C++中执行程序，结果如下所示。

输入：1	输出：1	（测试边界数据，可能的最小值）
输入：10	输出：55	
输入：100	输出：5050	
输入：1000	输出：500500	
输入：0	输出：1	（尽管任务中说明不可能有 0，这里只为测试用）

代码分析

解法 3 的代码同样可以实现任务要求的功能，程序的原理和执行过程与解法 2 是完全一致的，只不过 do-while 循环是先执行 1 次循环体，再判断循环条件，对于输入的 $n \geqslant 1$ 时，两种解法的输出结果是一致的，都可以实现题目要求。

思考：如果输入小于 1 的整数（如输入 0）给变量 n，情况会怎么样呢？以上测试数据中已经显示出，如果输入 0，则执行结果是解法 2 输出 0，解法 3 输出 1。为什么会这样呢？

因为解法 2 的 while 循环是在循环开始处判断（1<0）不成立，循环立即结束，循环体被执行 0 次，最后输出的 s 的值为 0；解法 3 的 do-while 循环是在循环出口处判断循环条件，循环体无论如何要执行 1 次，才能到出口处，执行的这一次循环体已经给变量 s 累加了 1，最后输出的 s 的值为 1。

任务描述中说输入的 n 值是大于等于 1 的，所以解法 3 是正确的，如果输入的 n 值可能为 0，解法 3 就不正确了。

任务代码

解法 4（for 语句）：

```
#include<stdio.h>
int main(){
  int n,s,i;
  scanf("%d",&n);      //输入整数 n
  s=0;                 //和变量 s 赋初值 0
  for(i=1;i<=n;i++){   //典型的计次循环，i 从 1 开始到 n 结束，每次加 1
    s=s+i;             //循环体
  }
  printf("%d",s);      //输出结果
  return 0;
}
```

代码测试

在 Dev C++中执行程序，结果如下所示。

输入：1	输出：1	（测试边界数据，可能的最小值）
输入：10	输出：55	
输入：100	输出：5050	
输入：1000	输出：500500	
输入：0	输出：0	（尽管任务中说明不可能有 0，这里只为测试用）

代码分析

从解法 4 代码和测试结果可以看出：for 循环可以方便地表达计次循环，语句"for(i=1;i<=n;i++)"清楚地说明了循环变量 i 从 1 开始，到 n 结束，每次加 1。

从执行逻辑上看，先执行"i=1"，然后进入循环"i<=n→s=s+i→i++"，直到"i<=n"不成立。这与 while 语句的逻辑是相同的，可见 while 循环和 for 循环是可以互相转换的，具体情形如表 6-1 所示。

表 6-1　while 循环和 for 循环的转换

while 循环	for 循环

表达式1；
while(循环条件表达式2){
　　循环体；
　　表达式3(循环变量自改变)；
}
	for(表达式1;循环条件表达式2;表达式3){
	　　循环体；
	}

s=0;
i=1;
while(i<=10){
　　s=s+i;
　　i++;
}
	s=0;
	
	for(i=1;i<=10;i++){
	　　s=s+i;
	}

while 循环和 for 循环可以方便地互相转换，用户在设计程序时可以根据问题的实际需要选择一种使用。

牢记让循环变量 i 从 1 变到 n，循环体执行 n 次的计次循环（循环次数固定可数）的代码框架：

```
for(i=1;i<=n;i++){
    循环体；
}
```

相关知识

1. while 循环（当型循环）

C 语言中用 while 语句实现"当型"循环结构，其一般形式如下：

```
while(循环条件表达式){
```

```
    循环体语句；
}
```

（1）首先求解循环条件表达式的值，若值为真，则执行循环体，否则结束循环。

（2）每一次的循环体执行完成后，自动跳转到循环开始（while）处，再次求解循环条件表达式的值，如果成立就开始下一次循环，如此往复。

（3）循环体只能是一个语句，所以如果有多个语句，则应该用大括号括起来使之成为一个复合语句；如果循环体只是一个语句，大括号也可以省略。

while 循环结构的流程图如图 6-1 所示。

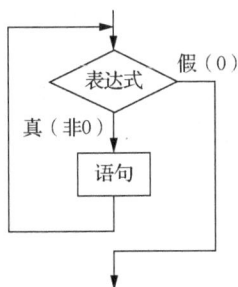

图 6-1　while 循环结构的流程图

2. do-while 循环（"直到型"循环）

C 语言还提供了 do-while 语句用来实现"直到型"循环结构，其一般形式如下：

```
do{
    循环体语句；
}while(循环条件表达式);
```

（1）在此结构中，do 相当于一个标号，标志循环结构开始。

（2）当程序运行到该结构时，首先无条件地执行一次循环体，然后求解循环条件表达式的值。若表达式的值为真，则跳转到 do 处再次执行循环体；若循环条件表达式的值为假则结束循环。

（3）如果循环体只有一条语句，那么花括号可以省略。

（4）do-while 结构整体上是一条语句，所以 while 的括号后应加上分号。

do-while 循环结构的流程图如图 6-2 所示。

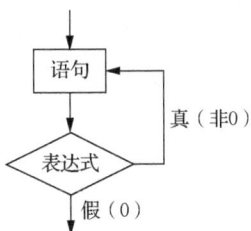

图 6-2　do-while 循环结构的流程图

while 和 do-while 两种循环的比较，可以理解为，while 循环是在入口处判断条件，do-while 循环是在出口处判断条件。

3. for 循环

除了 while 语句和 do-while 语句外，C 语言提供了另外的一个使用更为广泛的循环语句——for 语句。for 语句的一般形式如下：

```
for(表达式1;循环条件表达式2;表达式3){
    循环体语句;
}
```

for 循环的执行步骤如下。

（1）求解表达式 1（该表达式只在这一步骤处被求解一次）。

（2）求解循环条件表达式 2，若为真则执行循环体，否则结束 for 语句。

（3）循环体执行结束后，求解表达式 3，并转向步骤（2）。

（4）循环体如果只是一条语句，花括号可以省略。for 循环结构的流程图如图 6-3 所示。

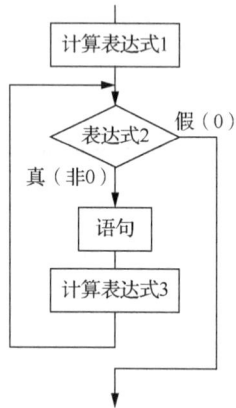

图 6-3　for 循环结构的流程图

4. 穷举法

有一类问题在进行归纳推理时，如果需要逐个考察某类事件的所有可能情况，即将所有可能情况一一列举，这种方法叫作穷举法。穷举法将问题的所有可能的答案一一列举，然后根据条件判断此答案是否合适，合适就保留，不合适就丢弃。

例如，输出从 1 加到 N 的和，可以将 1 到 N 之间的所有整数一一列举，无须判断，每个数都累加到变量 S 中，最后 S 中的数就是所求。

例如，输出自然数 N 的阶乘，需要将 1 到 N 之间的所有整数一一列举，无须判断，每个数都累乘到变量 F 中，最后 F 中的数就是所求。

例如，输出 1 到 N 之间的奇数，可以将 1 到 N 之间的所有整数一一列举（穷举），符合条件的数（奇数）输出，不符合条件的数就略过。

例如，输出 1 到 N 之间的素数，需要将 1 到 N 之间的所有整数一一列举，是素数的输出，不是素数的略过。

例如，输出 N 的所有约数，需要将 1 到 N 之间的所有整数一一列举，如果是 N 的约数就输出，不是则略过。

5. 程序测试方法

在测试一个程序时，除了使用题目中给出的输入样例作为测试数据外，还要尽可能地增加多组输入测试数据，尤其是一些边界数据（可能的最大值、最小值），或者特殊数据（0值、特殊意义的值等）。

任务 6.1.2 找奇数

◇ **任务描述**：

输入一个正整数 n，输出 1 到 n 之间所有的奇数。

◇ **输入格式**：

一个正整数。

◇ **输出格式**：

输出 1 到 n 之间所有的奇数，用逗号分隔。

◇ **输入样例 1**：

20

◇ **输出样例 1**：

1,3,5,7,9,11,13,15,17,19

◇ **输入样例 2**：

200

◇ **输出样例 2**：

1,3,5,7,9,11,13,15,17,19,21,23,25,27,29,31,33,35,37,39,41,43,45,47,49,
51,53,55,57,59,61,63,65,67,69,71,73,75,77,79,81,83,85,87,89,91,93,95,97,99,
101,103,105,107,109,111,113,115,117,119,121,123,125,127,129,131,133,135,
137,139,141,143,145,147,149,151,153,155,157,159,161,163,165,167,169,171,
173,175,177,179,181,183,185,187,189,191,193,195,197,199

任务分析

输出 1 到 n 之间的所有奇数，很明显问题的解在区间(1,n)内，可以使用穷举法一一列举 1 到 n 之间的所有整数，如果是奇数则输出。这也是典型的计次循环问题，循环的次数事先是已知的，是一一可数的。

任务代码

解法 1（穷举：for 语句）：

```c
#include<stdio.h>
int main(){
    int n,i;
    scanf("%d",&n);        //输入整数 n
    for(i=1;i<=n;i++){     //典型的计次循环
```

```
        if(i%2==1)              //如果是奇数，则输出并加逗号
            printf("%d,",i);
    }
    return 0;
}
```

代码测试

在 Dev C++中执行程序，结果如下。

```
输入：10      输出：1,3,5,7,9,
输入：21      输出：1,3,5,7,9,11,13,15,17,19,21,
输入：1       输出：1,                          （边界数据，可能的最小值）
```

代码分析

从 1 到 n 的循环是典型的计次循环问题，用 for 语句很合适。"for(i=1;i<=n;i++)"表示循环变量 i 从 1 开始，到 n 结束，每次加 1，事先就可以明确得知这是一个计次循环问题，共循环 n 次。在每次循环的循环体内，判断如果 i 是奇数就输出 i，根据任务中的要求，每个 i 的后面加一个逗号。

从测试输出结果可以看出，以上程序的输出实际和任务的要求相比，在最后一个奇数的后边多了一个逗号，所以这个代码在 PTA 中提交是通不过的，将会显示：答案错误。

这个问题如何解决呢？方法就是对逗号的输出单独控制，因为第 1 个输出肯定是 1，是已知的，所以可以使用这样的逻辑：控制在 1 的前面不输出逗号，其他数据的前面输出逗号，这个问题就解决了。

任务代码

解法 2［穷举：for 语句（改进后的代码）］:

```
#include<stdio.h>
int main(){
    int n,i;
    scanf("%d",&n);               //输入整数 n
    for(i=1;i<=n;i++){            //典型的计次循环
        if(i%2==1){              //如果是奇数，则输出
            if(i>1) printf(","); //大于 1 的奇数前输出逗号
            printf("%d",i);      //输出奇数
        }
    }
    return 0;
}
```

代码测试

在 Dev C++中执行程序，结果如下。

```
输入：10      输出：1,3,5,7,9
```

| 输入: 21 | 输出: 1,3,5,7,9,11,13,15,17,19,21 | |
| 输入: 1 | 输出: 1 | (边界数据,可能的最小值) |

代码分析

解法 2 代码的循环体中,如果 i 是奇数,则输出一个奇数;语句 "if(i>1) printf(",");" 表示输出奇数时,除了 1 以外每个奇数的前面输出逗号。这段代码在 PTA 中提交成功。

根据前文的分析,for 循环代码和 while 循环的代码可以简单地转换,所以得到以下解法 3。

任务代码

解法 3(穷举:while 语句):

```c
#include<stdio.h>
int main(){
    int n,i;
    scanf("%d",&n);               //输入整数 n
    i=1;                          //循环变量赋初值
    while(i<=n){                   //循环条件
        if(i%2==1){               //如果是奇数,则输出
            if(i>1) printf(","); //大于 1 的奇数前输出逗号
            printf("%d",i);       //输出奇数
        }
        i++;                      //循环变量自加 1(步长为 1)
    }
    return 0;
}
```

解法 3 的代码是正确的,可以在 PTA 中提交通过。这个问题同样也可以用 do-while 循环解决,因为根据题意,输出 1 到 n 之间的奇数,至少应该输出一个 1,这也符合 do-while 循环至少先执行一次循环体的特点。

任务代码

解法 4(穷举:do-while 语句):

```c
#include<stdio.h>
int main(){
    int n,i;
    scanf("%d",&n);                //输入整数 n
    i=1;                           //循环变量赋初值
    do{                            //开始循环,至少 1 次
        if(i%2==1){                //如果是奇数,则输出
            if(i>1) printf(","); //大于 1 的奇数前输出逗号
            printf("%d",i);        //输出奇数
        }
```

```
        i++;                            //循环变量自加1(步长为1)
    }while(i<=n);
    return 0;
}
```

以上代码都可以提交正确，基本思想都是穷举 1 到 n 的所有整数（每次加 1，步长是 1），然后输出其中的奇数。因为相邻的两个奇数之间永远相差 2，所以也可以让循环变量从 1 开始，每次增加 2（步长是 2），来列举所有的奇数。于是，得到以下代码。

任务代码

解法 5（穷举：for 语句，步长为 2）：

```
#include<stdio.h>
int main(){
    int n,i;
    scanf("%d",&n);
    for(i=1;i<=n;i=i+2){        //计次循环,步长为2,每个i都是奇数
        if(i>1) printf(",");   //大于1的奇数前输出逗号
        printf("%d",i);        //输出奇数
    }
    return 0;
}
```

代码分析

代码中通过 "i=i+2" 实现让循环变量 i 每次增加 2，即步长为 2。这样，进入循环的每一个数都是奇数，就不用判断了。

任务 6.1.3 寻找约数

◇ **任务描述**：
编程输入一个正整数，输出它所有的约数。

◇ **输入格式**：
一个正整数 n。

◇ **输出格式**：
从小到大输出 n 的所有约数，以空格分隔。

◇ **输入样例**：
100

◇ **输出样例**：
1 2 4 5 10 20 25 50 100

任务分析

我们知道，一个正整数 n 的所有约数中，最小的是 1，最大的是 n。所以此问题的实质是在区间[1,n]内寻找 n 的约数输出。

在区间[1,n]内，寻找符合条件的数输出，这明显是穷举的思想，需要把 1 到 n 的所有整数一一列举。同时，这也明显是一个计次循环问题。

让我们先用最方便计次循环的 for 循环来解决，代码如下。

任务代码

解法 1（穷举：for 循环）：

```c
#include<stdio.h>
int main(){
    int n,i;                     //定义变量
    scanf("%d",&n);              //输入整数 n
    for(i=1;i<=n;i++){           //计次循环，穷举循环变量从 1 到 n
        if(n%i==0){              //如果 i 是 n 的约数，则输出
            if(i>1) printf(" "); //大于 1 的约数前输出空格
            printf("%d",i);      //输出约数
        }
    }
    return 0;
}
```

代码测试

Dev C++中执行或在 PTA 中执行自定义测试如下。

输入：1   输出：1   (特殊值，可能的最小值)
输入：100   输出：1 2 4 5 10 20 25 50 100   (普通值，输入样例)
输入：1024   输出：1 2 4 8 16 32 64 128 256 512 1024   (特殊值，2^{10})
输入：101   输出：1 101   (特殊值，素数)

代码分析

解法 1 的代码通过"for(i=1;i<=n;i++){ }"实现计次循环，从 1 到 n 穷举；通过"n%i==0"判断 i 是 n 的约数（n 是 i 的倍数）；通过 "if(i>1) printf(" ");"控制空格的输出，除了 1 以外在每个约数的前面输出一个空格。

也可以在输出每个约数的后边，控制输出空格，因为我们明确知道，最后一个约数肯定是 n，所以可以通过"判断 i<n 时输出空格，否则不输出"来实现最后一个约数的后边没有空格。

任务代码

解法 2（穷举：for 循环）：

```c
#include<stdio.h>
int main(){
    int n,i;                      //定义变量
    scanf("%d",&n);               //输入整数 n
    for(i=1;i<=n;i++){            //计次循环，穷举循环变量从 1 到 n
        if(n%i==0){              //如果 i 是 n 的约数，则输出
            printf("%d",i);       //输出约数
            if(i<n) printf(" ");  //小于 n 的约数后输出空格
        }
    }
    return 0;
}
```

代码分析

一定要注意，数据间分隔字符（通常是逗号、空格或回车）的控制方法，一般都是单独控制输出，放在数据前面控制比较容易，因为比较容易识别输出的第一个数据。

同样地，可以很容易地把以上程序改写成 while 循环。

任务代码

解法 3（穷举：while 循环）：

```c
#include<stdio.h>
int main(){
    int n,i;                      //定义变量
    scanf("%d",&n);               //输入整数 n
    i=1;                          //循环变量，计数器 i 赋初值
    while(i<=n){                  //循环条件
        if(n%i==0){              //如果 i 是 n 的约数，则输出
            if(i>1) printf(" ");  //大于 1 的约数前输出空格
            printf("%d",i);       //输出约数
        }
        i++;                      //循环变量自加 1
    }
    return 0;
}
```

任务 6.1.4 判断素数

引导任务

◇ 任务描述：

对于一个大于 1 的自然数 p，如果除了 1 和 p 本身以外，不能被其他自然数整除，那么，称 p 为素数（又称质数，prime number）。已知素数有无限个，但是到目前为止，人们尚未找到一个公式可求出所有的素数。

2016 年 1 月，发现了世界上迄今为止最大的素数，长达 2233 万位，如果用普通字号将它打印出来长度将超过 65km。

素数从小到大排列，有 2，3，5，7，11，13，17，19，23，29，31，37，41，43，47，53，59，61，67，71，73，79，83，89，97……

要求：输入一个大于 1 的正整数 N，判断其是否为素数，如果是，则输出 YES，否则输出 NO。

◇ 输入样例 1：

15

◇ 输出样例 1：

NO

◇ 输入样例 2：

53

◇ 输出样例 2：

YES

任务分析

素数的定义是只有 1 和它本身两个约数的自然数。从定义出发，我们可以做如下统计：如果一个大于 1 的自然数 p 的约数个数是 2 个，那么它就是素数。统计 p 的约数的个数，我们可以穷举 1 到 p 的所有自然数，这就是计次循环，可以用 for 语句实现。

任务代码

解法 1（穷举：for 语句）：

```c
#include<stdio.h>
int main(){
    int p,i,s;
    scanf("%d",&p);          //输入整数 n
    s=0;                     //统计约数个数的变量 s，赋初值 0
    for(i=1;i<=p;i++){       //穷举循环变量 i 从 1 到 p
        if(p%i==0)
            s++;             //如果 i 是 p 的约数，则计数
    }
```

```
    if(s==2)                    //如果 s==2,输出 YES,否则输出 NO
        printf("YES");
    else
        printf("NO");
    return 0;
}
```

代码测试

在 Dev C++中执行或者在 PTA 中执行自定义测试如下。

输入：2	输出：YES	（边界值，可能的最小值）
输入：53	输出：YES	
输入：15	输出：NO	

代码分析

解法 1 的代码中通过 for 循环穷举 1 到 p 的自然数 i，循环体内如果 i 是 p 的约数，就计数。循环结束后，如果计数结果 s 的值等于 2，就说明 p 是素数，输出 YES，否则输出 NO。

因为 1 和 p 是 p 的约数，所以也可以统计 2 到 p-1 的范围内，p 的约数是否为 0 个来判断 p 是否为素数。

任务代码

解法 2（穷举：for 语句）：

```
#include<stdio.h>
int main(){
    int p,i,s;
    scanf("%d",&p);             //输入整数 n
    s=0;                        //统计约数个数的变量 s,赋初值 0
    for(i=2;i<p;i++){           //穷举循环变量 i 从 2 到 p-1
        if(p%i==0) s++;         //如果 i 是 p 的约数，则计数
    }
    if(s==0)                    //如果 s==0,输出 YES,否则输出 NO
        printf("YES");
    else
        printf("NO");
    return 0;
}
```

代码分析

解法 2 的代码可以提交正确，和解法 1 比较，对于同样的输入数据 p，循环的执行次数少了两次。其实，还可以更少。

我们知道，一个自然数 p，如果在 $\sqrt{p}$ 以下没有约数，则在 $\sqrt{p}$ 以上就不可能有约数。因为不可能有两个都大于 $\sqrt{p}$ 的数的乘积为 p，所以要想知道 p 有没有约数，只要穷举 2 到 $\sqrt{p}$ 之间的数就可以了。

任务代码

解法 3（穷举：for 语句）：

```
#include<stdio.h>
#include<math.h>
int main(){
    int p,i,s;
    scanf("%d",&p);              //输入整数 n
    s=0;                         //统计约数个数的变量 s,赋初值 0
    for(i=2;i<=sqrt(p);i++){     //穷举循环变量 i 从 2 到 √p
        if(p%i==0) s++;          //如果 i 是 p 的约数，则计数
    }
    if(s==0)                     //如果 s==0,输出 YES,否则输出 NO
        printf("YES");
    else
        printf("NO");
    return 0;
}
```

代码分析

解法 3 的代码的逻辑是统计从 2 到 $\sqrt{p}$ 之间 p 的约数个数 s，如果 s=0，说明 p 是素数。该代码的循环次数已经大大减少了，以输入 p=10000 为例，解法 1 循环 10000 次，解法 2 循环 9998 次，而解法 3 穷举的是从 2 到 100，只循环 99 次。可见，解法 3 比解法 1 和解法 2 效率更高，执行时间更短。

对于判断一个数是否为素数，我们可以采用反证法，也就是说它在 2 到 $\sqrt{p}$ 之间只要有一个约数，就说明它不是素数，没必要统计所有的约数个数。

任务代码

解法 4（穷举：for 语句）：

```
#include<stdio.h>
#include<math.h>
int main(){
    int p,i,f;
    scanf("%d",&p);              //输入整数 n
    f=1;                         //标志变量 f,赋初值 1
    for(i=2;f==1&&i<=sqrt(p);i++){ //穷举 i 从 2 到 √p,进入循环时需要 f==1
        if(p%i==0) f=0;          //如果 i 是约数则置 f 为 0(改变标志,下次循环进不来)
    }
```

```
    if(f==1)                    //如果 f==1,输出 YES, 否则输出 NO
        printf("YES");
    else
        printf("NO");
    return 0;
}
```

代码分析

解法 4 的代码中应用了一个特别的技术：设置标志变量 f。f 的初值是 1，如果从 2 到 $\sqrt{p}$ 之间找到 1 个约数，就立刻将 f 的值变成 0，而一旦 f 的值变为 0，则下一次循环就进不来了。因为循环条件是 "f==1&&i<=sqrt(p)"，只要 f 的值不是 1，条件就不成立，循环就结束了。最后，如果 "f==1" 成立，则说明在 2 到 $\sqrt{p}$ 之间没有找到约数，p 就是素数，否则 p 就不是素数。

思考：假设输入的 p 是 10000，那么解法 4 的循环次数是多少次呢？

由解法 4 可知，当第一次循环时，i 的值是 2，此时 i 是 p 的约数，f 会被赋值成 0，下一次循环条件不成立，循环结束。所以若 p=10000，则只循环一次。

因此，解法 4 是最优的，因为它只找第一个约数，而不是找所有的约数。

相关知识

设置标志变量

在一些编程任务中，通常需要识别某种状态，如上例任务中识别自然数 p 是否有约数，设置标志变量是一个好办法，它能准确记录状态的变化，通过条件控制程序进程，从而简化程序设计。

任务 6.1.5　乘方计算

◇ **任务描述**：
编程输入两个正整数 a 和 n，求乘方 a^n 的值。

◇ **输入格式**：
一行，包含两个正整数 a 和 n。

◇ **输出格式**：
一个整数，即乘方结果。要保证最终结果的绝对值不超过 int 型数据的范围。

◇ **输入样例**：
2 3

◇ **输出样例**：
8

任务 6.1.6 神奇的迭代

◇ **任务描述:**

有一个神奇的迭代公式:$x_{n+1} = \sqrt{x_n + 2}$。无论 x 的初值(大于 2 的正数)多么大,若干次迭代之后,x 都与 2 无限接近,也就是说,x 序列的极限是 2。假设 $x_0 = 99999999.0$,编程输入一个正整数 n,输出 x_n 的值(保留 10 位小数)。

◇ **输入样例 1:**

8

◇ **输出样例 1:**

x[8]=2.0051798692

◇ **输入样例 2:**

16

◇ **输出样例 2:**

x[16]=2.0000000790

任务 6.1.7 阶乘

◇ **任务描述:**

输入一个正整数 n(n≤20),编程输出 n!(n 的阶乘)。因为阶乘数据较大,程序中的整数请定义成 long long 型。

◇ **输入样例 1:**

5

◇ **输出样例 1:**

5!=120

◇ **输入样例 2:**

6

◇ **输出样例 2:**

6!=720

任务 6.1.8 e 的近似值

◇ **任务描述:**

编写程序,输入一个较小的实数 deta,利用 $e = 1 + \dfrac{1}{1!} + \dfrac{1}{2!} + \dfrac{1}{3!} + \cdots + \dfrac{1}{n!}$,计算 e 的近似值,直到最后一项的绝对值小于 deta 为止,输出此时 e 的近似值。

◇ **输入格式:**

一个较小的实数 deta（deta<0.01）。

◇ **输出格式:**

任务要求的近似值，保留 10 位小数。

◇ **输入样例:**

```
0.0001
```

◇ **输出样例:**

```
2.7182787698
```

任务 6.1.9 斐波那契数列

◇ **任务描述:**

斐波那契（Fibonacci）数列指的是这样一个数列：1,1,2,3,5,8,13,21,34, 55,89,144,233, 377,610,987,1597,2584,4181,6765,17711,28657,46368……这个数列的前两项是 1，从第三项开始，每一项都等于前两项之和。

斐波那契数列的递推公式为

$$f_n = \begin{cases} 1, & n = 1,2 \\ f_{n-1} + f_{n-2}, & n > 2 \end{cases}$$

编程读入整数 n（1≤n≤40），输出斐波那契数列的前 n 项。

◇ **输入样例 1:**

```
1
```

◇ **输出样例 1:**

```
1
```

◇ **输入样例 2:**

```
5
```

◇ **输出样例 2:**

```
1,1,2,3,5
```

◇ **输入样例 3:**

```
2
```

◇ **输出样例 3:**

```
1,1
```

◇ **输入样例 4:**

```
10
```

◇ **输出样例 4:**

```
1,1,2,3,5,8,13,21,34,55
```

第 6.2 关　循环控制语句

前面设计的循环程序都是从循环条件表达式处判定是否进入循环，如果条件不成立就结束循环。

C 语言还提供了一个能从循环体内部跳出循环的 break 语句，就像跳出 switch 语句一样，当执行到 break 语句时，会跳出循环结构，结束循环。

任务 6.2.1　从 a 加到 b 的和

引导任务

◇ **任务描述：**

编程输入正整数 a 和 b（a≤b），输出从 a 加到 b 的和，即从 a 到 b 的连续自然数的和。

◇ **输入格式：**

两个正整数 a 和 b（a≤b）。

◇ **输出格式：**

一个整数，从 a 加到 b 的和。

◇ **输入样例 1：**

1 10

◇ **输出样例 1：**

55

◇ **输入样例 2：**

10 15

◇ **输出样例 2：**

75

◇ **输入样例 3：**

1 100

◇ **输出样例 3：**

5050

◇ **输入样例 4：**

100 100

◇ **输出样例 4：**

100

任务分析

你发现了吗，此任务和第 6.1 关的任务 6.1.1 非常相似，所以可以轻而易举地写出以下

while 循环解决的代码。其基本思想还是穷举，让循环变量 i 穷举从 a 到 b 的所有自然数，累加到和变量 s 中。

任务代码

解法 1（穷举：while 循环）：

```c
#include<stdio.h>
int main(){
    int a,b,s,i;
    scanf("%d%d",&a,&b);        //输入整数 a,b
    s=0;                         //和变量 s 赋初值 0
    i=a;                         //循环变量 i 赋初值 a
    while(i<=b){                 //循环判断条件(穷举从 a 到 b 的自然数)
        s=s+i;                   //循环体将 i 累加到和变量中
        i++;                     //循环变量 i 自加 1
    }
    printf("%d",s);              //输出结果
    return 0;
}
```

代码测试

除任务题目中给出的测试数据外，在 Dev C++或 PTA 中执行如下。

输入：1 1	输出：1	(可能的最小值组合)
输入：1 100	输出：5050	
输入：1 99	输出：4950	

代码分析

这是一个非常普通的计次循环穷举问题，循环变量从 a 开始到 b 结束，每次加 1。

有时，也可以不用在循环入口处关心循环什么时候结束，而是在循环体内通过条件判断来决定什么时候跳出循环。

任务代码

解法 2（使用 break 语句）：

```c
#include<stdio.h>
int main(){
    int a,b,s,i;
    scanf("%d%d",&a,&b);        //输入整数 a,b
    s=0;                         //和变量 s 赋初值 0
    i=a;                         //循环变量 i 赋初值 a
    while(1){                    //循环条件永为真(好像死循环)
        s=s+i;                   //循环体将 i 累加到和变量中
        i++;                     //循环变量 i 自加 1
```

```
        if(i>b) break;              //如果 i>b 跳出循环，实现从 a 到 b 的穷举
    }
    printf("%d",s);                 //输出结果
    return 0;
}
```

代码分析

解法 2 的代码中通过"while(1) { }"结构构造了一个形式上的死循环（循环条件永远为真，永远也不会结束的循环）。

在循环体内部，通过"if(i>b) break;"语句，实现当"i<=b"时继续下一次循环并累加，当"i>b"时跳出循环。

相关知识

1. break 语句

break 语句用于从循环体内跳出循环结构，其一般形式如下：

```
break;
```

（1）在循环体内，当程序执行到 break 语句时，会立即跳出循环结构，结束循环。

（2）break 语句通常出现在某个 if 语句的分支中，以实现有条件地结束循环。

（3）break 语句只能用于 switch 结构内部或循环结构内部。

2. continue 语句

C 语言还提供了另一个用于控制循环结构的语句——continue 语句，用于结束当次循环，直接跳到循环开始处，开始下次循环，其一般形式如下：

```
continue;
```

（1）在循环体内，当执行到 continue 语句时，会立即结束本次循环（跳过循环体中后面的部分不执行），接着跳转到循环开始处，执行下一次循环。

（2）continue 语句通常出现在某个 if 语句的分支中。

（3）continue 语句只能用于循环结构的内部。

任务 6.2.2 判断素数

下面重新面对第 6.1 关的任务 6.1.4，来分析一下如何应用 break 语句解决问题。

任务分析

任务要求输入一个大于 1 的正整数 p，若 p 是素数则输出 YES，否则输出 NO。

判断 p 是否为素数，可以通过穷举从 2 到 $\sqrt{p}$ 的自然数，如果存在 p 的约数，则 p 就不是素数。为了识别是否有约数，可以设置标志变量。

任务代码

解法 1（使用 break 语句）：

```c
#include<stdio.h>
#include<math.h>
int main(){
    int p,i,f;
    scanf("%d",&p);                //输入整数 n
    f=1;                           //标志变量 f,赋初值 1
    for(i=2;i<=sqrt(p);i++){       //穷举循环变量 i 从 2 到 √p
        if(p%i==0){
            f=0;                   //如果 i 是约数则置 f 为 0
            break;                 //跳出循环
        }
    }
    if(f==1)                       //如果 f==1,输出 YES,否则输出 NO
        printf("YES");
    else
        printf("NO");
    return 0;
}
```

代码分析

代码中的循环条件处，还原回最初的样子，只是表达了 i 从 2 穷举到 $\sqrt{p}$，比较清晰。循环体内，通过 break 跳出循环也在情理之中，很好理解。

下面我们一起来看看应用 continue 语句的代码。

任务代码

解法 2（使用 continue 语句）：

```c
#include<stdio.h>
#include<math.h>
int main(){
    int p,i,f;
    scanf("%d",&p);                //输入整数 n
    f=1;                           //标志变量 f,赋初值 1
    for(i=2;i<=sqrt(p);i++){       //穷举循环变量 i 从 2 到 √p
        if(p%i!=0){                //如果 i 不是约数
            continue;              //就直接执行下次循环(跳到 i++再判断循环条件)
        }
        else{                      //能执行到这 i 肯定是约数
            f=0;                   //置标志变量 f 为 0
            break;                 //跳出循环
```

```
        }
    }
    if(f==1)                    //如果 f==1,输出 YES,否则输出 NO
        printf("YES");
    else
        printf("NO");
    return 0;
}
```

代码分析

continue 语句的功能就是直接跳至下一次循环,在解法 2 的代码循环体中,执行逻辑是:如果 i 不是 p 的约数,直接执行 continue 语句后进入下一次循环,否则标志变量改值,并跳出循环。

任务 6.2.3 最大公约数

◇ 任务描述:

最大公约数(也称最大公因数、最大公因子)指两个或多个整数共有约数中最大的一个。

编程输入两个正整数,输出它们的最大公约数。

◇ 输入格式:

输入两个正整数 a,b。

◇ 输出格式:

输出一个整数(a,b 的最大公约数)。

◇ 输入样例:

36 24

◇ 输出样例:

12

任务分析

假设输入的两个整数是 m 和 n,那么 m 的约数的范围是区间[1,m],n 的约数的范围是[1,n]。于是可知,m 和 n 的所有公共约数中的最小值肯定是 1,最大值不超过 m 也不会超过 n,即不超过 m 和 n 中较小的那个值(m<n?m:n)。

因此,我们得到最大公约数可能的区间为[1,(m<n?m:n)],从而可以很方便地应用穷举法,从小到大一一列举区间内的每一个数,最后一个公共约数就是所求。

任务代码

解法 1(穷举:for 循环):

```c
#include<stdio.h>
#include<math.h>
int main(){
    int m,n,i,k;
    scanf("%d%d",&m,&n);              //输入整数 m,n
    for(i=1;i<=(m<n?m:n);i++){        //穷举循环变量 i 从 1 到(m<n?m:n)
        if(m%i==0&&n%i==0){           //如果 i 是公约数，就记录到 k 中
            k=i;                      //记录每一个公约数(留下的是最新的)
        }
    }
    printf("%d",k);                   //最后被记录那个 k 值肯定是最大公约数
    return 0;
}
```

代码测试

输入：1 1	输出：1	(可能的最小组合)
输入：37 59	输出：1	(互素的两个数)
输入：100 50	输出：50	(倍数关系的两个数)
输入：101 102	输出：1	(普通相邻的两个数)

代码分析

代码中通过 for 循环穷举所有可能的值，然后在循环体内判断如果是公约数就记录（赋值给 k），第一个数 1 肯定是第一个公约数，最后被记录的那个数肯定是最大公约数。

实际上，我们也可以反向穷举，就是从大到小一一列举从(m<n?m:n)至 1 的数，那么找到的第一个公约数就是最大公约数。

从大到小一一列举从(m<n?m:n)至 1 的数，可以通过 "for(i=(m<n?m:n);i>=1;i--){ }" 结构来实现。

任务代码

解法 2（穷举：break 语句）：

```c
#include<stdio.h>
#include<math.h>
int main(){
    int m,n,i;
    scanf("%d%d",&m,&n);              //输入整数 m,n
    for(i=(m<n?m:n); i>=1; i--){      //穷举循环变量 i 从(m<n?m:n)到1,步长为-1
        if(m%i==0&&n%i==0){           //如果 i 是公约数，则一定是最大公约数
            break;                    //找到最大公约数后立即跳出循环
        }
    }
    printf("%d",i);                   //跳出循环后,i 值肯定是最大公约数
```

```
    return 0;
}
```

任务 6.2.4 最小公倍数

◇ **任务描述：**

两个自然数的公倍数中最小的那个数被称为它们的最小公倍数。

编程输入两个自然数，输出它们的最小公倍数。

◇ **输入格式：**

输入两个正整数 a，b。

◇ **输出格式：**

输出一个整数（a，b 的最小公倍数）。

◇ **输入样例：**

36 24

◇ **输出样例：**

72

任务 6.2.5 不能被 2、3、5、7 和 13 整除的数

◇ **任务描述：**

编程输入正整数 a 和 b（a≤b），将 a，b 之间（包括 a，b 本身）不能被 2、3、5、7 和 13 整除的数输出。

◇ **输入样例：**

100 200

◇ **输出样例：**

101 103 107 109 113 121 127 131 137 139 149 151 157 163 167 173 179 181 187 191 193 197 199

任务 6.2.6 满足特定条件的 4 位数

◇ **任务描述：**

一个 4 位正整数，满足如下条件：由数字 1～9 组成；各位数字都不相同；从左至右数字降序排列；相邻的两个数字前一个不能是后一个的倍数；这 4 位数字不能都是奇数，也不能都是偶数。

编程输入两个 4 位整数 a 和 b，输出区间[a,b]内符合上述条件的所有数。

◇ **输入样例：**

5000 7000

◇ **输出样例:**
```
5432
6432
6532
6543
```

第 6.3 关　多　层　循　环

任务 6.3.1　输出每个数的所有真约数

◇ **任务描述:**

编程输入两个整数 a 和 b（1<a<b），对于整数区间[a,b]内的所有整数 x，依次输出 x 的所有真约数（小于本身的约数）。

◇ **输入格式:**

一行中两个整数 a 和 b，空格分隔。

◇ **输出格式:**

[a,b]区间内每个整数 x 输出一行，先输出 x 和冒号，然后依次输出它的所有真约数，约数间以一个空格分隔。

◇ **输入样例:**
```
100 105
```

◇ **输出样例:**
```
100:1 2 4 5 10 20 25 50
101:1
102:1 2 3 6 17 34 51
103:1
104:1 2 4 8 13 26 52
105:1 3 5 7 15 21 35
```

任务分析

对于这个任务，很显然对于[a,b]区间内的每一个数 x，我们要穷举处理，于是得到以下代码框架。

任务代码

（1）外层循环（程序框架）:

```
#include<stdio.h>
int main(){
```

```
    int a,b,x,i;
    scanf("%d%d",&a,&b);        //输入整数 a,b
    for(x=a;x<=b;x++){          //外层循环穷举所有的 x
        //处理 x：输出 x、冒号及 x 的所有真约数和回车
    }
    return 0;
}
```

接下来，不需要再考虑外层循环，只需要思考如何处理 x，输出 x 的所有真约数就可以了。这样，我们就把一个相对高维复杂的问题，降维分解为两个相对简单的问题。在外层循环框架内，"输出 x、冒号及 x 的所有真约数和回车"的问题，我们是熟悉的，可以通过下面的循环代码解决。

（2）内层循环（处理 x）：

```
printf("%d:",x);                //输出 x 和冒号
for(i=1;i<x;i++)                //内层循环输出 n 的所有真约数穷举[1,n-1]
    if(x%i==0){                 //是约数就输出
        if(i>1)printf(" ");     //大于 1 的约数前才输出空格
        printf("%d",i);
    }
printf("\n");                   //输出回车
```

内层循环的代码也非常好理解，就是通过穷举[1,n-1]区间内的所有整数找到真约数就输出，通过 if 语句控制空格的输出，这些方法都是我们已经熟悉的。

把以上内层循环代码放到外层循环中，就得到了如下的完整代码。

（3）双层循环（完整代码）：

```
#include<stdio.h>
int main(){
    int a,b,x,i;
    scanf("%d%d",&a,&b);            //输入整数 a,b
    for(x=a;x<=b;x++){              //外层循环穷举所有的 x
        //处理 x：输出 x、冒号及 x 的所有真约数和回车
        printf("%d:",x);           //输出 x 和冒号
        for(i=1;i<x;i++)           //内层循环输出 n 的所有真约数穷举[1,n-1]
            if(x%i==0){            //是约数就输出
                if(i>1)printf(" ");//大于 1 的约数前才输出空格
                printf("%d",i);
            }
```

```
        printf("\n");              //输出回车
    }
    return 0;
}
```

代码测试

```
输入：2 6                (可能的最小值2)
输出：
2:1
3:1
4:1 2
5:1
6:1 2 3
输入：100 101            (可能的最小跨度)
输出：
100:1 2 4 5 10 20 25 50
101:101
```

以上程序就是典型的双层循环结构的代码，我们通过分析将问题降维分解为两个单层循环问题：

外层循环只负责穷举 x，用单层 for 循环轻易解决，逻辑非常简单。内层循环只负责输出 x 的真约数，通过穷举[1,n-1]的整数，用单层 for 循环可轻易解决，逻辑同样非常简单。

可见，多重循环并不可怕，将复杂的问题降维分解为若干简单问题的方法，我们要掌握。这样，编程就变得像搭积木一样简单。

相关知识

循环嵌套

循环结构的循环体是一个语句或是一个复合语句，当然这个语句或复合语句中也可以是另外一个循环结构。如果是这样，就构成了循环结构的嵌套。

3 种循环结构可以互相嵌套，例如：

```
1）while()
   {
     …
     while() { … }
     …
   }
```

```
2) while()
   {
     …
     do
      {
      …
      }while();
   }
3) for( ; ; )
   {
     …
     while(){ … }
     …
   }
4) while()
   {
     …
     for( ; ; ) { … }
     …
   }
5) for( ; ; )
   {
     …
     for( ; ; ){ … }
     …
   }
6) do
   {
     …
     for( ; ; ){ … }
     …
   }
```

　　以上列出了 6 种常见的循环嵌套情形，实际上还有很多种嵌套的情形。除了两层循环嵌套外，还有 3 层甚至更多层次的循环嵌套在一起。

任务 6.3.2　九九乘法表

◇ **任务描述：**
　　编程应用双层循环输出九九乘法表。

◇ 输入样例：

◇ 输出样例：

```
1*1=1
1*2=2  2*2=4
1*3=3  2*3=6  3*3=9
1*4=4  2*4=8  3*4=12 4*4=16
1*5=5  2*5=10 3*5=15 4*5=20 5*5=25
1*6=6  2*6=12 3*6=18 4*6=24 5*6=30 6*6=36
1*7=7  2*7=14 3*7=21 4*7=28 5*7=35 6*7=42 7*7=49
1*8=8  2*8=16 3*8=24 4*8=32 5*8=40 6*8=48 7*8=56 8*8=64
1*9=9  2*9=18 3*9=27 4*9=36 5*9=45 6*9=54 7*9=63 8*9=72 9*9=81
```

任务分析

应用双层循环输出九九乘法表，我们把每一项算式看成第 i 行第 j 列，从输出结果就可以看出规律：每一行所有项的第二个乘数都与行号 i 相同，第一个乘数都与列号 j 相同。

因此，我们首先在外层循环用行号变量 i 穷举区间[1,9]内的整数，表示在其内处理输出每一行（第 i 行），然后在内层循环中输出第 i 行的每一项。

这样，通过降维分解的方法，就把一个二维问题分解为两个一维问题。下面我们先来看看外层循环的代码。

任务代码

（1）外层循环控制行号（只需从 1 穷举到 9）：

```
#include<stdio.h>
int main(){
    int i,j,t;
    for(i=1;i<=9;i++){          //外层循环穷举变量 i 从 1 至 9
        //处理每一行(第 i 行)
    }
    return 0;
}
```

从以上代码可以看出，外层循环的逻辑非常简单，就是循环 9 次，可以理解为用外层循环控制行号。内层循环体内的功能就是输出第 i 行的乘法表。下面来看内层循环的代码。

（2）内层循环控制列号（输出第 i 行乘法表）：

```
//处理每一行(第 i 行)
for(j=1;j<=i;j++){ //内层循环输出第 i 行乘法表(j 从 1 穷举到 i,共 i 项)
    t=i*j;
    printf("%d*%d=%d",j,i,j*i); //输出一项(第 i 行第 j 列)
    if(j<i)                     //控制每一项后面空格的输出
```

```
            if(t<10) printf("  ");       //积小于 10 输出 2 个空格
            else     printf(" ");        //否则输出 1 个空格
    }
    printf("\n");                        //输出回车
```

以上内层循环代码,逻辑同样简单,只负责输出第 i 行乘法表,共 i 项。乘数 j(列号)从 1 穷举到 i 即可实现,这仅仅是单层循环。

在内层循体环内,首先输出乘法算式(第 i 行第 j 列),再控制输出每个算式后面的空格,最后输出回车,这个步骤同样就像搭积木一样简单。

控制输出每一项后边空格的逻辑是,每一行只要不是最后一项(j<i),后边就应该输出空格,如果乘积小于 10 就输出 2 个空格,否则输出 1 个空格,让乘积和空格一共占 3 位,这样每一项就竖向对齐了。

将外层循环和内层循环合并,完整的代码如下。

(3)双层循环(完整代码):

```c
#include<stdio.h>
int main(){
    int i,j,t;
    for(i=1;i<=9;i++){                   //外层循环穷举变量 i 从 1 至 9
        //处理每一行(第 i 行)
        for(j=1;j<=i;j++){ //内层循环输出第 i 行乘法表(j 从 1 穷举到 i,共 i 项)
            t=i*j;
            printf("%d*%d=%d",j,i,j*i);  //输出一项(第 i 行第 j 列)
            if(j<i)                      //控制每一项后面空格的输出
                if(t<10) printf("  ");//积小于 10 输出 2 个空格
                else     printf(" ");    //否则输出 1 个空格
        }
        printf("\n");                    //输出回车
    }
    return 0;
}
```

以上程序同样也是典型的双层循环结构的代码,我们同样通过分析将问题降维分解为两个单层循环问题:

外层循环只负责穷举 i 从 1 到 9,用单层 for 循环轻易解决,逻辑非常简单。内层循环只负责输出第 i 行的乘法表(共 i 项),通过穷举 j 从 1 到 i,用单层 for 循环可轻易解决,逻辑同样非常简单。

也可以简单理解为,外层循环负责控制行号,内层循环负责控制列号,内层循环体负责输出第 i 行第 j 列的算式。

同样可见，复杂的问题可以通过降维分解为若干简单问题的方法来解决。

任务 6.3.3　区间内的素数

◇ 任务描述：

编程输入两个整数 a 和 b（2≤a<b），输出整数区间[a,b]内的所有素数（测试数据中保证区间内有素数）。

◇ 输入格式：

两个整数 a 和 b。

◇ 输出格式：

区间[a,b]内的所有素数，逗号分隔。

◇ 输入样例 1：

2 31

◇ 输出样例 1：

2,3,5,7,11,13,17,19,23,29,31

◇ 输入样例 2：

100 110

◇ 输出样例 2：

101,103,107,109

任务分析

我们应用降维分解的方法，首先考虑在外层循环穷举[a,b]区间内的所有整数 n，这是十分简单的，任务代码如下。

任务代码

（1）外层循环（穷举[a,b]区间内的所有整数 n）：

```c
#include<stdio.h>
int main(){
    int a,b,n;
    scanf("%d%d",&a,&b);        //输入 a,b
    for(n=a;n<=b;n++){          //外层循环穷举区间[a,b]内所有的 n
                                //如果 n 是素数就输出
    }
    return 0;
}
```

外层循环体内的工作：判断 n 是否为素数，如果是素数就输出。判断整数 n 是否为素数的问题，我们已经很熟悉了，需要用单层循环解决，任务代码如下。

（2）内层循环（n 是素数就输出）：

```
//如果 n 是素数就输出
f=1;                        //标志变量赋初值 1
for(i=2;i<=sqrt(n);i++)     //穷举 2 到 √n 找约数
    if(n%i==0){             //找到约数就赋值 f=0 并跳出循环
        f=0;
        break;
    }
if(f==1){                   //如果 n 为素数就输出
    printf(",");            //先输出,
    printf("%d",n);         //后输出素数
}
```

以上代码就是通过单层循环，判别 n 是否为素数，如果是素数，则输出逗号和素数本身。这样，外层循环负责让变量 n 从 a 循环到 b，内层循环负责判别 n 是否为素数。这同样是通过降维分解的方法把一个复杂问题分解成两个简单的单层循环问题，组合到一起的完整代码如下。

（3）双层循环（完整代码——不正确）：

```
#include<stdio.h>
#include<math.h>
int main(){
    int a,b,n,i,f;
    scanf("%d%d",&a,&b);            //输入 a,b
    for(n=a;n<=b;n++){              //外层循环穷举区间[a,b]内所有的 n
        //如果 n 是素数就输出
        f=1;                       //标志变量赋初值 1
        for(i=2;i<=sqrt(n);i++)    //穷举 2 到 √n ,找约数
            if(n%i==0){            //找到约数就赋值 f=0 并跳出循环
                f=0;
                break;
            }
        if(f==1){                  //如果 n 为素数就输出
            printf(",");           //先输出,(每个素数前面都输出)
            printf("%d",n);        //后输出素数
        }
```

```
    }
    return 0;
}
```

代码测试

输入：2 31

输出：,2,3,5,7,11,13,17,19,23,29,31

输入：100 110

输出：,101,103,107,109

从以上测试结果可能看出，在 PTA 中代码是不能提交通过的，会显示：答案错误。因为程序中在每一个素数的前面都输出了一个逗号。这样，第一个素数的前面就多了一个逗号。

要解决这个问题，就需要对逗号的输出进行单独控制。控制逻辑就是第一个素数前无逗号，后面的素数前有逗号。但是，区间[a,b]内哪一个数是第一个素数呢？这是无法直接知道的，所以需要额外对每个素数统计序号（第几个素数），这样才能识别每个素数是第几个素数。统计序号的方法是设置变量 k，初值为 0，找到一个素数就执行++k，从而实现计数的功能。

任务代码

双层循环（正确代码）：

```
#include<stdio.h>
#include<math.h>
int main(){
    int a,b,n,i,f,k;
    scanf("%d%d",&a,&b);            //输入 a,b
    k=0;                           //计数器清 0
    for(n=a;n<=b;n++){             //外层循环穷举区间[a,b]内所有的 n
        //如果 n 是素数就输出
        f=1;                      //标志变量赋初值 1
        for(i=2;i<=sqrt(n);i++)   //穷举 2 到 √n ,找约数
            if(n%i==0){           //找到约数就赋值 f=0 并跳出循环
                f=0;
                break;
            }
        if(f==1){                 //如果 n 为素数
            ++k;                  //计数器计数
```

```
            if(k>=2)printf(",");  //从第 2 个素数起前面才加逗号
            printf("%d",n);        //后输出素数
        }
    }
    return 0;
}
```

使用变量 k 进行计数，是一个非常好用的方法和技巧，但要注意在外层循环之前需进行清 0 操作，然后在内层循环内，如果找到素数则立即执行"++k"，实现计数，并保证找到第一个素数时，k 的值为 1。

思考：为什么程序中先输出逗号，后输出素数，能不能先输出素数，然后控制输出逗号呢？

答案是不能的，因为我们无法得知哪个数是最后的素数，从而也就无法实现控制最后一个素数后不输出逗号。但是，我们可以通过给素数计数的方式，准确得知哪个数是第一个素数，从而可以方便地控制第一个素数前不输出逗号，而其他素数前都输出逗号。

要特别关注这种方法，在后面的程序中还会运用。

任务 6.3.4 素数个数

◇ **任务描述**：

编程输入两个正整数 a 和 b（2≤a<b≤999999），输出二者之间的素数的个数。

◇ **输入格式**：

输入两个整数 a 和 b（2≤a<b≤999999）。

◇ **输出格式**：

输出一个整数。

◇ **输入样例 1**：

2 20

◇ **输出样例 1**：

8

◇ **输入样例 2**：

100 200

◇ **输出样例 2**：

21

任务 6.3.5 输出下三角矩阵

◇ **任务描述**：

编程输入正整数 N（N<100），输出一个 N 阶下三角方阵，输出格式请参考样例。

◇ **输入格式**：

一个正整数，小于 100。

◇ **输出格式**：

每个数占 3 列右对齐。

◇ **输入样例 1**：

5

◇ **输出样例 1**：

```
          1
        1  2
      1  2  3
    1  2  3  4
  1  2  3  4  5
```

◇ **输入样例 2**：

10

◇ **输出样例 2**：

```
                           1
                        1  2
                     1  2  3
                  1  2  3  4
               1  2  3  4  5
            1  2  3  4  5  6
         1  2  3  4  5  6  7
      1  2  3  4  5  6  7  8
   1  2  3  4  5  6  7  8  9
1  2  3  4  5  6  7  8  9 10
```

任务 6.3.6 菱形图案

◇ **任务描述**：

请编程输入一个奇数 n（n<100）和一个字符 c，输出 n 行由字符 c 组成的菱形图案。

◇ **输入格式**：

一个整数，一个字符。

◇ **输出格式：**

参照输出样例。

◇ **输入样例 1：**

```
5 A
```

◇ **输出样例 1：**

```
  A
 AAA
AAAAA
 AAA
  A
```

◇ **输入样例 2：**

```
13 ?
```

◇ **输出样例 2：**

```
      ?
     ???
    ?????
   ???????
  ?????????
 ???????????
?????????????
 ???????????
  ?????????
   ???????
    ?????
     ???
      ?
```

◇ **输入样例 3：**

```
3 X
```

◇ **输出样例 3：**

```
 X
XXX
 X
```

任务 6.3.7　孪生素数

◇ **任务描述：**

孪生素数是指相差 2 的素数对，如 3 和 5，5 和 7，11 和 13，…，已经证明孪生素数存在无穷多对。

编程输入正整数 a（2≤a≤10000），输出不小于 a 的第一对孪生素数。

◇ **输入格式：**

输入一个正整数 a。

◇ **输出格式：**

两个正整数（a 的第一对孪生素数）。

◇ **输入样例 1：**

10000

◇ **输出样例 1：**

10007 10009

◇ **输入样例 2：**

3

◇ **输出样例 2：**

3 5

第 6.4 关　处理多组数据（确定组数）

任务 6.4.1　奥运奖牌计数

◇ **任务描述：**

2021 年的东京奥运会，A 国的运动员参与了 n 天的决赛项目（1≤n≤17）。现在要统计 A 国所获得的金、银、铜牌的数目及总奖牌数目。

◇ **输入格式：**

输入 n+1 行，第 1 行是 A 国参与决赛项目的天数 n，其后 n 行的每一行均是该国在某一天获得的金、银、铜牌的数目，以一个空格分开。

◇ **输出格式：**

输出 1 行，包括 4 个整数，为 A 国所获得的金、银、铜牌的数目及总奖牌数目，以一个空格分开。

◇ **输入样例：**

3
1 0 3
3 1 0
0 3 0

◇ **输出样例：**

4 4 3 11

任务分析

确定组数的多组数据

可以看出，该任务要求我们处理多组数据（多组奖牌的数目），数据的组数是确定的，在输入数据中最先直接给出。因此可以构造一个次数固定的计次循环，在循环体内处理每组数据。这样问题逻辑就变得相对简单了，于是，就可以写出下面的代码了。

任务代码

```c
#include<stdio.h>
int main(){
    int n,a,b,c,i;
    int sum_a,sum_b,sum_c,sum;
    sum_a=sum_b=sum_c=0;                //金、银、铜牌数量清 0
    scanf("%d",&n);                     //首先读入数据组数 n
    for(i=1;i<=n;i++){                  //构造 n 次循环处理每组数据
        //处理每组数据，读入、统计累加
        scanf("%d%d%d",&a,&b,&c);       //读入一组数据
        sum_a+=a;                       //分别统计
        sum_b+=b;
        sum_c+=c;
    }
    sum=sum_a+sum_b+sum_c;              //统计总数
    printf("%d %d %d %d",sum_a,sum_b,sum_c,sum); //输出结果
    return 0;
}
```

代码分析

本代码首先读入数据组数 n，然后通过 "for(i=1;i<=n;i++){ }" 结构实现一个 n 次的计次循环结构，以处理接下来的 n 组数据。

在循环体内，循环一次就处理一组数据，内容包括首先读取金、银、铜牌 3 个整数(a,b,c)，然后分别累加到 3 个变量(sum_a,sum_b,sum_c)中。循环结束后，统计奖牌总数，然后输出结果。

任务 6.4.2　奇偶分离

◇ **任务描述：**

已知一个整型数 k（2≤k≤10000），要求：先把 1 到 k 中的所有奇数从小到大输出，再把 1 到 k 中的所有偶数从小到大输出。

◇ **输入格式：**

第一行有一个整数 n（2≤n<30）表示有 n 组测试数据；第二行是 n 个整数。

◇ **输出格式：**

对于每组数据，第一行输出所有的奇数（行末尾没有空格），第二行输出所有的偶数（行末尾没有空格），各组数据之间有一个空行。

◇ **输入样例：**

```
3
5 10 14
```

◇ **输出样例：**

```
1 3 5
2 4

1 3 5 7 9
2 4 6 8 10

1 3 5 7 9 11 13
2 4 6 8 10 12 14
```

任务 6.4.3 彩票兑奖

◇ **任务描述：**

某彩票站有一批共有 N 张中奖的彩票集中兑奖，其中，一等奖奖金 1000 元，二等奖奖金 500 元，三等奖奖金 200 元。另外，集中兑奖时，10 张三等奖可获得额外奖励 200 元，6 张二等奖可获得额外奖励 500 元，3 张一等奖可获得额外奖励 1000 元。

◇ **输入格式：**

第一行是一个正整数 N，表示彩票的数量；第二行及以后是 N 个整数，每个整数代表一个中奖等级，用空格或回车分隔，注意只能用 1、2 和 3 代表 3 个中奖等级。

◇ **输出格式：**

一个整数，奖金总额。

◇ **输入样例：**

```
21
1 1 1 1
2 2 2 2 2 2 2
3 3 3 3 3 3 3 3 3 3
```

◇ **输出样例：**

```
11200
```

第 6.5 关　处理多组数据（以特定值结束）

任务 6.5.1　输出 ASCII 值

引导任务

◇ **任务描述：**

编程输入一串字符（以#字符结束），依次输出每个字符及其 ASCII 值（不包括结束符#）。

◇ **输入格式：**

一串字符以#结束。

◇ **输出格式：**

按样例格式输出每个字符及其 ASCII 值。

◇ **输入样例：**

A1?!#

◇ **输出样例：**

A-65

1-49

?-63

!-33

任务分析

依次读入每个字符并处理（输出它们的 ASCII 值），这明显是一个循环结构的问题。在循环体里"读入字符，输出 ASCII 值"，不断重复执行循环体，直到结束（读入#）。

此任务在形式上就不是计次循环问题，因为不能确定一共循环多少次，只能是读一个字符，处理一个字符，直到读入的字符是#为止。这种结构我们称为以特定值结束输入的结构，非常适合用 break 语句来跳出循环。

任务代码

解法 1：

```
#include<stdio.h>
int main(){
    char c;
    while(1){                    //此处不做阻拦，永远允许进入循环
        scanf("%c",&c);          //读取一个字符 c
        if(c=='#') break;        //若 c=='#'成立，跳出循环
        printf("%c-%d\n",c,c);   //输出一行结果
```

```
    }
    return 0;
}
```

代码测试

```
输入：12AB#
输出：
1-49
2-50
A-65
B-66
<末尾有一个回车>
```

代码分析

解法 1 的代码中通过 "while(1){ }" 结构构造了一个 "死循环"，循环会执行多少次，事先并不知晓，所以在循环开始处不做条件检查，一律放行。在循环体内，主要完成 3 件事：①读入字符 c；②如果 "c=='#'" 则立刻跳出循环；③输出字符 c 及其 ASCII 值。

在这个代码中，break 语句起到很大的作用，由它来控制循环的结束。

任务代码

解法 2：

```
#include<stdio.h>
int main(){
    char c;
    while(scanf("%c",&c),c!='#'){ //输入字符后，马上判断条件
        printf("%c-%d\n",c,c);      //输出一行结果
    }
    return 0;
}
```

代码分析

解法 2 的代码中的 "scanf("%c",&c),c!='#'" 是一个逗号表达式，求解规则：先求解 scanf() 函数输入字符 c，后求解 "c!='#'" 并把它的值作为整个逗号表达式的值。

从逻辑上理解就是，先输入字符 c，如果 "c!='#'" 成立则进入循环，否则结束循环。可见解法 2 更简洁，但需要学会设计复杂的循环条件表达式。

注意：解法 1 和解法 2 的输出结果，最后一行的后面都会有一个回车，而题目的要求和 PTA 中的测试数据中，最后一行的后面是没有回车的。但是，这两个程序在 PTA 中都可以提交成功，也就是说 PTA 和其他大多数评测系统一样，允许输出结果在最后位置多一个回车。

任务 6.5.2 判断水仙花数

引导任务

◇ 任务描述：

水仙花数是指各个数字的立方和等于它本身的一个 3 位数，请编程判别给出的数是否是水仙花数。任务包含多组数据，请按以下输入输出格式设计。

◇ 输入格式：

有多组测试数据，每组测试数据中包含一个 3 位正整数 n，0 表示程序输入结束。

◇ 输出格式：

如果 n 是水仙花数就输出 Yes，否则输出 No。

◇ 输入样例：

```
153
154
370
0
```

◇ 输出样例：

```
Yes
No
Yes
```

任务分析

本任务同样有多组数据需要处理，同样是以特定值结束输入。所以同样可以构造类似 "while(1){ }" 的循环，在循环体内处理每一组数据，如果读入的是 0 就跳出循环。具体结构如下。

```
while(1){                    //每次循环处理一组数据
    scanf("%d",&n);          //读入一组数据
    if(n==0) break;          //读入特定值跳出循环

    //处理这一组数据

}
```

以上代码就是一种标准的结构，可专门处理多组数据，并以特定值结束。

任务代码

解法 1：

```
#include<stdio.h>
int main(){
    int n,i,a,b,c;
```

```
    while(1){                              //每次循环处理一组数据
        scanf("%d",&n);                    //读入一组数据
        if(n==0) break;                    //读入特定值跳出循环
        //处理这一组数据
        a=n/100;                           //提取百位数字
        b=n%100/10;                        //提取十位数字
        c=n%10;                            //提取个位数字
        if( n == a*a*a + b*b*b + c*c*c )   //满足条件
            printf("Yes\n");
        else
            printf("No\n");
    }
    return 0;
}
```

水仙花数的判别已经在任务 3.6.2 中讲解了，其基本思想是首先抽取变量 n 的百位数、十位数和个位数，赋值给变量"a,b,c"，然后判断各位数字的立方和与 n 是否相等。

和任务 6.5.1 的解法 2 一样，这里也可以设计一种循环结构，在循环入口处（while 后的括号内）完成"输入一组数据 n"和"判断 n 是否为水仙花数"两件事。

任务代码

解法 2：

```
#include<stdio.h>
int main(){
    int n,i;
    int a,b,c;
    while(scanf("%d",&n),n!=0){            //读入整数 n,遇 0 停止循环
        a=n/100;                           //提取百位数字
        b=n%100/10;                        //提取十位数字
        c=n%10;                            //提取个位数字
        if( n == a*a*a + b*b*b + c*c*c )   //满足水仙花数条件
            printf("Yes\n");
        else
            printf("No\n");
    }
    return 0;
}
```

任务 6.5.3 输出数字和

◇ **任务描述：**

编程输入一串字符（以"#"字符结束），输出这串字符中所有数字字符的和。

◇ **输入格式：**

　　输入一串字符，以"#"字符结束。

◇ **输出格式：**

　　输出一个整数，表示所有字符的和。

◇ **输入样例：**

　　ABC123DE4FG#

◇ **输出样例：**

　　10

任务 6.5.4　识别整数

◇ **任务描述：**

　　输入一串字符（直到字符"."为止），表示一个非负整数，数字之间被混进了其他字符，请正确输出该整数。如果不包含数字，输出 0。

◇ **输入格式：**

　　输入一串字符，以字符"."结束。

◇ **输出格式：**

　　输出一个整数，由字符中的数字构成。

◇ **输入样例 1：**

　　abc12d3e4x.

◇ **输出样例 1：**

　　1234

◇ **输入样例 2：**

　　#0%01X23*4.

◇ **输出样例 2：**

　　1234

第 6.6 关　处理多组数据（无特定值结束）

任务 6.6.1　若干整数的和

◇ **任务描述：**

　　编程输入至少一个整数（具体数量未知），输出它们的和。

◇ **输入格式：**

输入若干整数。

◇ **输出格式：**

输出一个整数表示各位整数的和。

◇ **输入样例 1：**

1 2 3 4 5 6 7 8 9 10

◇ **输出样例 1：**

55

◇ **输入样例 2：**

3

◇ **输出样例 2：**

3

◇ **输入样例 3：**

1 2 3 4 5

◇ **输出样例 3：**

15

◇ **输入样例 4：**

1 3

◇ **输出样例 4：**

4

任务分析

　　编程输入若干整数求和，如果把每个整数看成一组数据，本题也是典型的多组输入数据的问题，而且数据组数未知，并且没有特定值标明输入结束。

　　对于这类问题，我们可以采用下面的代码框架解决。

```
while(1){
    f=scanf("%d",&a);    //输入数据记录并返回值
    if(f!=1) break;      //返回值为 1 表示成功读取 1 个数据
                         //不为 1 表示没有读取到数据（到末尾没数据了），跳出循环
                         //处理输入数据
}
```

　　此代码框架中通过 "while(1){ }" 结构循环处理每一组数据；循环体中首先读取一组数据（一个整数），然后获取 scanf() 函数的返回值，返回值为 1 表示成功读取到一个整数，返回值不为 1 表示读取不成功，也就是说没有数据了。语句 "if(f!=1) break;" 恰好实现了这一功能，如果 "f!=1" 成立，则跳出并结束循环。

　　请一定记住以上框架，应用于问题有多组输入数据，但不知道数据组数，又无特定结束标记的情况。

任务代码

解法 1：

```
#include<stdio.h>
int main(){
    int f,a,sum;
    sum=0;                      //和变量清 0
    while(1){
        f=scanf("%d",&a);       //输入数据记录返回值
        if(f!=1) break;         //返回值不为 1 表示没读来数据(到末尾没数据了)
        //处理输入数据
        sum=sum+a;              //累加到和变量中
    }
    printf("%d",sum);           //输出结果
    return 0;
}
```

代码测试

输入：1	输出：1	(可能的最少组数)
输入：100 200 300 400 500	输出：1500	

在 Dev C++ 中测试时，输入数据结束后请按 Ctrl+Z 组合键两次以上再按回车键，表示输入结束。也可以将判别输入数据是否成功的表达式移到循环入口（while 后括号内），如解法 2 的代码。

任务代码

解法 2：

```
#include<stdio.h>
int main(){
    int f,a,sum;
    sum=0;                      //和变量清 0
    while(scanf("%d",&a)==1){   //输入数据并且读取成功
        sum=sum+a;              //累加到和变量中
    }
    printf("%d",sum);           //输出结果
    return 0;
}
```

代码分析

解法 2 的代码中的循环条件表达式 "scanf("%d",&a)==1" 在读取一个整数的同时，判断 scanf() 函数的返回值是否等于 1，返回值为 1 表示读取数据成功，进入循环累加；返回值等于 1 不成立，表示读取数据失败，也就是没有数据了，循环结束。

任务 6.6.2   若干整数对的和

◇ **任务描述：**

编程输入若干整数对，输出每对整数的和。

◇ **输入格式：**

若干对整数，以空格或回车分隔。

◇ **输出格式：**

输出每对整数的和，一个结果一行。

◇ **输入样例 1：**

5 6 7 8

◇ **输出样例 1：**

11

15

◇ **输入样例 2：**

1 5 5 8 20 30

◇ **输出样例 2：**

6

13

50

任务分析

如果把每一对整数看成一组数据，本任务同样也是典型的多组输入数据的问题，而且数据组数未知，并且没有特定值标明输入结束。

模仿任务 6.6.1 的解法，可以写出以下代码。

任务代码

解法 1：

```c
#include<stdio.h>
int main(){
    int a,b;
    while(1){
        if(scanf("%d%d",&a,&b)!=2) break;
        printf("%d\n",a+b);
    }
    return 0;
}
```

代码分析

解法 1 代码中的语句 "if(scanf("%d%d",&a,&b)!=2) break;" 的逻辑是：读取一对整数 a 和 b，如果 scanf() 函数的返回值等于 2，说明读取两个整数成功，不等于 2 说明读取不成功（没有数据了），就跳出循环。

当然，也可以将条件判断整合到循环入口处，如下面的解法 2。

任务代码

解法 2：

```c
#include<stdio.h>
int main(){
    int a,b;
    while(scanf("%d%d",&a,&b)==2){
        printf("%d\n",a+b);
    }
    return 0;
}
```

任务 6.6.3 找数

◇ **任务描述：**

一个整数 n，它加上 a 后是一个完全平方数，它加上 b 又是一个完全平方数，请问该数是多少？

◇ **输入格式：**

输入若干组 a 和 b 的数据，每组数据占一行，数与数之间以空格分隔。

◇ **输出格式：**

对于每组数据，在区间[1,10000]内输出满足条件的最小的 n，如果没有则输出：Not found!。每个输出占一行。

◇ **输入样例：**

```
2 7
20 41
100 101
100 268
```

◇ **输出样例：**

```
2
80
Not found!
21
```

任务 6.6.4　判断回文数

◇ **任务描述**：

　　一个非负整数 n，如果各位数字从左至右是对称的，那么该整数 n 就是回文数。

◇ **输入格式**：

　　若干个以空格或回车分隔的非负整数，每个整数代表一组数据。

◇ **输出格式**：

　　每组数据的输出独占一行，若是回文数，则输出：YES；否则输出：NO。

◇ **输入样例**：

```
123
12321
404
506
```

◇ **输出样例**：

```
NO
YES
YES
NO
```

　　任务 6.6.5～任务 6.6.12 请从本书配套的资源包中查阅。

第 6.7 关　循环结构训练（1）

任务 6.7.1　奇偶归一猜想（一组数据）

◇ **任务描述**：

　　编程输入一个正整数（大于 1），验证奇偶归一猜想，输出其运算过程的每一个数。

　　说明：奇偶归一猜想又称为 3n+1 猜想、冰雹猜想、角谷猜想等。其内容为：对于任意一个正整数，如果它是奇数，则对它乘 3 再加 1；如果它是偶数，则对它除以 2，如此循环，最终都能够得到 1。

　　例如：整数 7，它的变换过程为 22，11，34，17，52，26，13，40，20，10，5，16，8，4，2，1。

◇ **输入格式**：

　　输入一个整数。

◇ **输出格式：**

按要求输出一组数。

◇ **输入样例 1：**

7

◇ **输出样例 1：**

22 11 34 17 52 26 13 40 20 10 5 16 8 4 2 1

◇ **输入样例 2：**

23

◇ **输出样例 2：**

70 35 106 53 160 80 40 20 10 5 16 8 4 2 1

任务 6.7.2　奇偶归一猜想（多组数据）

◇ **任务描述：**

输入两个正整数 a 和 b（1<a<b<1000），输出二者之间所有数的奇偶归一猜想的验证过程。

◇ **输入格式：**

输入两个整数 a，b（1<a<b<1000）。

◇ **输出格式：**

参照输出样例。

◇ **输入样例：**

10　12

◇ **输出样例：**

10:5 16 8 4 2 1

11:34 17 52 26 13 40 20 10 5 16 8 4 2 1

12:6 3 10 5 16 8 4 2 1

任务 6.7.3～任务 6.7.10 请从本书配套的资源包中查阅。

第 6.8 关　循环结构训练（2）

任务 6.8.1　判断是几位数

◇ **任务描述：**

输入一个非负整数 n（long long 型范围内），输出这个正整数 n 是几位数（整数前可能包含 0）。

◇ **输入格式：**

输入一个非负整数。

◇ **输出格式：**

输出一个整数表示位数。

◇ **输入样例 1：**

123456789012345

◇ **输出样例 1：**

15

◇ **输入样例 2：**

000123

◇ **输出样例 2：**

3

◇ **输入样例 3：**

0

◇ **输出样例 3：**

1

◇ **输入样例 4：**

123

◇ **输出样例 4：**

3

任务 6.8.2 输出反序数

◇ **任务描述：**

输入一个正整数 n，输出它的反序数。n 的反序数就是将 n 的各位数字的顺序倒过来的数，如 700 的反序数是 7，705 的反序数是 507。

◇ **输入格式：**

输入一个正整数。

◇ **输出格式：**

倒序输出。

◇ **输入样例 1：**

18299

◇ **输出样例 1：**

99281

◇ **输入样例 2：**

7000

◇ **输出样例 2：**

7

任务 6.8.3～任务 6.8.20 请从本书配套的资源包中查阅。

习题 6

习题 6 及其参考答案和代码请从本书配套的资源包中查阅。

第7单元　函　　数　✎

通过函数可以实现程序的模块化，是实现结构化程序设计思想的重要方法。本单元将重点讲述 C 语言中函数的定义、函数的调用、函数的参数传递方式、递归等概念。

第7.1关　库　函　数

任务 7.1.1　库函数开根号

引导任务

◇ **任务描述：**
编程输入一个实数，输出它的平方根，输出结果保留 6 位小数。
输入格式和输出格式请参照样例，余任务同。

◇ **输入样例：**
10

◇ **输出样例：**
3.162278

任务代码

```c
#include<stdio.h>
#include<math.h>
int main(){
    double a;
    scanf("%lf",&a);
    printf("%lf",sqrt(a));
    return 0;
}
```

代码测试

输入：30	输出：5.477226
输入：100	输出：10.000000
输入：2	输出：1.414214

对于求解平方根的问题，我们通过自己编写代码实现比较困难，而像这样的操作在数

学类问题中又经常出现，所以 C 语言提供了库函数 sqrt(a)来实现求解 a 的算术平方根的运算。

相关知识

库函数

C 语言提供了功能丰富的库函数，一般库函数的定义都被放在头（库）文件中。头文件是扩展名为.h 的文件，部分库函数如表 7-1 所示。

表 7-1　C 语言部分函数介绍

头文件名	主要函数
分类函数 ctype.h	isalpha()　判断字符是否为字母或数字 isascii()　判断字符 ASCII 值是否属于[0,127] isprint()　判断字符是否为可打印字符 isspace()　判断字符是否为空白字符（空格、Tab、回车）
目录函数 dir.h	chdir()　改变当前工作目录 mkdir()　创建目录 rmdir()　删除目录
转换函数 stdlib.h	atoi(),atof(),atol()　字符串转换成 int,double,long itoa(),ecvt(),ltoa()　整型、实型转换成字符串
输入/输出函数 stdio.h	scanf(),printf(),gets(),puts()等
字符串操作函数 string.h	strcpy(),strcat(),strcmp()等
数学函数 math.h	abs(),fabs(),sin(),asin()等
内存分配函数 stdlib.h,alloc.h	calloc()　分配内存块函数 free()　释放已分配内存块
进程控制函数 stdlib.h,process.h	exit()　终止程序 system()　发出一个 DOS 命令行命令 execl()　装入并运行其他程序
时间和日期函数　time.h	time()　取系统时间（请查阅详细用法） stime()　设置系统时间
其他函数	sleep(n) gcc 内核表示程序延时 ns Sleep(n) VC 中表示程序延时 nms

在使用库函数时必须先知道该函数包含在哪个头文件中，然后在程序的开头用"#include <*.h>"或"#include "*.h""语句将该头文件包含进来。只有这样，程序在编译、连接时才不会出错，否则系统将认为是用户自己编写的函数而不能编译成功。例如，函数 sqrt()的功能为返回参数的算术平方根，要想在程序中使用它，必须在程序开始处加上"#include <math.h>"。

任务 7.1.2 三角函数

◇ **任务描述**：

编程输入若干个角度的值，输出它们的正弦值和余弦值。

◇ **输入格式**：

若干角度值，以空格分隔。

◇ **输出格式：**

对于每个角度，在一行中输出它的正弦值和余弦值，以一个空格分隔。

◇ **输入样例：**

```
10 20
30
60 45
```

◇ **输出样例：**

```
0.173648 0.984808
0.342020 0.939693
0.500000 0.866025
0.866025 0.500000
0.707107 0.707107
```

相关知识

接下来看几个示例代码，如 time()函数（示例代码 1）、在 C 盘根目录创建一个文件夹（示例代码 2）。

示例代码 1：

```c
#include <stdio.h>
#include <time.h>
int main(){
    long now;
    now=time(NULL)%(60*60*24);
    long h=now/3600;
    long m=now%(3600)/60;
    long s=now%(3600)%60;
    printf("当前时间(格林尼治:零时区):%02ld:%02ld:%02ld\n",h,m,s);
    h=(h+8)%24;
    printf("当前时间(中国北京:东八区):%02ld:%02ld:%02ld\n",h,m,s);
    return 0;
}
```

执行程序，输出：

```
当前时间(格林尼治:零时区):00:44:02
当前时间(中国北京:东八区):08:44:02
```

示例代码 1 分析：

time(NULL)函数的功能是获取当前的系统时间，返回的结果是一个 time_t 类型，其实就是一个大整数，其值表示从 1970 年 1 月 1 日 00:00:00 到零时区标准时间当前时刻的秒数。

中国处在东八区（+8 区），比零时区多 8 个小时。所以转换为本地时间时，小时数据要做加 8 处理。

示例代码 2：

```
#include <stdio.h>
#include<dir.h>
int main(){
    char d[]={"c:\\pppppp"};
    mkdir(d);
    printf("目录[%s]创建完成...",d);
    return 0;
}
```

示例代码 2 分析：

执行程序代码，显示"目录[c:\pppppp]创建完成..."，此时打开 C 盘查看，就会发现创建了一个名为 pppppp 的文件夹。

第 7.2 关　自定义函数

任务 7.2.1　自定义无参函数

◇ **任务描述**：

请补充以下代码中的函数定义部分，并理解函数的意义。

```
#include<stdio.h>
//补充定义两个无参函数的代码
int main(){
    print_line();
    print_line();
    print_message();
    print_line();
    print_line();
    return 0;
}
```

◇ **输入样例**：

◇ **输出样例**：

```
=========================
=========================
This is a C program.
=========================
=========================
```

任务代码

```c
#include<stdio.h>
void print_line(void){                         //定义无参函数
    printf("=============================\n");
    return;
}
void print_message(){                          //定义无参函数
    printf("This is a C program.\n");
    return;
}
int main(){
    print_line();                              //调用无参函数
    print_line();
    print_message();                           //调用无参函数
    print_line();
    print_line();
    return 0;
}
```

代码分析

结合自定义函数的说明，下面讲解任务 7.2.1 的任务代码。该程序由 3 个函数组成，一个是不可缺少的主函数，另两个是用户自定义函数，它们都是无参数函数，也没有返回值。

主函数中 5 次调用用户自定义函数，输出 5 行文本。

```c
void print_line(void){                         //定义无参函数
    printf("=============================\n");
    return;
}
```

函数 print_line()无返回值，也无参数，它的功能就是输出一行等号文本和回车。另一个函数 printf_message()也同样是无返回值、无参数的函数，功能为输出一行英文文本加回车。

在主函数中，通过 "print_line();" 语句来调用 print_line()函数，从而转去执行这个函数，输出一行等号加回车后，由 return 语句结束函数的执行返回到主函数中，继续执行后面的语句。

相关知识

自定义函数

C 语言程序的基本单位是函数，一个 C 语言程序至少应该包含一个主函数。在 C 语言程序中也允许用户自己定义函数，而且可以有多个用户自定义函数，但主函数只能有一个。各个函数在定义时彼此是独立的，在执行时可以互相调用，但其他函数不能调用主函数。

　　C 语言中所有的自定义函数都应遵循"先定义，后调用"的原则，如果一定要将函数的定义放在调用的后面，也必须在调用之前先说明。

　　自定义函数的一般形式如下：

```
函数类型说明符　函数名(形式参数表列){
     函数体;
     return [表达式];
}
```

　　功能说明：

　　（1）函数类型是函数返回值的数据类型，可以是整型、字符型、浮点型等，如果函数无返回值，应定义成 void 类型（空类型）。如果省略函数类型，系统默认函数的返回值为int 型。

　　（2）函数名是用户自定义的一个标识符，应该符合标识符的命名规则。

　　（3）定义无参函数时，函数名后的括号内应该为空或者加上 void。

　　（4）定义有参函数时，函数名后的括号内应该依次列出函数的形式参数，参数之间以逗号分隔，每个参数的说明都应该指定其类型。

　　（5）return 语句的功能是结束函数的运行，返回到调用处。对于有返回值的函数将返回表达式的值作为函数的值。

任务 7.2.2　输出 n 行相同的文字

◇ **任务描述：**

　　编写无参函数 fun()输出一行文字"好好学习，天天向上!"，然后在主函数中输入整数 n，调用函数 fun()输出 n 次"好好学习，天天向上!"。

```c
#include<stdio.h>
//在此补充函数定义
int main(){
    int n;
    scanf("%d",&n);
    while(n--){
        fun();
    }
    return 0;
}
```

◇ **输入样例：**

　　3

◇ **输出样例：**

　　好好学习，天天向上!
　　好好学习，天天向上!
　　好好学习，天天向上!

任务 7.2.3   有参函数

◇ **任务描述：**

请设计有参函数：void print_star(int n)，功能为输出 n 个星号。

在主函数中输入正整数 n，输出 n 行输出样例所示的字符图形。

◇ **输入样例 1：**

3

◇ **输出样例 1：**

```
*
***
*****
```

◇ **输入样例 2：**

7

◇ **输出样例 2：**

```
*
***
*****
*******
*********
***********
*************
```

任务分析

任务要求设计一个无返回值但有参数的函数，功能为输出 n 个星号：

```
void print_star(int n){
    函数体
}
```

此函数有一个参数(int n)，在函数里输出 n 个星号，于是我们可以设计以下代码来实现：

```
void print_star(int n){
    int i;
    for(i=1;i<=n;i++)        //输出 n 个星号
        printf("*");
    return;                  //结束函数返回调用处
}
```

函数 print_star()的代码设计完成，在主函数中，可以通过 print_star()函数实现输出若干星号。

任务代码

```c
#include<stdio.h>
void print_star(int n){
    int i;
    for(i=1;i<=n;i++)          //输出 n 个星号
        printf("*");
    return;                    //结束函数返回调用处
}
int main(){
    int n,k;
    scanf("%d",&n);            //读入数据 n
    for(k=1;k<=n;k++){         //穷举 k 从 1 到 n 行
        print_star(2*k-1);     //调用函数输出 2k-1 个星号
        printf("\n");          //输出回车
    }
    return 0;
}
```

代码分析

函数 print_star() 有一个 int 型的参数 n，函数功能为输出 n 个星号，函数没有返回值。主函数中通过 "for(k=1;k<=n;k++){ }" 结构让 k 从 1 穷举到 n 输出 n 行文本，第 k 次循环调用 "print_star(2*k-1)" 输出 2k-1 个星号，再输出回车。

任务 7.2.4 金字塔

◇ **任务描述**：

首先设计 print_star(int n) 函数，函数功能为输出 n 个星号；接着设计 print_space(int n) 函数，函数功能为输出 n 个空格。然后在主函数中输入整数 n，输出 n 行如下形状的图形。

◇ **输入样例 1**：

7

◇ **输出样例 1**：

```
      *
     ***
    *****
   *******
  *********
 ***********
*************
```

◇ **输入样例 2：**

```
5
```

◇ **输出样例 2：**

```
    *
   ***
  *****
 *******
*********
```

任务 7.2.5 函数返回两个整数的和

◇ **任务描述：**

设计函数返回两个整数的和。在主函数中输入两个整数，输出它们的和。

◇ **输入样例：**

```
18 -299
```

◇ **输出样例：**

```
-281
```

任务分析

题目要求设计函数返回两个整数的和，我们设计函数名为 add2()，两个整型的形式参数为 "int a,int b"，函数要求有返回值，并且也是 int 型。于是，我们设计函数如下：

```c
//函数功能：返回两个整型参数的和
int add2(int a,int b){    //形式参数是 a,b
    int sum;
    sum=a+b;
    return sum;           //返回 sum 作为函数值
}
```

任务代码

```c
#include<stdio.h>
//函数功能：返回两个整型参数的和
int add2(int a,int b){        //形式参数是 a,b
    int sum;
    sum=a+b;
    return sum;               //返回 sum 作为函数值
}
int main(){
    int m,n;
```

```
    scanf("%d%d",&m,&n);      //读入两个整数
    printf("%d",add2(m,n));   //调用函数,实际参数是m和n
    return 0;
}
```

代码测试

在 Dev C++中执行程序,结果如下所示。

```
输入: 5   8      输出: 13
输入: 123 456    输出: 579
```

代码分析

主函数中,首先输入变量 m 和 n 的值(如输入 5 和 8),然后输出 add2(m,n)的值。add2(m,n)就是自定义函数的调用,括号内的 m 和 n 被称为实际参数。求解此表达式就是要调用函数 add2()的代码执行,将实际参数 m 和 n 的值单向传递给形式参数 a 和 b,也就是说 a 得到 m 的值 5,b 得到 n 的值 8。

执行函数 add2()的过程是:将 a+b 的值 13 赋给变量 sum,然后通过"return sum;"语句将 sum 的值 13 返回到主函数的调用处,函数结束。也就是说,主函数中表达式 add2(m,n)的值就是函数返回的 13,主函数中输出的也就是 13。

函数 add2()也可以简写成以下形式:

```
//函数功能: 返回两个整型参数的和
int add2(int a,int b){    //形式参数是a,b
    return a+b;           //返回 sum 作为函数值
}
```

任务 7.2.6 函数返回 3 个整数的和

◇ **任务描述:**

请编写自定义函数,功能为返回 3 个整数的和。主函数的功能为输入 3 个整数,请调用自定义函数输出它们的和。(请至少用两种方法完成)

◇ **输入样例:**

18 -299 81

◇ **输出样例:**

-200

相关知识

1. 函数的调用

函数调用的一般形式如下:

函数名(实际参数列表)

功能说明：

（1）如果调用的是无参函数，则实际参数列表可以为空，但是括号不能省略。例如：

```
print_star();                          //这是对无参函数的调用
print_message();                       //这是对无参函数的调用
```

（2）如果调用的是有参函数，则应该加上实际参数。实际参数与被调用函数的形式参数要一一对应，参数个数要相同，类型也要一致或相容。例如：

```
print_star(2*k-1);                     //这是对有参函数的调用
add2(m,n)                              //这是对有参函数的调用
fx=pow(x,5)-4*pow(x,4)+x*x-3*sin(x);   //这是对有参函数的调用
```

（3）函数只有在被调用时，其形式参数才被定义及被分配内存单元。形式参数被分配的内存单元是单独在空闲内存中分配的。即使形式参数变量名称与其他函数中的变量重名，其内存地址也不是同一个地址。甚至对于同一个函数的两次不同调用，系统为形式参数所分配的地址也可能是不同的。所以形式参数的变量名可以和其他函数中的变量重名，系统不会出错。形式参数所占用的内存单元，在函数结束时会被自动释放。

（4）函数调用的过程是这样的：首先为函数的所有形式参数在内存中的空闲区域（栈区）分配内存，再将所有实际参数的值，依次赋值给对应的形式参数。然后进入函数体开始执行函数，如果执行完成或遇到 return 语句时，函数结束。如果有返回值，则将返回值带回到调用处。

2. return 语句与返回值

return 语句的一般形式有以下两种情况：

```
return 表达式;
```

或

```
return ;
```

功能说明：

（1）带表达式的 return 语句，功能为结束函数的执行并把表达式的值返回。此时要求函数在定义时必须有一个指定的函数类型，不能为空类型（void）。

（2）省略表达式的 return 语句，功能为结束函数的执行，返回到调用处。该语句没有返回值，函数通常定义为 void 型。

（3）函数体中如果没有 return 语句，或者虽然有 return 语句但无法执行到，那么执行完函数体的最后一条语句后就默认返回。

3. 实际参数向形式参数单向传值

调用函数时实际参数的值依次赋值给对应的形式参数，这一过程也称为参数的值传递。这是函数参数传递的一种方式，这种方式下实际参数与形式参数之间只是一个普通的赋值关系，值传递完成以后，实际参数与形式参数之间将不存在任何关系，函数中形式参数值的改变，不会影响实际参数。

任务 7.2.7　函数返回两个整数中比较大的值

◇ **任务描述**：

编写函数返回两个整数中较大的值。主函数中输入两个整数，输出较大的值。

◇ **输入样例**：

5 8

◇ **输出样例**：

The max is:8.

任务 7.2.8　函数返回 3 个整数中最大的值

◇ **任务描述**：

请编写自定义函数，功能为返回 3 个整数中的最大值。主函数的功能为输入 3 个整数，调用自定义函数输出最大值。

◇ **输入样例**：

18 -299 25

◇ **输出样例**：

25

第 7.3 关　函　数　声　明

任务 7.3.1　函数返回两个实数的和

◇ **任务描述**：

编写函数返回两个实数的和。主函数中输入两个实数，输出它们的和。

◇ **输入样例**：

18 -299

◇ **输出样例**：

-281.000000

任务分析

任务要求设计"函数返回两个实数的和"，可知函数的形式参数应为两个实型（float 或 double 型），返回值也应该为实型。

任务代码

```
#include<stdio.h>
double add(double x,double y);        //函数声明
int main(){
    double a,b,m;
    scanf("%lf%lf",&a,&b);
    m=add(a,b);                       //函数调用
    printf("%lf",m);
  return 0;
}
double add(double x,double y){        //函数定义
  return x+y;
}
```

代码测试

在 Dev C++中执行程序，结果如下所示。

输入：1 1	输出：2.000000
输入：2.5 3.5	输出：7.000000
输入：0 0	输出：0.000000

代码分析

程序代码中对 double 型函数 add()先声明后使用再定义，且声明和定义类型及参数相符，无语法和编译错误。如果将函数声明语句删除，则程序在编译时会发生错误，提示函数 add()没有定义，如图 7-1 所示。

```
1  #include<stdio.h>
2  //double add(double x,double y);  //函数声明
3  int main(){
4      double a,b,m;
5      scanf("%lf%lf",&a,&b);
6      m=add(a,b);
7      printf("%lf",m);
8    return 0;
9  }
10 double add(double x,double y){    //函数定义
11   return x+y;
12 }
13
```

行	列	单元	信息
		C:\Users\Administrator\Desktop\未命名2.cpp	In function 'int main()':
6	16	C:\Users\Administrator\Desktop\未命名2.cpp	[Error] 'add' was not declared in this scope

图 7-1　提示函数 add()没有定义

函数声明的关键信息是函数类型和名称，所以该代码中的函数声明语句也可以写成如下两种形式：

```
double add(double,double);
```

或

```
double add( );
```

相关知识

函数声明

函数一定要先定义后调用（整型或 void 型函数除外），如果一个函数的定义放在了调用它的函数之后，那么一定要先声明再调用，就是在调用之前要对这个函数进行声明（也称为说明）。

函数声明语句只要将函数定义的首部（第一行）直接拿来就可以了，因为函数声明是一条语句，所以后面要加分号。

函数声明语句中，形参列表中可以只保留参数类型而省略参数名称，或者省略整个形参列表。

任务 7.3.2　实数的四则运算

◇ **任务描述**：

请分别编写 4 个自定义函数，功能分别为返回两个实数的和、差、积、商。主函数的功能为输入两个实数，调用自定义函数输出它们的和、差、积、商。所有的输入数据中保证除数不为 0。（请在程序中应用函数声明）

◇ **输入样例（不用考虑除数为 0）**：

```
5.0 2.0
```

◇ **输出样例**：

```
7.000000 3.000000 10.000000 2.500000
```

任务 7.3.3　函数返回整数的真约数和

◇ **任务描述**：

编写函数返回一个正整数（大于 1）的真约数的和。主函数中输入整数 n，输出 n 的真约数和。

◇ **输入样例 1**：

```
20
```

◇ **输出样例 1**：

```
22
```

◇ **输入样例 2**：

```
28
```

◇ **输出样例 2**：

```
28
```

任务分析

任务要求设计"函数返回一个整数的真约数的和",所以我们设计以下函数框架:

```
int fun(int n){       //定义一个 int 型形式参数 n,返回值为 int 型
    return s;         //返回 n 的真约数的和
}
```

任务代码

```
#include<stdio.h>
//函数 fun()的类型为 int,有不用先声明的特权
int main(){
    int n;
    scanf("%d",&n);
    printf("%d",fun(n));      //调用函数 fun(),实际参数为 n
    return 0;
}
int fun(int n){              //定义一个 int 型形式参数 n,返回值为 int 型
    //计算正整数 n 的真约数
    int i,s=0;
    for(i=1;i<=n/2;i++)       //穷举 i 找真约数
        if(n%i==0)            //找到真约数就累加到 s 中
            s+=i;
    return s;                //返回 n 的真约数的和
}
```

代码测试

```
输入:10   输出:8
输入:6    输出:6
```

代码分析

函数 fun()的功能:形式参数 n 接收到实际参数的值后(调用发生),先通过 for 循环统计真约数的和 s,然后通过"return s;"语句结束函数并返回 s 的值。

思考: fun()函数的定义在调用之后,却没有在程序的开始处声明,为什么?

因为 C 语言规定返回值为 int 型的函数可以不用声明,直接调用即可。

任务 7.3.4　短信费用

◇ 任务描述:

用手机发短信,一条短信的费用为 0.1 元,但限定一条短信的内容在 70 个字以内(包括 70 个字)。如果一次发送的短信文字超过了 70 个字就会按照每 70 个字一条短信的限制把它分割成多条短信发送。假设已经知道了当月发送短信的条数和各条短信的字数,试统计当月短信的总费用。

◇◇ 输入格式：

第一个是整数 n，表示当月发送短信的总条数，接着 n 个整数，表示各条短信的字数。

◇◇ 输出格式：

输出一行，当月短信总费用，单位为元，精确到小数点后一位。

◇◇ 输入样例：

```
10
39  49  42  61  44  147  42  72  35  46
```

◇◇ 输出样例：

```
1.3
```

任务分析

根据任务的要求，可以设计一个函数来计算一条短信的费用，这样在主函数中就可以调用这个函数统计总费用了，代码如下。

```
int main(){
    int n,t,i;
    double s=0.0;                 //总费用
    scanf("%d",&n);              //读入第一个整数 n（短信条数）
    for(i=1;i<=n;i++){           //依次读入处理 n 条短信(字数)
        scanf("%d",&t);          //读入本条短信字数(第 i 条)
        s+=cal(t);               //计算并累计本条短信费用
    }
    printf("%.1lf",s);           //输出总费用
    return 0;
}
```

主函数中需要处理多组数据，而且组数固定，可以通过 for 循环处理每组数据。在循环体内，通过 scanf()函数读取每条短信的字数 t，通过 cal(t)计算本条短信的费用并累计到变量 s 中。

函数 cal(t)的功能就是计算一条短信费用。它的形式参数是 int 型，表示一条短信的字数，它的返回值应该为实型，表示此条短信的费用，代码如下。

```
double cal(int t){
    int s;
    s=t/70+(t%70>0); //计算短信计费单位
    return s*0.1;
}
```

函数中表达式"t/70+(t%70>0)"的功能是计算短信的计费单位，每 70 个字算一个计费单位，不足 70 个字部分也算一个计算单位。

任务代码

解法 1：

```
#include<stdio.h>
double cal(int t);              //函数声明
int main(){
    int n,t,i;
    double s=0.0;               //总费用
    scanf("%d",&n);             //读入第一个整数 n（短信条数）
    for(i=1;i<=n;i++){          //依次读入处理 n 条短信（字数）
        scanf("%d",&t);         //读入本条短信字数（第 i 条）
        s+=cal(t);              //调用函数，计算并累计本条短信费用
    }
    printf("%.1lf",s);          //输出总费用
    return 0;
}
double cal(int t){              //计算一条短信的费用
    int s;
    s=t/70+(t%70>0);            //计算短信计费单位
    return s*0.1;
}
```

代码分析

函数 cal()的类型为 double 型，定义在调用之后，所以必须要在调用前声明。主函数中通过调用函数 cal()计算每条短信的费用。

也可以定义一个函数 double fun(int n){ }，来实现处理 n 组输入数据，并返回所有短信的总费用的功能，如以下的解法 2。

任务代码

解法 2：

```
#include<stdio.h>
double cal(int t);              //函数声明
double fun(int n);              //函数声明
int main(){
    int n;
    scanf("%d",&n);             //读入第一个整数 n（短信条数）
    printf("%.1lf",fun(n));     //输出总费用
    return 0;
}
double fun(int n){              //处理 n 条短信数据返回总费用
    int t,i;
    double s=0.0;               //总费用
```

```
    for(i=1;i<=n;i++){          //依次读入处理 n 条短信(字数)
        scanf("%d",&t);          //读入本条短信字数(第 i 条)
        s+=cal(t);               //调用函数,计算并累计本条短信费用
    }
    return s;
}
double cal(int t){               //计算一条短信的费用
    int s;
    if(t%70==00) s=t/70;         //计算短信计费单位
    else        s=t/70+1;
    return s*0.1;
}
```

代码分析

函数 fun() 的功能:处理全部 n 条短信数据并返回总费用,在函数内又调用了 cal() 函数计算单条短信的费用。这样,主函数就非常简洁清晰,这正体现了模块化程序设计的思想。

任务 7.3.5 甲流患者初筛

◇ **任务描述:**

目前正是甲流盛行时期,为了更好地进行分流治疗,医院在挂号时要求对患者的体温和咳嗽情况进行检查,对于体温超过 37.5℃(含 37.5℃)并且咳嗽的患者初步判定为甲流患者(初筛)。现需要统计某天前来挂号就诊的患者中有多少人被初筛为甲流患者,请设计函数完成这一功能。

◇ **输入格式:**

第一行是某天前来挂号就诊的患者数 n(n < 200)。

其后有 n 行,每行是患者的信息,包括 3 个信息:编号(整型)、体温(实型)、是否咳嗽(整数,1 表示咳嗽,0 表示不咳嗽)。每行 3 个信息之间以一个空格分开。

◇ **输出格式:**

按输入顺序依次输出所有被初筛选为甲流患者的编号,每个编号占一行。之后再一行输出一个整数,表示被初筛选为甲流的患者数量。

◇ **输入样例:**

```
5
1 38.3 0
2 37.5 1
4 37.1 1
5 39.0 1
8 38.2 1
```

◇ **输出样例:**

```
2
5
8
3
```

任务 7.3.6 素数距离问题

◇ **任务描述:**

现在给出一些数,要求编写一个程序,输出与这些整数距离最近的素数,并输出其距离长度。如果左右有等距离长度素数,则输出左侧的值及相应距离。

如果输入的整数本身就是素数,则输出该素数本身,距离输出 0。

◇ **输入格式:**

第一行给出测试数据组数 n(0<n≤10000),接下来的 n 行每行有一个整数 m(0<m<1000000)。

◇ **输出格式:**

每行输出两个整数 a 和 b,其中 a 表示距离相应测试数据最近的素数,b 表示它们之间的距离。

◇ **输入样例:**

```
3
6
8
10
```

◇ **输出样例:**

```
5 1
7 1
11 1
```

任务 7.3.7 与 7 无关的数

◇ **任务描述:**

一个正整数,如果它能被 7 整除,或者它的十进制表示法中某一位上的数字为 7,则称其为与 7 相关的数,现求所有小于等于 n(n < 100)的且与 7 无关的正整数的平方和。

◇ **输入格式:**

输入为一行,正整数 n(n < 100)。

◇ **输出格式：**

输出一行，包含一个整数，即小于等于 n 的所有与 7 无关的正整数的平方和。

◇ **输入样例：**

21

◇ **输出样例：**

2336

任务 7.3.8 二进制数的分类

◇ **任务描述：**

一个十进制的正整数可以化为二进制数，在二进制数中，我们将数字 1 的个数多于数字 0 的个数的这类二进制数称为 A 类数，否则称为 B 类数。

例如，

$(13)_{10} = (1101)_2$，其中 1 的个数为 3，0 的个数为 1，则此数为 A 类数；

$(10)_{10} = (1010)_2$，其中 1 的个数为 2，0 的个数也为 2，则此数为 B 类数；

$(24)_{10} = (11000)_2$，其中 1 的个数为 2，0 的个数为 3，则此数为 B 类数。

编程要求：求出 k_1 ~ k_2 范围（包括在区间[1,1000]）内全部 A、B 两类数的个数。

◇ **输入格式：**

一行中两个整数，以空格分隔，表示 k_1 和 k_2，保证 $k_1 < k_2$。

◇ **输出格式：**

输出一行，包含两个整数，分别是 A 类数和 B 类数的个数，中间用单个空格隔开。

◇ **输入样例：**

1 1000

◇ **输出样例：**

538 462

第 7.4 关 函数基础训练

任务 7.4.1 函数返回整数的阶乘

◇ **任务描述：**

编写函数返回整数的阶乘，主函数中输入整数 n（0≤n≤20），输出 n 的阶乘。（计算结果不超出 long long 型范围）

◇ **输入样例 1:**

```
0
```

◇ **输出样例 1:**

```
0!=1
```

◇ **输入样例 2:**

```
20
```

◇ **输出样例 2:**

```
20!=2432902008176640000
```

◇ **输入样例 3:**

```
5
```

◇ **输出样例 3:**

```
5!=120
```

任务 7.4.2　函数返回一个整数是否为素数

◇ **任务描述:**

　　编写函数返回形式参数（一个正整数）是否为素数。主函数的功能为输入两个整数 a 和 b，输出[a,b]之间所有的素数。

◇ **输入样例:**

```
100 110
```

◇ **输出样例:**

```
101
103
107
109
```

任务 7.4.3　函数返回一个整数是否为完全数

◇ **任务描述:**

　　编写函数返回形式参数（一个正整数）是否为完全数。主函数的功能为输入一个整数 n（n<5000），输出不小于 n 的第一个完全数。

◇ **输入样例 1:**

```
20
```

◇ **输出样例 1:**

```
28
```

◇ 输入样例 2：
100
◇ 输出样例 2：
496

◇ 输入样例 2：

  100

◇ 输出样例 2：

  496

任务 7.4.4   函数返回一个整数的反序数

◇ **任务描述：**

    编写函数返回形式参数（一个正整数）的反序数。主函数的功能为输入一个整数 n，输出 n 的反序数。

◇ **输入样例 1：**

  21000

◇ **输出样例 1：**

  12

◇ **输入样例 2：**

  1234

◇ **输出样例 2：**

  4321

任务 7.4.5   函数返回一个整数是否为回文数

◇ **任务描述：**

    编写函数返回形式参数（一个正整数）是否为回文数。主函数的功能为输入两个整数 a 和 b，输出[a,b]之间的回文数。

◇ **输入样例 1：**

  10 50

◇ **输出样例 1：**

  11,22,33,44

◇ **输入样例 2：**

  100 200

◇ **输出样例 2：**

  101,111,121,131,141,151,161,171,181,191

任务 7.4.6   函数返回一个日期是否为合法日期

◇ **任务描述：**

编写函数，形式参数为代表年、月、日的 3 个整数，函数的功能为返回该日期是否为合法日期。主函数中输入一个代表日期的年、月、日 3 个整数，若为合法日期，输出：YES；否则输出：NO。

◇ **输入样例 1：**

2050 10 5

◇ **输出样例 1：**

YES

◇ **输入样例 2：**

2050 2 29

◇ **输出样例 2：**

NO

任务 7.4.7   函数返回一个日期是否为回文日期

◇ **任务描述：**

编写函数，返回一个日期是否为回文日期。回文日期首先应该是合法日期，然后满足年、月、日构成的 8 位整数是回文数（左右对称）。要求主函数中输入一个表示日期的 8 位正整数（如 20500502 表示 2050 年 5 月 2 日），输出该日期是否为回文日期。

◇ **输入样例 1：（提示：不是合法日期）**

50200250

◇ **输出样例 1：**

NO

◇ **输入样例 2：**

20200202

◇ **输出样例 2：**

YES

◇ **输入样例 3：（提示：合法日期非回文）**

20500503

◇ **输出样例 3：**

NO

第 7.5 关 递 归

任务 7.5.1 递归函数实现阶乘求解

◇ **任务描述：**

输入一个非负整数 n 的值（n 不超过 20），编程输出 n!。程序中的整数需定义成 long long 型。请编程定义递归函数计算阶乘。

◇ **输入样例：**

5

◇ **输出样例：**

120

任务代码

解法 1（非递归函数）：

```c
#include<stdio.h>
long long fact(long long n){//定义一个函数返回 n 的阶乘
    long long i,f;
    f=1;
    for(i=1;i<=n;i++)            //穷举，累乘
        f=f*i;
    return f;
}
int main(){
    long long n;
    scanf("%lld",&n);
    printf("%lld",fact(n));    //函数调用
    return 0;
}
```

代码测试

在 Dev C++ 中执行程序，结果如下所示。

输入：0	输出：1	
输入：1	输出：1	
输入：20	输出：2432902008176640000	

代码分析

函数 fact() 的功能为返回形式参数 n 的阶乘，通过函数体内的 for 循环穷举 1 到 n 的整数，累计到变量 f 中，最后返回 f 的值。

任务代码

解法 2（递归函数 1）：

```
#include<stdio.h>
long long fact(long long n){        //定义一个函数返回 n 的阶乘
    long long f;
    if(n==0)   f=1;                 //直接得出结果
    else       f=n*fact(n-1);       //向后递归
    return f;                       //返回结果
}
int main(){
    long long n;
    scanf("%lld",&n);
    printf("%lld",fact(n));         //函数调用
    return 0;
}
```

代码分析

函数 fact() 中的代码和阶乘的递推公式的原理和形式都类似，其基本逻辑是：如果 "n==0" 成立，则执行语句 "f=1" 后，返回 f；如果 "n==0" 不成立，执行语句 "f=n*fact(n-1);" 后，返回 f 的值。这里的 fact(n-1) 就是递归调用。

任务代码

解法 3（递归函数 2）：

```
#include<stdio.h>
long long fact(long long n){        //定义一下函数返回 n 的阶乘
    if(n==0)   return 1;            //直接得出结果
    else       return n*fact(n-1);  //向后递归
}
int main(){
    long long n;
    scanf("%lld",&n);
    printf("%lld",fact(n));         //函数调用
    return 0;
}
```

代码分析

使用递归方法设计函数，程序简洁、思路清晰、易于阅读和理解。求阶乘的函数也可以写成如下形式，其原理和程序流程是一样的。

```
long fact(int n){
    return ( n==0 ? 1 : n*fact(n-1) );
}
```

相关知识

1. 函数递归

一个函数直接或间接地调用该函数本身，这种调用关系称为函数的递归调用。函数的递归调用有两种情况，即直接递归和间接递归。

直接递归，即在函数 f 的内部又调用了它本身，如图 7-2 所示。

间接递归，即在函数 f_1 里调用函数 f_2，而在函数 f_2 里又调用了 f_1 函数，如图 7-3 所示。

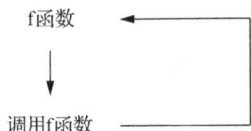

图 7-2　直接递归

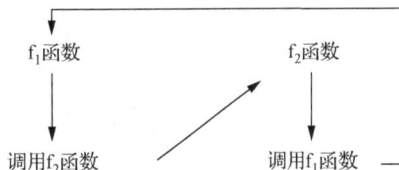

图 7-3　间接递归

一个问题，能用递归方法解决的前提是问题本身要符合递归定义或有递归算法。具备递归特点的问题，实质就是将原来的问题递推分解为同类型的新问题，而新问题的规模或复杂度比原来的要小。这样，就可以不断递推分解下去，直到问题规模减少到最小，可以直接得出答案。

例如，当计算 n 的阶乘(n!)时，可以将问题分解为 n(n-1)!，这样只需要计算(n-1)!就可以了。当计算(n-1)!时，又可以将问题分解为(n-1)(n-2)!，这样只需计算(n-2)!就可以了……最后，当计算 0!时，这是一个已知数。也就是说，阶乘问题可以用以下递推公式描述：

$$f(n)=\begin{cases}1, & n=0 \\ nf(n-1), & n>0\end{cases}$$

2. 递归调用原理

函数的递归调用属于函数嵌套调用的一种，只不过它调用的是自己。当开始一次新的函数调用时，都是在内存的空闲区域中给新一次调用的函数中的变量额外地分配地址空间。新一次函数调用的执行和任何其他任务代码及前一次调用都没有关系。请大家牢记这一点。

在本任务的解法 2 中当 n 的值为 4 时，函数调用 fact(4)的执行过程（图 7-4）如下：

第一次调用函数 fact()（形式参数 n 的值为 4），程序执行到"f=n*fact(n-1)"，也就是 f=4*fact(3)，即在计算 fact(3)时，第 1 次调用没有结束而程序将第 2 次进入函数 fact()。

fact(4)　f=4*fact(3) ⟶ f=3*fact(2) ⟶ f=2*fact(1) ⟶ f=1*fact(0) ⟶ f=1

　↙ return 24　↙ return 6　↙ return 2　↙ return 1　↙ return 1

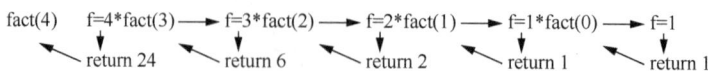

图 7-4　表达式 fact(4)的递归过程

第二次调用函数 fact()（形式参数 n 的值为 3），系统会在另外的内存空间中分配内存。虽然两次调用的是同一个函数，同一个函数中的变量 n 又重名，但因为是在不同的地址空间区域内进行计算的，所以这两次调用并不冲突。第二次调用（形式参数 n 的值为 3），程序执行到"f=n*fact(2)"，即在计算 fact(2)时，第二次调用没有结束而程序进入第三次调用。

第三次调用函数 fact()（形式参数 n 的值为 2），程序执行到"f=n*fact(1)"，即在计算 fact(1)时，第三次调用没有结束而程序进入第四次调用。

第四次调用函数 fact()（形式参数 n 的值为 1），程序执行到"f=n*fact(0)"，即在计算 fact(0)时，第四次调用没有结束而程序进入第五次调用。

第五次调用函数 fact()（形式参数 n 的值为 0），程序返回 1 结束本次调用，返回到第四次调用"f=n*fact(0)处"。

第四次调用结束，返回值 1 会返回到第三次调用"f =n*fact(1)"处，使得第三次调用的返回值是 2。

第三次调用的返回值 2 会返回到第二次调用"f =n*fact(2)"处，使得第二次调用的返回值是 6。

第二次调用的返回值 6 会返回到第一次调用"f =n*fact(3)"处，使得第一次调用的返回值是 24。

第一次调用的返回值 24。

任务 7.5.2　递归函数返回斐波那契数列第 n 项

◇ **任务描述：**

编写函数返回斐波那契数列的第 n 项的值，用递归方法实现。主函数中输入一个整数 n（n≤40），输出斐波那契数列的第 n 项的值。

◇ **输入样例 1：**

11

◇ **输出样例 1：**

89

◇ **输入样例 2：**

20

◇ **输出样例 2：**

6765

任务代码

解法 1（非递归函数）：

```
#include<stdio.h>
```

```
long long fib(long long n){        //非递归方法
    if(n==1||n==2)
        return 1;
    long f1=1,f2=1,f3,i;
    for(i=3;i<=n;i++){
        f3=f1+f2;
        f1=f2;
        f2=f3;
    }
    return f3;
}
int main(){
    long long n;
    scanf("%lld",&n);
    printf("%lld",fib(n));
    return 0;
}
```

代码分析

解法 1 的任务代码中，函数 fib() 采用非递归方法，通过循环计算 fn 的值。

任务代码

解法 2（递归函数 1）：

```
#include<stdio.h>
long long fib(long long n){                //递归方法
    if(n==1||n==2)
        return 1;
    else
        return fib(n-1)+fib(n-2);        //递归
}
int main(){
    long long n;
    scanf("%lld",&n);
    printf("%lld",fib(n));
    return 0;
}
```

代码测试

在 Dev C++ 中执行程序，结果如下所示。

输入：1　　　输出：1

输入：2	输出：1		
输入：5	输出：5		
输入：40	输出：102334155		

以上代码以及测试和输出在 PTA 中可以通过，但是当输入 45 时，在 PTA 的自定义测试中无法通过，会显示超时。若在 Dev C++中运行，得到的结果如图 7-5 所示。

```
45
1134903170
----------------------------------
Process exited after 5.563 seconds with return value 0
请按任意键继续. . .
```

图 7-5   在 Dev C++中运行的结果

可以看到，此时需要 5.563s 才执行完，而这个时间在 PTA 中是不允许的（所有在线 OJ 都限制程序执行时间），所以任务中才规定所有的测试数据不超过 40。

解法 2 中函数 fib()的代码采用递归方式设计，代码结构与递推公式相同，逻辑上非常简单。但是因为递归的设计，执行时需要不断地向下递归调用新的函数 fib()，所以程序的执行非常耗费内存空间和执行时间。

解法 3 与解法 2 的原理相同，只是将 if 语句改成了条件运算符表达式。

任务代码

解法 3（递归函数 2）：

```c
#include<stdio.h>
long long fib(long long n){      //递归方法
    return (n==1||n==2) ? 1 : fib(n-1)+fib(n-2);
}
int main(){
    long long n;
    scanf("%lld",&n);
    printf("%lld",fib(n));
    return 0;
}
```

任务 7.5.3   递归函数返回两个整数的最大公约数

◇ **任务描述**：

编写函数，函数的形式参数为两个正整数 a 和 b，函数返回 a 与 b 的最大公约数，要求用递归方式实现。主函数中输入两个整数 m 和 n，输出 m 和 n 的最大公约数。

◇ **输入样例**：

36 24

◇ 输出样例：

```
12
```

任务分析

关于计算两个整数的最大公约数，有一个定理称为辗转相除法定理，即两个整数的最大公约数等于其中较小的那个数和两数相除的余数的最大公约数。通常用 gcd(a,b) 来表示整数 a 和 b 的最大公约数，辗转相除法原理可表示为（假设 b<a）

$$\gcd(a,b) = \begin{cases} b, & a\%b = 0 \\ \gcd(b, a\%b), & a\%b \neq 0 \end{cases}$$

也就是说，如果 a%b=0 成立，gcd(a,b) 的值就是 b；如果 a%b=0 不成立，gcd(a,b) 的值就是 gcd(b,a%b)。这就是利用辗转相除法计算两个整数的最大公约数的递推公式。

根据以上递推公式，可以得到以下代码。

任务代码

```c
#include<stdio.h>
long long gcd(long long a,long long b){
    if(a%b==0) return b;
    else        return gcd(b,a%b);         //递归
}
int main(){
  long long m,n;
  scanf("%lld%lld",&m,&n);
  printf("%lld",gcd(m,n));
  return 0;
}
```

代码测试

输入：1 1	输出：1
输入：35 41	输出：1
输入：100 75	输出：25
输入：1000 750	输出：250

同样地，递归函数 gcd() 的代码与辗转相除法的递推公式是相同的结构，逻辑上非常简单。

由任务 7.5.1～任务 7.5.3 可以看出，用递归方法设计函数，前提是问题本身具备递推公式或递推关系的形式。因此，用递推方法解决问题的关键就是找出问题本身蕴含的递推关系。

任务 7.5.4   递归函数实现求解从 1 加到 N 的和

◇ **任务描述**:

编写函数，函数的形式参数为一个正整数 n，函数返回从 1 加到 n 的和，要求用递归函数实现。主函数中输入一个整数 n，调用函数输出从 1 加到 n 的和。

◇ **输入样例 1**:

10

◇ **输出样例 1**:

55

◇ **输入样例 2**:

1000

◇ **输出样例 2**:

500500

◇ **输入样例 3**:

100

◇ **输出样例 3**:

5050

◇ **输入样例 4**:

4

◇ **输出样例 4**:

10

任务 7.5.5   递归函数返回一段连续整数的和

◇ **任务描述**:

编写函数，函数的形式参数为两个整数 a 和 b（$0<a \leqslant b$），函数返回 a 与 b 之间所有整数的和。要求分别用非递归和递归两种方式实现，并尝试用不同的递归策略。主函数中输入两个整数 m 和 n，输出从 m 到 n 之间连续整数的和。

◇ **输入样例 1**:

1 10

◇ **输出样例 1**:

55

◇ **输入样例 2**:

100 200

◇ 输出样例 2:

15150

◇ 输入样例 3:

20 30

◇ 输出样例 3:

275

◇ 输入样例 4:

1 4

◇ 输出样例 4:

10

任务 7.5.6　递归函数输出一个十进制整数的二进制形式

◇ **任务描述:**

编写函数,函数的参数是整数 n,在函数中输出整数 n 的二进制形式。主函数中输入整数 a 和 b,输出从 a 到 b 的所有整数的二进制形式。

◇ **输入样例:**

10 15

◇ **输出样例:**

1010

1011

1100

1101

1110

1111

任务分析

任务要求设计函数输出一个正整数 n 的二进制代码,并且要用递归方法,设计思路如下:

如果用{n}表示 n 的二进制形式,那么一个整数 n 转换成二进制形式,可以这样来理解,如果能得到 n/2 的二进制形式{n/2},那么后面加上一位 n%2 就可以了。例如:

```
{13} = {6}1 = {3}01 = {1}101 = 1101;
{58} = {29}0 = {14}10 = {7}010 = {3}1010 = {1}11010 = 111010.
```

到{1}或{0}时,直接输出即可,否则可以从后向前递推得到全部编码。所以递推关系可以理解为

$$n \text{的二进制编码} = \begin{cases} n, & n < 2 \\ (n / 2\text{的二进制编码}) | (n\%2), & n \geqslant 2 \end{cases}$$

也就是说，如果 n<2 成立，就直接输出 n；否则就先输出 n/2 的二进制代码，再在后边加上 n%2 这一位。

这样就得到了问题的递推关系，根据这个递推关系可以设计出如下代码。

任务代码

```c
#include<stdio.h>
void binary(int n){          //函数输出 n 的二进制代码，无返回值
    if(n<2){                 //如果 n<2 直接输出 n
        printf("%d",n);
    }
    else{                    //否则(n>2)
        binary(n/2);         //递归先输出(n/2)的二进制形式
        printf("%d",n%2);    //再输出后面的 1 位数
    }
    return;
}
int main(){
    int a,b,n;
    scanf("%d%d",&a,&b);     //读入 a,b
    for(n=a;n<=b;n++){        //穷举[a,b]区间内的整数
        binary(n);           //调用函数输出 n 的二进制代码
        printf("\n");        //输出回车
    }
    return 0;
}
```

代码测试

```
输入：
100 105
输出：
1100100
1100101
1100110
1100111
1101000
1101001
```

任务 7.5.7 递归函数输出一个十进制整数的八进制形式

◇ **任务描述：**

编写函数，函数的参数是整数 n，在函数中输出整数 n 的八进制形式（递归方法实现）。主函数中输入整数 a 和 b，输出从 a 到 b 的所有整数的八进制形式。

◇ **输入样例 1：**

200 210

◇ **输出样例 1：**

310 311 312 313 314 315 316 317 320 321 322

◇ **输入样例 2：**

20000 20010

◇ **输出样例 2：**

47040 47041 47042 47043 47044 47045 47046 47047 47050 47051 47052

任务 7.5.8 递归函数输出一个十进制整数的十六进制形式

◇ **任务描述：**

编写函数，函数的参数是整数 n，在函数中输出整数 n 的十六进制形式（递归方法实现）。主函数中输入整数 a 和 b，输出从 a 到 b 的所有整数的十六进制形式。

◇ **输入样例 1：**

200 210

◇ **输出样例 1：**

C8 C9 CA CB CC CD CE CF D0 D1 D2

◇ **输入样例 2：**

20000 20010

◇ **输出样例 2：**

4E20 4E21 4E22 4E23 4E24 4E25 4E26 4E27 4E28 4E29 4E2A

任务 7.5.9 汉诺塔问题

◇ **任务描述：**

在印度，有这样一个古老的传说：在贝拿勒斯（在印度北部）的圣庙里，一块黄铜板上插着三根宝石柱。印度教的主神梵天在创造世界的时候，在其中的一根柱上从下到上穿好了由大到小的 64 片金片，如图 7-6 所示就是所谓的汉诺塔（Tower of Hanoi）。金片移动的规则是一次只移动一片，而且小片必须在大片上面，将所有的金片都从 A 柱上移到 C 柱上。

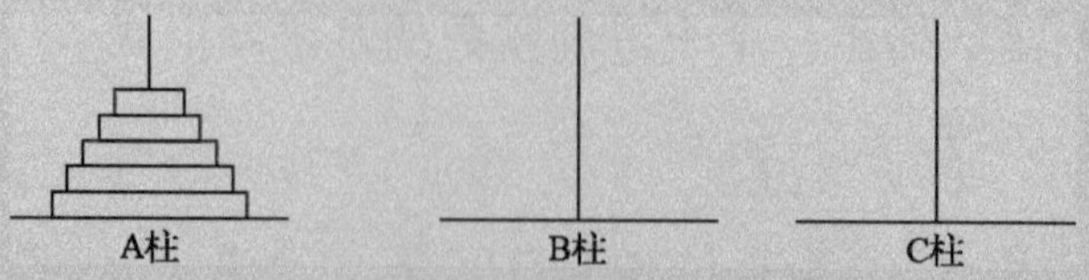

图 7-6 汉诺塔

利用数学方法可以计算得出，需要移动 $2^{64}-1$ 步才能完成这个任务。若每秒可完成一次金片的移动，则需要约 5849 亿年才能完成。整个宇宙到现在也不过 137 亿年。

这就是关于汉诺塔传说，由此衍生出汉诺塔问题，这个问题看起来好像有点复杂，但实际上可以用递归的思想来分析。

假设将 n 个金片从 A 柱移到 C 柱可以分解为以下 3 个步骤。

（1）将 A 柱上的 n-1 个金片借助 C 柱移到 B 柱上；

（2）将 A 柱上的最后一个金片移到 C 柱上；

（3）将 B 柱上的 n-1 个金片借助 A 柱移到 C 柱上。

其中，第一步又可以分解为以下 3 个步骤。

① 将 A 柱上的 n-2 个金片借助 B 柱移到 C 柱上。

② 将 A 柱上的第 n-1 个金片移到 B 柱上。

③ 将 C 柱上的 n-2 个金片借助 A 柱移到 B 柱上。

这种分解可以一直递归地进行下去，直到变成移动一个金片，递归结束。事实上，以上 3 个步骤包含两种操作：

（1）将多个金片从一根柱子移到另一根柱子上，这是一个递归的过程。

（2）将一个金片从一根柱子移到另一根柱子。

编程输入金片的数量 n，输出将 n 个金片从 A 柱（借助 B 柱）移动到 C 柱的过程。

◇ **输入样例：**

3

◇ **输出样例：**

A-->C
A-->B
C-->B
A-->C
B-->A
B-->C
A-->C

任务分析

根据任务中的分析，我们已经得到解决汉诺塔问题的递归形式，可以分别编写两个函数来实现以上两个操作。

利用函数 hanoi(int n,char one,char two,char three)实现把"one"柱上的 n 个金片借助"two"柱移到"three"柱上。

利用函数 move(char x,char y)实现将一个金片从 x 柱移到 y 柱，并输出移动金片的提示信息，从而得到以下代码。

任务代码

```
#include<stdio.h>
void move(char x,char y){          //移动金片从 x 到 y(一个具体步骤)
    printf("%c-->%c\n",x,y);
}
void hanoi(int n,char one,char two,char three){//移动 n 个金片,从 one 到 three
    if (n==1){                     //如果 n==1 直接移动，一步就好
        move(one,three);
    }
    else{                          //如果 n>1 则向下递归
        hanoi(n-1,one,three,two);  //移动 n-1 个金片从 one 到 two
        move(one,three);           //下面最大的一个金片一步从 one 到 three
        hanoi(n-1,two,one,three);  //移动 n-1 个金片从 two 到 three
    }
}
int main(){
    int n;
    scanf("%d",&n);
    hanoi(n,'A','B','C');          //函数调用,移动 n 个金片从 A 到 C
    return 0;
}
```

任务 7.5.10　汉诺塔移动次数

◇ 任务描述：

对于汉诺塔问题，编程输入金片的数量 n，输出将 n 个金片从 A 柱（借助 B 柱）移动到 C 柱的过程中需要移动金片的总次数。

◇ 输入样例 1：

5

◇ 输出样例 1：

31

◇ **输入样例 2：**

 1

◇ **输出样例 2：**

 1

第 7.6 关　生存期和作用域

任务 7.6.1　局部变量

◇ **任务描述：**

请分析以下代码的执行过程和执行结果，理解局部变量的生存期和作用域。

```c
#include<stdio.h>
int main(){
    int a,b;
    scanf("%d%d",&a,&b);
    printf("%d\t%d\n",a,b);
    {
        a+=2;  b+=5;
        printf("%d\t%d\n",a,b);
        int a,k;
        a=15; b=18;
        printf("%d\t%d\n",a,b);
    }
    //k=21;   此语句非法,在此定义域中 k 未定义
    a=a+2;   b=b+5;
    printf("%d\t%d\n",a,b);
    return 0;
}
```

◇ **输入样例 1：**

 5 8

◇ **输出样例 1：**

 5,8

 7,13

 15,18

 9,23

◇ 输入样例 2：

```
10 20
```

◇ 输出样例 2：

```
10,20
12,25
15,18
14,23
```

相关知识

局部变量

局部变量也称为内部变量，是在函数内作定义说明的。其作用域仅限于函数内（从该变量被定义开始到函数结束），离开该函数后再使用这些变量就是非法的。

函数内部定义的变量、函数的形式参数变量都属于局部变量。此类局部变量的作用域为从其定义开始至函数结束，如图 7-7 所示。

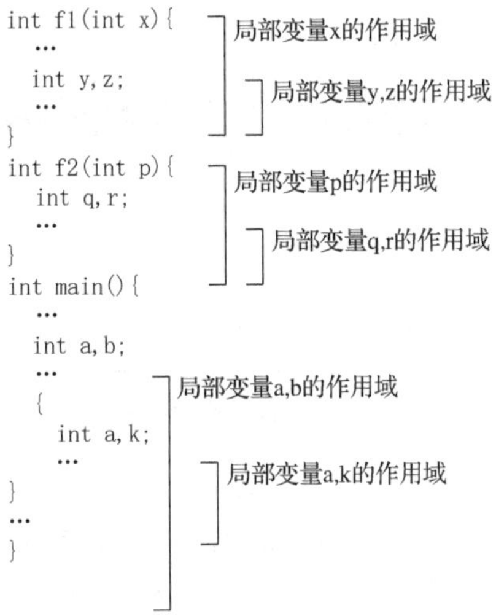

```
int f1(int x){              ┐局部变量x的作用域
    …
    int y,z;                 ┐局部变量y,z的作用域
    …
}
int f2(int p){              ┐局部变量p的作用域
    int q,r;
    …                        ┐局部变量q,r的作用域
}
int main(){
    …
    int a,b;                 ┐局部变量a,b的作用域
    …
    {
        int a,k;             ┐局部变量a,k的作用域
        …
    }
    …
}
```

图 7-7　几种常见的局部变量的作用域

特别地，在复合语句（由花括弧括起来），包括循环体内部内定义的局部变量，其作用域仅限在该复合语句块内。

局部变量仅在其作用域内可见，在作用域外不能被访问。

当同名变量作用域重叠时，系统默认访问最内层的变量。下面来看示例代码。

示例代码：

```
#include<stdio.h>
int square(int n){
```

```
    //printf("%d",i);  //此语句非法,在此定义域中 i 未定义
    return n*n;
}
int main(){
    int i;
    for(i=0;i<10;i++){
        int j=square(i);
        if(i>0)printf(" ");
    }
    printf("%d",j+1);
    return 0;
}
```

执行程序，会产生如图 7-8 所示的编译错误。

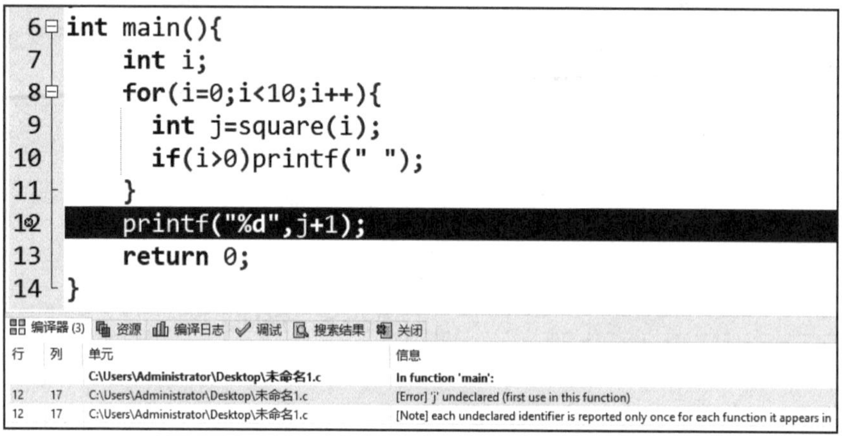

```
 6  int main(){
 7      int i;
 8      for(i=0;i<10;i++){
 9          int j=square(i);
10          if(i>0)printf(" ");
11      }
12      printf("%d",j+1);
13      return 0;
14  }
```

行	列	单元	信息
		C:\Users\Administrator\Desktop\未命名1.c	In function 'main':
12	17	C:\Users\Administrator\Desktop\未命名1.c	[Error] 'j' undeclared (first use in this function)
12	17	C:\Users\Administrator\Desktop\未命名1.c	[Note] each undeclared identifier is reported only once for each function it appears in

图 7-8　编译错误信息

上述错误信息提示，在 12 行处变量 j 未定义，因为第 9 行的变量 j 定义是在复合语句当中，所以 j 的作用域仅限于复合语句内，跳出了复合语句的范围，j 是不可见的。此时，把第 12 行代码移动到循环体内第 10 行的后面，再次执行程序，则输出：

```
1 2 5 10 17 26 37 50 65 82
```

任务 7.6.2　全局变量

◇ 任务描述：

请分析以下代码的执行过程和执行结果，理解全局变量的生存期和作用域。程序的功能为输入半径 r，分别输出以 r 为半径的圆的周长、面积和球的体积。

```
#include<stdio.h>
#define PI 3.14159265
void fun(double r){
    extern double l,s,v;        //全局变量的说明
    l=2*PI*r;
    s=PI*r*r;
    v=(4.0/3.0)*PI*r*r*r;
    return;
}
double l,s,v;                    //全局变量的定义
int main(){
    double r;
    scanf("%lf",&r);
    fun(r);
    printf("L=%lf S=%lf V=%lf",l,s,v);
    return 0;
}
```

◇ **输入样例 1**：

　1.0

◇ **输出样例 1**：

　L=6.283185 S=3.141593 V=4.188790

◇ **输入样例 2**：

　2.0

◇ **输出样例 2**：

　L=12.566371 S=12.566371 V=33.510322

代码分析

本程序代码中定义了 3 个外部变量 l、s、v，用来存放周长、面积和体积。因为全局变量定义在函数 fun()之后，所以要想在函数 fun()中使用这 3 个变量，必须先说明。

外部变量是实现函数之间数据共享的有效手段。

相关知识

全局变量

全局变量也称为外部变量，是在函数外部定义的变量。它不是属于哪一个函数，而是属于一个源程序文件，其作用域是整个源程序。

全局变量也应该遵循先定义、后使用的原则。如果在函数中使用该函数后面定义的全局变量，那么应在此函数内作全局变量说明，全局变量的说明符为 extern。但是在一个函数之前定义的全局变量，在该函数内使用可不再说明。定义全局变量的一般形式如下：

```
类型说明符 变量名,变量名…;
```

例如：

```
int a=50,b;
```

如果要在全局变量定义之前的函数内使用它，就要在该函数中进行说明。全局变量说明的一般形式如下：

```
extern 类型说明符 变量名，变量名，…;
```

例如：

```
extern int a,b;
```

全局变量的说明只是一个使用声明，表明在函数内要使用某个全局变量，因此在说明时不能进行其他操作（如赋初值等）。下面来看一个关于全局变量的示例代码。

示例代码：

```
//全局变量和局部变量同名程序举例
int x=11,y=12,z=13;
void fun(){
    int x=21,y=22;
    printf("x=%d,y=%d,z=%d\n",x,y,z);
}
int main(){
    {
        int y=32;
        printf("x=%d,y=%d,z=%d\n",x,y,z);
        fun();
    }
    printf("x=%d,y=%d,z=%d\n",x,y,z);
    return 0;
}
```

执行程序，输出：

```
x=11,y=32,z=13
x=21,y=22,z=13
x=11,y=12,z=13
```

任务 7.6.3　静态局部变量

◇ **任务描述：**

奇偶归一猜想（见任务 6.7.1），又称 3n+1 猜想，是当今最简单有趣又没有解决的数学问题之一，请设计函数 long next(long n){ }，返回 3n+1 猜想中形式参数 n 的下一个值。例如，next(5)的值为 16，next(16)的值为 8 等。主函数的功能为读入一个整数 n，输出其变换到 1 的过程，代码如下。

```c
#include<stdio.h>
long next(long n){
    //请补充代码
}
int main(){
    long n;
    scanf("%ld",&n);
    while(n!=1){
      n=next(n);
    }
    return 0;
}
```

◇ 输入样例：

5

◇ 输出样例：

```
Times of 1 is 16.
Times of 2 is 8.
Times of 3 is 4.
Times of 4 is 2.
Times of 5 is 1.
```

任务代码

解法 1：

```c
#include<stdio.h>
long next(long n){
    long s=0;                   //自动变量，每次调用函数被重新定义清 0
    if(n%2==1) n=n*3+1;
    else       n=n/2;
    s++;
    printf("Times of %ld is %ld.\n",s,n);
    return n;
}
int main(){
    long n;
    scanf("%ld",&n);
    while(n!=1){
      n=next(n);
    }
    return 0;
}
```

代码测试

```
输入：5
输出：
Times of 1 is 16.
Times of 1 is 8.
Times of 1 is 4.
Times of 1 is 2.
Times of 1 is 1.
```

代码分析

因为函数 next 中的变量 s 是自动变量，它的生存期仅在函数内，当函数一次调用结束时，它就随其他所有的自动变量一起被释放。下一次调用时会重新分配内存，重新赋初值 0，所以每次调用输出 s 的值都是 1。

任务代码

解法 2：

```c
#include<stdio.h>
long next(long n){
    static long s=0;        //静态变量，只在第一次调用时分配在全局数据区
    if(n%2==1) n=n*3+1;
    else       n=n/2;
    s++;
    printf("Times of %ld is %ld.\n",s,n);
    return n;
}
int main(){
    long n;
    scanf("%ld",&n);
    while(n!=1){
      n=next(n);
    }
    return 0;
}
```

代码测试

```
输入：5
输出：
Times of 1 is 16.
Times of 2 is 8.
Times of 3 is 4.
Times of 4 is 2.
Times of 5 is 1.
```

代码分析

因为函数 next() 中的变量 s 是静态变量，它的生存期是整个程序，函数第一次调用时在全局数据区分配内存，函数结束时并不释放它，下一次调用时（忽略定义语句）会继续使用上一次的值，所以每次调用输出 s 的值都是上一次的值加 1。

相关知识

1. 变量的存储类型（生存期）

存储类型是指变量占用内存空间的方式，也称为存储方式。存储类型分为静态存储和动态存储两种。

静态存储变量通常是在变量定义时就分定存储单元并一直保持不变，直至整个程序结束。全局变量即属于此类存储方式。

动态存储变量是在程序执行过程中，定义它时才分配存储单元，使用完毕立即释放。典型的例子是函数的形式参数，在函数定义时并不给形式参数分配存储单元，只有在函数被调用时，才予以分配，调用函数完毕立即释放。如果一个函数被多次调用，那么就反复地分配、释放形式参数变量的存储单元。

一个变量究竟属于哪一种存储方式，并不能仅从其作用域来判断，还应有明确的存储类型说明。在 C 语言中，对变量的存储类型说明有以下 4 种。

auto（自动变量）、register（寄存器变量）、extern（外部变量）、static（静态变量）。其中，自动变量和寄存器变量属于动态存储方式，外部变量和静态变量属于静态存储方式。

在介绍了变量的存储类型后，我们可以知道对一个变量的说明不仅应说明其数据类型，还应说明其存储类型。因此变量说明的完整形式应为

> 存储类型说明符 数据类型说明符 变量名，变量名…;

例如：

```
static int a,b;                 //说明 a,b 为静态类型变量
auto char c1,c2;                //说明 c1,c2 为自动字符变量
static int a[5]={1,2,3,4,5};    //说明 a 为静态整型数组
extern int x,y;                 //说明 x,y 为外部整型变量
```

2. 自动变量

自动变量的类型说明符为 auto。C 语言规定，函数内凡未加存储类型说明的变量均视为自动变量，也就是说自动变量可省去说明符 auto。自动变量的作用域仅限于定义该变量的个体（函数或复合语句）内。

自动变量属于动态存储方式，只有在定义该变量的函数被调用时才给它分配存储单元，开始它的生存期。函数调用结束，则立即释放存储单元，结束生存期。因此函数调用结束之后，自动变量的值不能保留。在复合语句中定义的自动变量，在退出复合语句后也不能再使用，否则将引起错误。

3. 静态变量

静态变量的类型说明符是 static，在局部变量的说明前再加上 static 说明符就构成静态局部变量。例如，

```
static int a,b;
static float array[5]={1,2,3,4,5};
```

静态局部变量属于静态存储方式，具有以下特点：

（1）静态局部变量在函数内定义，其在作用域结束时并不消失，也就是说，它的生存期为整个源程序。

（2）静态局部变量的生存期虽然为整个源程序，但是其作用域只在定义该变量的函数内。退出该函数后，尽管该变量还继续存在，但已不能使用它。

（3）可以对静态局部变量赋初值，若未赋初值，则系统会自动赋 0 值，包括数组。这一点是和自动变量的区别。

任务 7.6.4   数列之和

◇ **任务描述**：

以下主函数的功能是，输入一个整数 n，再输入数列中的 n 个整数，最后输出这个数列中 n 个整数的和。请补充函数 add() 的代码，注意不要修改主函数的内容。

```
#include<stdio.h>
int add(int n){
    //请补充函数代码
}
int main(){
    int n,a,s;
    scanf("%d",&n);
    while(n--){
        scanf("%d",&a);
        s=add(a);
    }
    printf("%d",s);
    return 0;
}
```

◇ **输入格式**：

第一行是整数 n，表示数列中数据个数；

第二行是 n 个整数，表示数列内容。

◇ **输出格式**：

一个整数，数列中所有整数的和。

◇ **输入样例 1**：

```
5
1 2 3 4 5
```

◇ **输出样例 1：**

15

◇ **输入样例 2：**

3

1 2 -3

◇ **输出样例 2：**

0

第 7.7 关　函数的应用

请你合理设计函数代码，完成本关的各任务。

任务 7.7.1　五分制成绩

◇ **任务描述：**

编写函数 int change(int n){ }，形式参数 n 为某次考试的成绩（百分制），返回值为 5 分制的成绩。

说明：百分制成绩为整数，函数功能为把总分为 100 的百分制成绩 n 转换成 5 分制成绩返回；如果形式参数 n 的值超出 0~100 的范围，则返回-1。分数 n 在[0,10)区间内返回 0，分数在[10,40)区间内返回 1，分数在[40,60)区间内返回 2，分数在[60,70)区间内返回 3，分数在[70,80)区间内返回 4，分数在[80,100]区间内返回 5。

设计主函数的功能为读入一个百分制的成绩，输出 5 分制成绩。

◇ **输入样例 1：**

85

◇ **输出样例 1：**

5

任务 7.7.2　日期间隔

◇ **任务描述：**

编写函数，形式参数为表示年、月、日的 3 个整数（日期合法），返回这一天是该年的第几天。

主函数中输入年份和两个月、日的数据，共 5 个整数，表示两个日期，输出这两个日期相差多少天。

◇ **输入格式：**

Y M1 D1 M2 D2，共 5 个整数，其中，Y 表示年份，M1 D1 表示第一个日期的月和日，M2 D2 表示第二个日期的月和日。

◇ **输入样例 1：**

```
2021 1 1 1 31
```

◇ **输出样例 1：**

```
30
```

◇ **输入样例 2：**

```
2020 1 1 12 31
```

◇ **输出样例 2：**

```
365
```

◇ **输入样例 3：**

```
2020 2 1 3 1
```

◇ **输出样例 3：**

```
29
```

◇ **输入样例 4：**

```
2021 1 1 12 31
```

◇ **输出样例 4：**

```
364
```

任务 7.7.3　约数个数

◇ **任务描述：**

编写函数返回一个正整数的所有约数的个数。主函数输入若干整数，依次输出其约数的个数，一个输出占一行，如果此数是素数，则输出：(Prime)。

◇ **输入样例：**

```
100 101 1001
```

◇ **输出样例：**

```
9
2 (Prime)
8
```

任务 7.7.4～任务 7.7.15 请从本书配套的资源包中查阅。

习题 7

习题 7 及其参考答案和代码请从本书配套的资源包中查阅。

第8单元 数　　组 ✎

作为程序员，不可避免地要处理大量相关数据，如工资管理、成绩管理、交易记录等。数组能高效便捷地处理这些数据。

第 8.1 关　一　维　数　组

任务 8.1.1　反序输出

引导任务

◇ **任务描述：**

编程读入若干整数，按相反顺序输出。

◇ **输入格式：**

第一行是一个整数 n（n≤1000），表示这一组数据的个数。接下来的一行是 n 个整数，用空格或回车分隔。

◇ **输出格式：**

按输入顺序的相反顺序输出所有数据，用逗号分隔。

◇ **输入样例 1：**

```
3
5 10 8
```

◇ **输出样例 1：**

```
8,10,5
```

◇ **输入样例 2：**

```
10
1 2 3 4 5 10 9 8 7 6
```

◇ **输出样例 2：**

```
6,7,8,9,10,5,4,3,2,1
```

◇ **输入样例 3：**

```
20
1 2 3 4 5 6 7 8 9 10 11 12 13 14 15 16 17 18 19 20
```

◇ **输出样例 3：**

```
20,19,18,17,16,15,14,13,12,11,10,9,8,7,6,5,4,3,2,1
```

任务分析

任务要求输入 n 个数（n≤1000），按反序输出。这样就需要首先输入所有的数，然后按要求反序输出。需要输入的数据最多有 1000 个，数量不固定，如何存储这些数据呢？我们总不能定义 1000 个变量吧？因此，用传统的单变量存储这些数据显然是不现实的，这时就用到了数组的概念。

任务代码

```
#include<stdio.h>
int main(){
    int a[1010],i,n;           //定义数组，长度比题目要求的最大长度多 10 个
    scanf("%d",&n);            //首先读入 n,表示实际数据的个数
    for(i=0;i<n;i++){          //依次读入每个数据放入数组中(遍历)
        scanf("%d",&a[i]);     //读入整数赋值给 a[i]
    }
    for(i=n-1;i>=0;i--){       //反向输出穷举下标 i 从 n-1 到 0(遍历)
        if(i<n-1)printf(",");  //第二项开始前面输出逗号
        printf("%d",a[i]);     //输出 a[i]
    }
    return 0;
}
```

代码分析

（1）程序中定义 int 型数组 a 有 1010 个元素，因为题目要求最多有 1000 个数据需要存储，所以在定义数组时至少要定义 1000 个元素的数组，为了保险起见，定义数组时可以多定义一些元素，避免数据装不下的情况。

（2）第一个 for 循环，通过穷举 i 从 0 到 n-1，遍历 a[0]到 a[n-1]，读入每一个数据到 a[i]中。这样就实现了读入 n 个数据，存储到 n 个变量（数组元素）中。

（3）第二个 for 循环，通过穷举 i 从 n-1 到 0，遍历 a[n-1]到 a[0]，输出每一个 a[i]，从而实现反序输出。

从以上代码可以看出，数组是一组具有相同名字的变量的集合，通过下标区分。有了数组，我们就可以对多个变量（数组元素）依次统一处理了，如代码中的遍历输入和遍历输出。这也正是数组存在的意义。

相关知识

一维数组

前面使用的变量都属于简单变量，C 语言还提供了构造数据类型（如数组、结构体、共用体）和指针等。所谓构造数据类型，就是由基本数据类型按照一定规则组合而成的新的数据类型。本章主要介绍 C 语言中数组的使用，包括一维数组、二维数组和字符数组的定义、使用等。

1. 认识数组

C 语言提供了一个构造类型的数据结构——数组。

数组是一种特殊的构造数据类型，它是一组由若干个相同类型的变量构成的集合，这些变量具有一个相同的名字——数组名，各个变量之间用下标（序号）来区分。每个变量称为这个数组的元素，数组的下标是从 0 开始计数的。

例如，有个名字为 a 的整型数组，共有 10 个元素，则在 C 语言中这 10 个数组元素的名字分别为 a[0]、a[1]、a[2]、a[3]、a[4]、a[5]、a[6]、a[7]、a[8]、a[9]。

一个数组的所有元素在内存中是顺序存放的，如刚刚提到的数组 a，在内存中共占据连续的 40 字节的空间（假定每个 int 型数据占 4 字节），前 4 字节用来存放 a[0]，接下来的 4 字节用来存放 a[1]，以此类推。

数组是具有一定顺序关系的若干个相同类型变量的集合体，属于构造类型。如果数组元素之间只通过一个下标分量来相互区分，那它就是一维数组。

2. 一维数组的定义

一维数组是只有一个下标的数组，通过一个下标序号就能确定数组元素。数组和其他普通变量一样，在程序中必须先定义后引用。一维数组定义的一般形式如下：

类型说明符 数组名[整型常量表达式]；

例如：

```
int   a[10];      //数组名为 a,类型为整型,有 10 个元素
float f[20];      //数组名为 f,类型为单精度实型,有 20 个元素
char ch[20];      //数组名为 ch,类型为字符型,有 20 个元素
```

功能说明：

（1）类型说明符定义了数组元素的类型，该数组的所有元素必须具有相同的数据类型。

（2）数组名和变量名的命名规则相同，都是标识符。

（3）整型常量表达式表明数组的长度（元素个数），要放在方括号内，且必须是常量表达式（C99 标准之前）。表达式的值定义了该数组一共有多少个元素。

（4）数组元素的下标从 0 开始，所以上文中数组 a 的元素有 a[0]，a[1]，…，a[9]共 10 个元素；数组 f 的元素有 f[0]，f[1]，…，f[19]共 20 个元素。

3. 一维数组元素的引用

数组必须先定义后引用，可以像使用变量一样使用数组的元素。我们一次只能引用一个数组元素，而不能一次引用整个数组（字符数组除外）。

引用数组元素的一般形式如下：

数组名[下标]

下标可以是整型常量或整型表达式，以下列语句都是合法的：

```
a[0]=5; a[1]=a[0]*5+9; a[a[0]]=6;
```

4. 一维数组的遍历

对数组中的每个元素依次访问一遍，称为对数组的遍历。程序中通常在循环结构里让循环变量（计数器）从 0 开始，每次循环后加 1，直到数组最大下标的方法来遍历整个数组。

任务 8.1.2　统计身高

◇ **任务描述：**

班上有学生若干名，给出每名学生的身高（单位：m），输出所有学生的平均身高，以及每一名学生与平均身高的差，所有数据保留到小数点后两位。

◇ **输入格式：**

第一行有一个整数 n（1≤n≤100），表示学生的人数。其后是 n 个实数，表示所有学生的身高。

◇ **输出格式：**

第一行输出平均身高，第二行按输入顺序输出每名学生与平均身高的差（用逗号分隔），保留到小数点后两位。

◇ **输入样例：**

```
2
1.80 1.70
```

◇ **输出样例：**

```
1.75
0.05,-0.05
```

任务 8.1.3　输出第 N 个素数

◇ **任务描述：**

编程找出前 1000 个素数存放到数组中，然后输入一个整数 N，输出第 N 个素数的值。

◇ **输入格式：**

输入有多组数据，为若干个空格分隔的整数。

◇ **输出格式：**

对于输入数据中每个 n，输出第 n 个素数的值，多个输出之间以逗号分隔。

◇ **输入样例 1：**

```
1 2 3 4 5 4 3
```

◇ **输出样例 1：**

```
2,3,5,7,11,7,5
```

◇ **输入样例 2：**

```
5 8 9 10 100 200
```

◇ **输出样例2：**

```
11,19,23,29,541,1223
```

相关知识

一、一维数组的初始化

数组元素可以通过赋值语句来进行直接赋值，也可以在定义数组的同时对其进行初始化赋值。

（1）在定义数组时对数组的全部元素进行初始化。例如：

```
int a[10]={0,1,2,3,4,5,6,7,8,9};
```

将数组元素的初值用逗号分隔依次放在一对大括号内。初值与数组元素是一一对应的（多余的元素会被忽略），所以经过上述初始化后，数组元素 a[0]~a[10]的值依次为 0~9。

（2）在定义数组时对数组的部分元素进行初始化。例如：

```
int a[10]={0,1,2,3,4};
```

数组定义了 10 个元素，初始化列表中只给出了 5 个值，这 5 个值依次赋给 a[0]~a[4]，其余数组元素的值系统自动赋值为 0。

（3）如果数组在定义时没有进行初始化操作，那么它所有元素的初始值为一个随机值。

（4）定义数组时若没有指定数组长度，会根据初值数量自动确定长度。例如：

```
int c[]={1,2,3,4,5,6,7,8,9,10};
```

数组的长度将根据初始化元素值的数量自动识别为 10。

我们先来看下面的示例代码。

示例代码 1：

```
//一维数组的初始化示例代码
#include<stdio.h>
int main(){
    int a[10],i;
    int b[10]={1,2,3,4};
    int c[]={1,2,3,4,5,6,7,8,9,10};
    printf("\n数组a:");
    for(i=0;i<10;i++) printf("%d ",a[i]);
    printf("\n数组b:");
    for(i=0;i<10;i++) printf("%d ",b[i]);
    printf("\n数组c:");
    for(i=0;i<10;i++) printf("%d ",c[i]);
    return 0;
}
```

执行程序，输出：

```
数组a:2879 54540 4204204 0 654650 87897 5256 -545 8 2550
数组b:1 2 3 4 0 0 0 0 0 0
数组c:1 2 3 4 5 6 7 8 9 10
```

示例代码 1 分析：

对于未进行任何初始化赋值的数组元素，和未初始化的变量是同一情况，其值是不确定的。此示例代码在不同机器上会得到不同的输出结果。

定义数组 a 时未赋初值，所有元素的值不确定；定义数组 b 时给部分元素赋了初值，其余元素做清 0 处理（赋 0 值）；定义数组 c 时没有指定数组长度，根据初值数量自动确定长度为 10。

示例代码 2：

```c
#include<stdio.h>
int main(){
    int i;
    int a[10]={1,2,3,4,5,6,7,8,9,10,11,12,13};
    int b[10]={};
    for(i=0;i<10;i++)
        printf("%d ",a[i]);
    printf(".\n");
    for(i=0;i<10;i+=2)
        b[i]=a[i]*a[i]-1;
    for(i=0;i<10;i++)
        printf("%d ",b[i]);
    printf(".\n");
    return 0;
}
```

该代码的输出结果请大家自行分析。

二、数组的存储和定义

1. 数组在内存中连续存放

数组的所有元素总是被安排在一块连续的存储空间内，数组元素在内存中顺次存放，它们的地址是连续的。C 语言还规定，数组名就是数组的首地址，也可以理解为数组名就是数组中第一个元素（下标为 0）的地址。

我们来看下面的示例代码。

示例代码：

```c
//数组元素在内存中连续存放
#include<stdio.h>
int main(){
    int a[10],k;
```

```
    for(k=0;k<10;k++) a[k]=k;
    printf("Array address:%x\n",a);
    for(k=0;k<10;k++)
        printf("a[%d]=%d,Memory address:%x\n",k,a[k],&a[k]);
    return 0;
}
```

执行程序，输出：

```
Array address:22fe20
a[0]=0,Memory address:22fe20
a[1]=1,Memory address:22fe24
a[2]=2,Memory address:22fe28
a[3]=3,Memory address:22fe2c
a[4]=4,Memory address:22fe30
a[5]=5,Memory address:22fe34
a[6]=6,Memory address:22fe38
a[7]=7,Memory address:22fe3c
a[8]=8,Memory address:22fe40
a[9]=9,Memory address:22fe44
```

示例代码分析：

本示例代码中通过%x 格式说明符以十六进制整数形式输出内存地址值（内存地址值其实是一个无符号整数）。通过输出结果可以看出，数组名就是数组的首地址，每个元素占 4 字节，从 a[0]至 a[9]共 10 个元素在内存中存放在连续的存储空间内。

2. 数组长度

定义数组时，要求数组长度是一个常量表达式，表示数组的长度（元素个数）。以下数组的定义是合法的。

```
int b[10+20];              //相当于  int b[30];
double d[10+20/6];         //相当于  double d[13];
int c['A'];                //相当于  int c[65];
int x[(int)5.6];           //相当于  int x[5];
```

下面程序代码的数组定义也是合法的：

```
#define N 10
int main(){
    int a[N],b[N+10];        //预处理后替换成"int a[10],b[20];"
}
```

表 8-1 中两种定义数组的方式是错误的，程序在编译时将产生编译错误。

表 8-1   错误的数组定义

定义数组	编译错误
int a[5.6];	[Error] size of array 'a' has non-integer type [错误]数组 a 的长度不是整型
int b[-5];	[Error] size of array 'a' is negative [错误]数组 a 的尺寸是负数

3. 数组大小

我们可以使用 sizeof(数组名)来测试数组整体大小。例如，如果有定义"int a[10];double b[20];"，那么 sizeof(a)的值为 40，说明数组 a 在内存中整体占 40 字节的空间；sizeof(b)的值为 160，说明数组 b 在内存中整体占 160 字节的空间。

第 8.2 关   一维数组的应用

任务 8.2.1   斐波那契数列

◇ **任务描述：**

关于斐波那契数列，之前在任务中已介绍过。编程输入两个正整数 a 和 b，输出斐波那契数列的第 a 项到第 b 项。

◇ **输入格式：**

一行中给出两个不超过 90 的正整数 a 和 b（a≤b）。

◇ **输出格式：**

输出斐波那契数列的第 a 项到第 b 项，5 个数一行，行内数据以一个空格分隔。

◇ **输入样例 1：**

1 8

◇ **输出样例 1：**

1 1 2 3 5
8 13 21

◇ **输入样例 2：**

20 20

◇ **输出样例 2：**

6765

◇ **输入样例 3：**

9 30

◇ 输出样例 3：

```
34 55 89 144 233
377 610 987 1597 2584
4181 6765 10946 17711 28657
46368 75025 121393 196418 317811
514229 832040
```

◇ 输入样例 4：

```
88 90
```

◇ 输出样例 4：

```
1100087778366101931 1779979416004714189 2880067194370816120
```

任务分析

可以定义一个数组，事先将斐波那契数列的前 90 个元素存储进去，这样想输出哪段元素都可以轻易实现。因为数组元素的值到下标 90 附近时会很大，所以数据类型定义成 long long 型。

任务代码

```c
#include<stdio.h>
#define N 90
int main(){
    long long int a,b,i,k,f[N+5]={0};     //定义数组长度为 95 (比 90 稍多一点)
    f[1]=f[2]=1;                          //前两项 f[1]和 f[2]赋值 1
    for(i=3;i<=N;i++)                     //计算 f[3]到 f[N]
        f[i]=f[i-1]+f[i-2];
    scanf("%ld%ld",&a,&b);                //读入 a 和 b

    for(k=0,i=a;i<=b;i++,k++){            //输出 f[a]到 f[b]
        if(k%5>0) printf(" ");           //控制空格的输出
        printf("%lld",f[i]);
        if(k%5==4&&i<b) printf("\n");    //控制回车的输出
    }
    return 0;
}
```

任务 8.2.2　三角形数

◇ 任务描述：

传说古希腊毕达哥拉斯学派的数学家经常在沙滩上研究数学问题，他们在沙滩上画点或用小石子来表示数。据说他们研究过图 8-1 所示的图形中的石子数：1,3,6,10,15,21,28,36,45,55,66,78,91……这些数被称为三角形数。

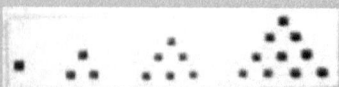

图 8-1　三角形数示例

编程将前 50 个三角形数存入数组，然后输出，每 10 个数一行。

◇ **输入样例：**

◇ **输出样例：**

```
1 3 6 10 15 21 28 36 45 55
66 78 91 105 120 136 153 171 190 210
231 253 276 300 325 351 378 406 435 465
496 528 561 595 630 666 703 741 780 820
861 903 946 990 1035 1081 1128 1176 1225 1275
```

任务 8.2.3　数组元素逆置

◇ **任务描述：**

编程输入 10 个整数存入数组中，正序输出后，将数组元素逆序重置后再输出。

◇ **输入样例：**

```
42  75  29  66  79  55  53  43  27  41
```

◇ **输出样例：**

```
42,75,29,66,79,55,53,43,27,41
41,27,43,53,55,79,66,29,75,42
```

任务 8.2.4　数组换位

◇ **任务描述：**

编程输入 10 个整数存入数组中，将数组前半段和后半段位置互换后再输出。

◇ **输入样例：**

```
36  43  41  62  20  29  72  17  0  41
```

◇ **输出样例：**

```
29,72,17,0,41,36,43,41,62,20
```

任务 8.2.5　校园歌手大赛得分计算规则

◇ **任务描述：**

已知 8 号选手参加校园歌手大赛，编程输入 20 个整数（70～100 范围内）并存入数组中作为 20 位评委的打分，最后得分计算规则：去掉最高分和最低分后计算平均分。请按题目要求编程实现输出样例要求的功能。

◇ **输入格式：**

20 个整数。

◇ **输出格式：**

见样例。

◇ **输入样例：**

82 89 83 70 94 90 86 73 79 83 89 97 95 93 82 94 96 94 91 84

◇ **输出样例：**

去掉一个最高分：97 分

去掉一个最低分：70 分

8 号选手最后得分：87.611 分

任务 8.2.6 **校园歌手大赛得分计算新规则**

◇ **任务描述：**

8 号选手参加校园歌手大赛，编程输入 20 个整数（0～100 范围内）并存入数组中作为 20 位评委的打分。最后得分计算规则：先计算 20 个数的平均分，然后去掉所有与平均分相差 10 分以上的分数，最后把剩下的分数再取平均作为最后得分。如果没有剩下分数，此次打分无效。

◇ **输入样例 1：**

86 87 83 70 99 94 78 89 86 80 97 84 90 87 95 87 84 99 84 95

◇ **输出样例 1：**

所有评委平均分：87.700 分.

不合格得分：70 99 99.

最后得分：87.412 分.

◇ **输入样例 2：**

72 72 73 71 71 72 73 71 71 72 98 98 97 100 99 97 97 99 99 99

◇ **输出样例 2：**

所有评委平均分：85.050 分.

不合格得分：72 72 73 71 71 72 73 71 71 72 98 98 97 100 99 97 97 99 99 99.

无合格打分.

第 8.3 关   数组名作为函数参数

任务 8.3.1   数组中的最大值（1）

◇ **任务描述：**

编写函数，功能为返回数组中的最大值。在主函数中输入 10 个整数，存入数组中，调用函数得到最大值输出。

◇ **输入样例：**

1 2 3 4 5 6 7 8 9 0

◇ **输出样例：**

9

任务代码

```
#include<stdio.h>
int main(){
    int a[10],i,m;
    for(i=0;i<=9;i++)          //输入 10 个整型数据，存入数组(遍历)
        scanf("%d",&a[i]);
    m=max(a);                  //数组名作为函数实际参数，调用得到最大值赋给 m
    printf("%d",m);
    return 0;
}
int max(int p[]){              //数组名作为函数形式参数
    int i,m;
    m=p[0];                    //用 m 存放最大值，初始值为 p[0]
    for(i=1;i<=9;i++)          //遍历数组(除了 p[0])
        if(m<p[i])m=p[i];      //得到数组中的最大值
    return m;                  //返回最大值
}
```

代码分析

（1）函数"int max(int p[]){ }"的形式参数是数组，那么在调用它时实际参数也必须是数组（或指针，后面单元会介绍）。它的功能是返回数组（10 个元素）中的最大值，其中用变量 m 存储最大值，初值应该设置为数组中的某个值（代码中是 p[0]），然后穷举所有元素与 m 比较，大的值留在 m 中，最后返回 m 的值。

（2）主函数中的语句"m=max(a);"在执行时会调用函数 max()，将实际参数 a 的值（数组名，数组首地址）赋给形式参数 p，那么在函数 max() 内，p 的值就是主函数中数组 a 的首地址。所以，主函数中的数组 a 和函数 max() 中的数组 p 是同一个首地址值，实际上是同一个数组。也就是说，在函数 max() 被调用时，并不为数组 p 分配新的存储存空间，p 的值只是一个地址值，就是调用时传过来的主函数中的数组 a 的首地址。这样，在函数 max() 内就可以通过数组 p 来全权操作主函数中的数组 a 了。

（3）定义函数时，形式参数 p 的大小是无关紧要的，可以随意设置或省略。

相关知识

数组名作为函数的参数（传地址）

在第 7 单元介绍的函数设计中，实际参数和形式参数都是普通变量，调用发生时，它们之间是传值的关系，实际参数的值复制（拷贝）给形式参数后，二者没有关联。

函数设计中除值传递外的另一种参数传递方式是地址传递方式。下面只讨论数组名作为函数参数的情形。在这种情况下，调用函数时实际参数可以是数组名（数组首地址），设计函数时的形式参数也要说明为同类型数组。也就是说，实际参数和形式参数都是数组名。

当实际参数和形式参数都是数组名时，两个数组指向同一段内存空间，实际上是一个数组。

任务 8.3.2 数组中的最大值（2）

◇ **任务描述：**

编写函数，功能为返回数组元素中的最大值。在主函数中首先输入一个整数 n（1 < n ≤ 100），然后输入 n 个整数存入数组中，调用函数得到这 n 个整数的最大值输出。

◇ **输入格式：**

第一行是整数 n，第二行是 n 个数组元素（整数）。

◇ **输出格式：**

输出最大值。

◇ **输入样例 1：**

```
5
1 8 9 0 4
```

◇ **输出样例 1：**

```
9
```

◇ **输入样例 2：**

```
10
1 8 9 0 4 3 2 5 -3 21
```

◇ **输出样例 2：**

```
21
```

任务分析

任务要求我们设计函数，返回数组元素的最大值，并且元素的数量是不确定的。因此，在设计函数时，除了形式参数数组外，还要增加一个整型参数表示数组长度（元素个数）。

任务代码

```
#include<stdio.h>
int main(){
    int a[100+20],n,i,m;          //定义数组大小，比题目要求的 100 略高一些
    scanf("%d",&n);               //读入整数 n（数组元素个数）
    for(i=0;i<n;i++)              //遍历数组读入数据元素
        scanf("%d",&a[i]);
    m=max(a,n);                   //调用函数，返回有 n 个元素的数组 a 中的最大元素值
    printf("%d",m);
    return 0;
}
int max(int p[],int n){           //数组名 p 作为形式参数,n 为元素个数
    int i,m;
    m=p[0];                       //用 m 存储最大值,初始设为 p[0]
    for(i=1;i<n;i++)             //遍历数组(除了 p[0])
        if(m<p[i])m=p[i];        //得到数组中的最大值
    return m;                     //返回最大值
}
```

代码分析

数组名作为函数的实际参数时，要求形式参数数组类型与实际参数数组类型一致。形式参数数组的长度可以不指定，系统在编译程序时对其大小不作检查。

函数调用时，将实际参数 a（数组名/数组首地址）传给形式参数 p。因为 p 的值和 a 相同，所以数组 p 就是数组 a，p[0]就是 a[0]，两个数组共用一个首地址，其实就是一个数组。

任务 8.3.3 数组变换

◇ **任务描述：**

编写函数，功能为对形式参数数组进行变换，规则是下标是偶数的元素变为原值的 2 倍，下标是奇数的元素变为原值加 33。在主函数中首先输入一个整数 N（1<N≤100），然后输入 N 个整数存入数组中，调用函数进行变换后，输出数组的所有元素。

◇ **输入格式：**

第一个数是整数 N，接下来是 N 个整数。

◇ **输出格式：**

输出变换后的数组元素。

◇ **输入样例：**

```
5
1 2 3 4 6
```

◇ **输出样例：**

```
2 35 6 37 12
```

任务 8.3.4 数组逆置或右移

◇ **任务描述：**

编写函数，功能为对形式参数数组进行整体逆置变换；再编写函数，功能为对形式参数数组元素进行右移一位操作，即所有元素向后移动一个位置，原最后元素移到首位。

在主函数中首先输入一个整数 N（1<N≤100）和 M（M≥0，M 是 0 表示逆置，否则表示右移 M 位），然后输入 N 个整数存入数组中，调用函数进行变换后，输出数组的所有元素。

◇ **输入格式：**

一个整数 N（1<N≤100）和 M（M≥0，M 是 0 表示逆置，否则表示右移 M 位），然后是 N 个整数。

◇ **输出格式：**

输出变换后的数组元素。

◇ **输入样例 1：**

```
6 0
1 8 9 0 4 3
```

◇ **输出样例 1：**

```
3 4 0 9 8 1
```

◇ **输入样例 2：**

```
10 3
1 8 9 0 4 3 2 5 -3 21
```

◇ **输出样例 2：**

```
5 -3 21 1 8 9 0 4 3 2
```

第 8.4 关　数　组　排　序

任务 8.4.1 冒泡排序法

◇ **任务描述：**

　　在主函数中首先输入一个整数 n（1<n≤100），再输入 n 个整数存入数组中。然后用冒泡排序法对数组中的 n 个元素从大到小进行排序，最后输出数组的所有元素。

◇ **输入样例：**

```
10
1 2 59 8 75 6 12 55 23 10
```

◇ **输出样例：**

```
75 59 55 23 12 10 8 6 2 1
```

任务代码

```c
#include<stdio.h>
#define N 110
int main(){
    int a[N],n,i,j,k,t;
    scanf("%d",&n);
    for(i=0;i<n;i++)                    //遍历输入
        scanf("%d",&a[i]);
    //以下代码为应用冒泡法对数组元素排序
    for(k=1;k<=n-1;k++)                 //外层循环表示共 n-1 趟排序
        for(i=0;i<n-k;i++)             //内层循环进行第 k 趟排序
            if(a[i]<a[i+1]){           //比较交换
                t=a[i];a[i]=a[i+1];a[i+1]=t;
            }
    //排序完成
    for(i=0;i<n;i++){                   //遍历输出
        if(i>0) printf(" ");
        printf("%d",a[i]);
    }
    return 0;
}
```

代码分析

　　本任务的程序代码采用冒泡法实现排序，此算法从大到小排序的基本原理：每一趟排序将待排序空间中每一个元素与其后面的相邻元素比较，若存在小于关系则交换（冒泡），一趟排序完成以后，待排序空间中的最后一个元素最小。

第 1 趟排序时，待排序元素的下标范围为 0～N-1，从 a[0]到 a[N-1-1]依次与其后相邻元素比较，若小于则交换，这样第 1 趟排序完成之后，保证 a[N-1]最小。

……

第 k 趟排序时，待排序元素的下标范围为 0～N-k，从 a[0]到 a[N-k-1]依次与其后相邻元素比较，若小于则交换，这样第 k 趟排序完成之后，保证 a[N-k]最小。

……

此算法重复地走访要排序的数列，一次比较两个元素，如果它们的顺序不符合要求就把它们交换过来。

相关知识

1. 冒泡排序（bubble sort）

将无序的数据元素通过一定的方法按顺序排列的过程叫作排序。

冒泡排序是一种比较简单的排序算法，它重复地走访要排序的元素列，依次比较两个相邻的元素，如果顺序错误就把它们交换过来。这个算法的名字由来是越小的元素会经由交换慢慢"浮"到数列的一端，就如同饮料中的气泡最终会上浮到顶端一样，故名冒泡排序。

冒泡排序算法的原理是比较相邻的元素，如果左侧的元素比右侧的元素小，就交换它们两个。经过一轮比较，最右侧的元素就是最小的。持续执行多轮这样的操作，直到所有数据都完成排序。

下面通过表格来演示该排序方法的基本过程。为方便叙述排序趟数从 1 开始计数，需要进行排序的数组 a[0]～a[9]依次为 45，50，72，63，90，42，84，49，90，14。

第 1 趟排序：待排序元素的下标范围是 0～9，即整个数组，待排位置为 a[9]，过程如表 8-2 所示。

表 8-2　第 1 趟排序过程

循环变量/下标	0	1	2	3	4	5	6	7	8	9	操作
k=1,i=0	46	50	72	63	90	42	84	49	90	14	46<50 交换
k=1,i=1	50	46	72	63	90	42	84	49	90	14	46<72 交换
k=1,i=2	50	72	46	63	90	42	84	49	90	14	46<63 交换
k=1,i=3	50	72	63	46	90	42	84	49	90	14	46<90 交换
k=1,i=4	50	72	63	90	46	42	84	49	90	14	
k=1,i=5	50	72	63	90	46	42	84	49	90	14	42<84 交换
k=1,i=6	50	72	63	90	46	84	42	49	90	14	42<49 交换
k=1,i=7	50	72	63	90	46	84	49	42	90	14	42<90 交换
k=1,i=8	50	72	63	90	46	84	49	90	42	14	
排序结果	50	72	63	90	46	84	49	90	42	14	

第 1 趟排序后，a[9]的值为此次待排序数组中的最小值。

第 2 趟排序：待排序元素的下标范围为 0～8，待排位置为 a[8]，过程如表 8-3 所示。

表 8-3　第 2 趟排序过程

循环变量/下标	0	1	2	3	4	5	6	7	8	9	操作
k=2,i=0	50	72	63	90	46	84	49	90	42	14	50<72 交换
k=2,i=1	72	50	63	90	46	84	49	90	42	14	50<63 交换
k=2,i=2	72	63	50	90	46	84	49	90	42	14	50<90 交换
k=2,i=3	72	63	90	50	46	84	49	90	42	14	
k=2,i=4	72	63	90	50	46	84	49	90	42	14	46<84 交换
k=2,i=5	72	63	90	50	84	46	49	90	42	14	46<49 交换
k=2,i=6	72	63	90	50	84	49	46	90	42	14	46<90 交换
k=2,i=7	72	63	90	50	84	49	90	46	42	14	
排序结果	72	63	90	50	84	49	90	46	42	14	

第 2 趟排序后，a[8]的值为此次待排序数组中的最小值。

以此类推，第 8 趟排序后，整个数组的排序完成。

2. 冒泡排序法的改进

所有的排序算法都是由比较和移位操作完成的，分析冒泡排序的算法发现，当待排元素已经有序时，就无须再进行后续的排序了。改进算法代码如下。

```c
//以下代码为应用改进的冒泡法对数组元素进行排序
int flag;
for(k=1;k<=n-1;k++){                 //共 n-1 趟排序
    flag=0;                          //标志变量置 0
    for(i=0;i<n-k;i++)
        if(a[i]<a[i+1]){
            t=a[i];a[i]=a[i+1];a[i+1]=t;
            flag=1;                  //发生交换标志置 1
        }
    if(flag==0) break;   //若无交换，说明待排的所有元素已经有序，此时跳出循环
}
//排序完成
```

任务 8.4.2　冒泡排序函数

◇ 任务描述：

编写函数实现冒泡法对实型数组从小到大的排序。在主函数中首先输入一个整数 N

（1<N≤100），然后输入 n 个实数存入数组中，调用你编写的函数排序后输出数组的所有元素。

◇ **输入样例：**

```
5
2  3.5  1.0  0.618  1.142
```

◇ **输出样例：**

```
0.6180 1.0000 1.1420 2.0000 3.5000
```

任务 8.4.3 选择排序法

◇ **任务描述：**

在主函数中首先输入一个整数 N（1<N≤100），接着输入 N 个整数存入数组中，然后用选择排序法对数组中的 N 个元素从大到小排序，最后输出数组的所有元素。

◇ **输入样例：**

```
10
1 2 59 8 75 6 12 55 23 10
```

◇ **输出样例：**

```
75 59 55 23 12 10 8 6 2 1
```

任务代码

```c
#include<stdio.h>
#define N 110
int main(){
    int a[N],n,i,j,k,t;
    scanf("%d",&n);
    for(i=0;i<n;i++)                     //遍历输入
        scanf("%d",&a[i]);
    //以下代码为应用选择排序法对数组元素排序
    for(i=0;i<n-1;i++){                   //共 n-1 趟
        k=i;                             //待排序的下标范围 i~n-1
        for(j=i+1;j<n;j++)               //查找最大元素的下标赋给 k
            if(a[k]<a[j])  k=j;
        if(a[i]!=a[k]){                  //交换 a[i]和 a[k],使 a[i]最大
            t=a[i];a[i]=a[k];a[k]=t;
        }
    }
    //排序完成
    for(i=0;i<n;i++){                     //遍历输出
        if(i>0) printf(" ");
```

```
        printf("%d",a[i]);
    }
    return 0;
}
```

代码分析

本任务的程序代码采用的排序方法为选择排序法，按此算法从大到小排序的基本原理：每一趟排序将待排数据元素中的最大元素与第一个元素交换，一趟排序下来以后，待排位置上的第一个元素最大。

相关知识

选择排序（selection sort）

选择排序是一种简单直观的排序算法，它的工作原理：第一次从待排序的数据元素中选出最小（或最大）的一个元素，存放在序列的起始位置，然后从剩余的未排序元素中寻找到最小（或最大）元素，存放到已排序的序列的末尾。以此类推，直到全部待排序的数据元素的个数为零。

例如，待排序的数据 a[0]～a[9]依然是 46，50，72，63，90，42，84，49，90，14。

为方便编程和叙述，排序趟数从 0 开始计数，第 0 趟排序时 a[0]是待排位置，待排数据元素的下标范围是 0～9，最大元素的下标是 8，交换 a[0]与 a[8]，使 a[0]最大，至此第 0 趟排序结束。以此类推，表 8-4 演示了该排序方法的基本过程。

表 8-4　选择排序的基本过程

第 i 趟	待排元素的下标范围	最大值下标	0	1	2	3	4	5	6	7	8	9	操作
i=0	0～9	k=4	46	50	72	63	90	42	84	49	90	14	46 交换 90
i=1	1～9	k=8	90	50	72	63	46	42	84	49	90	14	50 交换 90
i=2	2～9	k=6	90	90	72	63	46	42	84	49	50	14	72 交换 84
i=3	3～9	k=6	90	90	84	63	46	42	72	49	50	14	63 交换 72
i=4	4～9	k=6	90	90	84	72	46	42	63	49	50	14	46 交换 63
i=5	5～9	k=8	90	90	84	72	63	42	46	49	50	14	42 交换 50
i=6	2～9	k=7	90	90	84	72	63	50	46	49	42	14	46 交换 49
i=7	7～9	k=7	90	90	84	72	63	50	49	46	42	14	不交换
i=8	8～9	k=8	90	90	84	72	63	50	49	46	42	14	不交换
	排序结果		90	90	84	72	63	50	49	46	42	14	

任务 8.4.4　插入排序法

◇ **任务描述：**

编写函数实现利用插入排序法对数组进行从小到大排序。在主函数中，首先输入一

个整数 N（1<N≤100），然后输入 N 个整数存入数组中。请调用你编写的函数完成排序，并输出排序后的数组的所有元素。（插入排序法的算法思想请查阅相关资料）

◇ **输入样例：**

```
5
2 3 1 6 8
```

◇ **输出样例：**

```
1 2 3 6 8
```

第8.5关 二 维 数 组

任务8.5.1 方阵

◇ **任务描述：**

编程读入一个整数 N，输出样例中的 N×N 的方阵。

◇ **输入格式：**

一个正整数 N，N<20。

◇ **输出格式：**

输出 N×N 方阵，每个数占四列，前两位是行号，后两位是列号。不足四位左侧补 0。

◇ **输入样例：**

```
10
```

◇ **输出样例：**

```
0101 0102 0103 0104 0105 0106 0107 0108 0109 0110
0201 0202 0203 0204 0205 0206 0207 0208 0209 0210
0301 0302 0303 0304 0305 0306 0307 0308 0309 0310
0401 0402 0403 0404 0405 0406 0407 0408 0409 0410
0501 0502 0503 0504 0505 0506 0507 0508 0509 0510
0601 0602 0603 0604 0605 0606 0607 0608 0609 0610
0701 0702 0703 0704 0705 0706 0707 0708 0709 0710
0801 0802 0803 0804 0805 0806 0807 0808 0809 0810
0901 0902 0903 0904 0905 0906 0907 0908 0909 0910
1001 1002 1003 1004 1005 1006 1007 1008 1009 1010
```

任务代码

```c
#include<stdio.h>
#define N 20
int main(){
```

```
int a[N][N];
int i,j,n;
scanf("%d",&n);
for(i=0;i<n;i++)    //遍历数组，依次赋值
    for(j=0;j<n;j++)
        a[i][j]=(i+1)*100+(j+1);

for(i=0;i<n;i++){   //遍历数组，依次输出
    for(j=0;j<n;j++){
        if(j>0) printf(" ");
        printf("%04d",a[i][j]);
    }
    printf("\n");
}
}
```

代码分析

本任务是典型的二维数组遍历，第一个双重循环遍历数组为每个元素依次赋值，第二个双重循环遍历数组依次输出每个元素，并在每行之后输出换行。

相关知识

二维数组

一维数组只有一个下标，其数组元素也称为单下标变量。

在实际问题中，有很多数据呈现出二维或多维的特征。例如，剧院的某个座位，通常需要由两个坐标才能确定它的位置（×排×号）；如果是多层看台的剧场，通常需要由 3 个坐标才能确定它的位置（×层×排×号）。因此，C 语言允许构造多维数组，多维数组元素有多个下标，以标识它在数组中的位置，所以也称为多下标变量。本节只介绍二维数组，多维数组可由二维数组类推得到。

1. 二维数组的定义和引用

二维数组是有两个下标的数组，通过两个下标序号才能确定数组元素。二维数组定义的一般形式如下：

类型说明符 数组名[常量表达式 1][常量表达式 2];

例如：

float a[3][4];

该语句可以理解为定义一个 3 行 4 列的二维数组。常量表达式 1 指明数组行数，常量表达式 2 指明数组列数。

功能说明：

（1）和一维数组相同，数组名和变量名的命名规则相同，都是标识符。

（2）关于常量表达式的规定也和一维数组相同，即每一维的下标都是从 0 开始计数的。二维数组元素引用的一般形式如下：

```
数组名[行下标][列下标];
```

例如，对于定义：

```
float a[3][4];
```

数组的各个元素为

```
a[0][0]  a[0][1]  a[0][2]  a[0][3]
a[1][0]  a[1][1]  a[1][2]  a[1][3]
a[2][0]  a[2][1]  a[2][2]  a[2][3]
```

二维数组元素也可以像普通变量一样参加运算，即

```
a[1][2]=a[2][3]/2;
a[2][1]=a[1][2]+a[2][3];
```

2. 二维数组元素的遍历

可以通过双层循环结构来访问二维数组的每个元素，即用一个变量表示数组的行号，另一个变量表示数组的列号。

任务 8.5.2　矩阵部分元素的和

◇ **任务描述：**

编程输入整数 N（1<N<10），然后输入 N×N 个整数（N 阶矩阵）按顺序存放在一个 N 行 N 列的二维数组中。要求输出矩阵的上三角元素的和以及下三角元素的和（主对角线属于上三角和下三角的共有元素）。

◇ **输入样例 1：**

```
3
1 2 3
4 5 6
7 8 9
```

◇ **输出样例 1：**

```
26 34
```

◇ **输入样例 2：**

```
5
1 2 3 4 5
5 4 3 2 1
6 8 9 3 2
5 8 7 2 1
9 7 8 6 5
```

◇ **输出样例 2：**

```
47 90
```

任务 8.5.3　输出二维数组的高

◇ **任务描述：**

编程输出一个整型二维数组的高。说明：二维数组的高定义为最大元素与最小元素的差。

◇ **输入格式：**

首先是两个正整数 M 和 N（0<M，N<1000），表示数组的行数与列数。然后是 M 行整数，每行 N 个，以空格分隔，表示二维数组的内容。

◇ **输出格式：**

输出此数组的高。

◇ **输入样例：**

```
3 5
12 25 56 89 -98
100 200 210 300 2
55 88 66 77 44
```

◇ **输出样例：**

```
398
```

相关知识

1．二维数组的存储

和一维数组一样，二维数组的所有元素都被安排在一块连续的存储空间内，数组元素在内存中顺序存放，它们的地址是连续的。也就是说，二维数组在内存中是按一维线性排列的，而且在 C 语言中，二维数组是按行排列的，即先存放 a[0]行，再存放 a[1]行，以此类推。

我们来看以下示例代码，并分析该代码的执行结果。

示例代码：

```
#include<stdio.h>
int main(){
    int a[3][3];
    int i,j;
    for(i=0;i<3;i++)    //遍历数组，依次输出元素的地址
        for(j=0;j<3;j++)
            printf("%x ",&a[i][j]);
    return 0;
```

```
}
```

执行程序，输出：

```
22fe20 22fe24 22fe28 22fe2c 22fe30 22fe34 22fe38 22fe3c 22fe40
```

示例代码分析：

从输出结果可以看出，二维数组元素从 a[0][0] 到 a[2][2] 是顺序存储在内存中。

2. 二维数组的初始化

二维数组元素的初始化可以通过以下几种方法来进行。

（1）分行赋初值（每个内层花括号负责一行），例如：

```
int a[3][4]={ {1,2,3,4},{5,6,7,8},{9,10,11,12} };
```

（2）不按行，从左到右依次赋值，例如：

```
int a[3][4]={1,2,3,4,5,6,7,8,9,10,11,12};
```

（3）可以只对部分元素赋值：

```
int a[3][4]={1,2,3,4,5,6,7,8};          //不按行，依次从左至右赋初值
int a[3][4]={{1,2},{5,6,7},{8}};        //按行，每行只是部分赋初值
```

（4）如果是对数组中的全部元素赋初值，则第一维的大小可省略，系统会根据第二维的大小及所有初值的个数自动计算第一维的大小。例如：

```
int a[][4]={1,2,3,4,5,6,7,8,9,10,11,12};
```

（5）关于未经初始化的数组元素的初值，与一维数组的规定相同。

接下来，我们来看以几个示例代码，并分析各代码的执行结果。

示例代码 1：

```
#include<stdio.h>
int main(){
    int a[5][5];
    int i,j;
    for(i=0;i<5;i++){      //没有初始化就输出
      for(j=0;j<5;j++)
        printf("%-10d ",a[i][j]);
      printf("\n");
    }
}
```

执行程序，输出：

8	0	4200174	0	4203200
0	66	0	3106352	0
1	0	-1	-1	66
0	1	0	4200201	0

| 3 | 0 | 66 | 0 | 1999377760 |

示例代码 1 分析：

可以看出，和一维数组一样，没有被初始化的二维数组，所有元素的值是不确定的。

示例代码 2：

```
#include<stdio.h>
int main(){
    int a[5][5]={{1,2},{3,4,5,6,7},{},{9}};
    int i,j;
    for(i=0;i<5;i++){
        for(j=0;j<5;j++)
            printf("%d ",a[i][j]);
        printf("\n");
    }
    return 0;
}
```

执行程序，输出：

```
1 2 0 0 0
3 4 5 6 7
0 0 0 0 0
9 0 0 0 0
0 0 0 0 0
```

示例代码 2 分析：

按行赋初值，没赋初值的元素，系统做清 0 处理。

示例代码 3：

```
#include<stdio.h>
int main(){
    int a[][5]={{1,2},{3,4,5,6,7},{},{9},{10,11}};
    int i,j;
    for(i=0;i<5;i++){
        for(j=0;j<5;j++)
            printf("%2d ",a[i][j]);
        printf("\n");
    }
    return 0;
}
```

执行程序，输出：

```
 1  2  0  0  0
 3  4  5  6  7
```

0	0	0	0	0
9	0	0	0	0
10	11	0	0	0

示例代码 3 分析：

对于赋了初值的二维数组，在定义时可以省略定义行数，系统会自动识别。但是，在定义二维数组时，列数不能省略。

示例代码 4：

```c
#include<stdio.h>
int main(){
    int a[][5]={1,2,3,4,5,6,7,8,9,10,11,12,13,14,15,16,17,18,19,20,21,
22};
    int i,j;
    for(i=0;i<5;i++){
        for(j=0;j<5;j++)
            printf("%2d ",a[i][j]);
        printf("\n");
    }
    return 0;
}
```

执行程序，输出：

1	2	3	4	5
6	7	8	9	10
11	12	13	14	15
16	17	18	19	20
21	22	0	0	0

示例代码 4 分析：

二维数组也可以像一维数组的格式赋初值，编译器会从头至尾依次按行按列给每个元素赋值，并且如果省略定义数组的行数，编译器也会自动计算得出。

第 8.6 关　二维数组的应用

任务 8.6.1　矩阵转置

◇ **任务描述：**

编程将数组 **A** 中元素的行列号互换后，存于数组 **B** 中（相当于矩阵转置）。

◇ **输入格式：**

开始的两个整数 m 和 n（正整数，不超过 20），表示矩阵 **A** 是 m 行 n 列，矩阵 **B** 是 n 行 m 列。接下来是 m 行每行 n 个整数，代表矩阵 **A** 的所有元素。

◇ **输出格式：**

按行输出转置后的矩阵 **B**，每行内数据之间隔一个空格。

◇ **输入样例：**

```
3 4
101 205 703 504
400 105 687 306
608 909 205 512
```

◇ **输出样例：**

```
101 400 608
205 105 909
703 687 205
504 306 512
```

任务 8.6.2 杨辉三角

◇ **任务描述：**

杨辉三角是中国数学史上的一个伟大成就，在中国南宋数学家杨辉 1261 年所著的《详解九章算法》一书中有相关记载。杨辉三角每一行上的数字都是二项式系数，其特点是两侧数字为 1，其余每个数字等于其肩上两个数字的和，如图 8-2 所示。

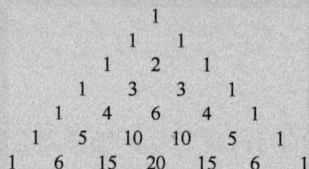

```
              1
            1   1
          1   2   1
        1   3   3   1
      1   4   6   4   1
    1   5  10  10   5   1
  1   6  15  20  15   6   1
```

图 8-2 杨辉三角

编程输入一个正整数 n，输出杨辉三角的前 n 行。用二维数组实现，先把各个数值存储于数组中，再输出。

◇ **输入格式：**

一个整数 n，n<20。

◇ **输出格式：**

按输出样例格式输出，一行中整数之间隔一个空格。

◇ **输入样例 1：**

6

◇ **输出样例 1：**

1
1 1
1 2 1
1 3 3 1
1 4 6 4 1
1 5 10 10 5 1

◇ **输入样例 2：**

10

◇ **输出样例 2：**

1
1 1
1 2 1
1 3 3 1
1 4 6 4 1
1 5 10 10 5 1
1 6 15 20 15 6 1
1 7 21 35 35 21 7 1
1 8 28 56 70 56 28 8 1
1 9 36 84 126 126 84 36 9 1

任务 8.6.3～任务 8.6.7 的内容请从本书配套的资源包中查阅。

第 8.7 关 字 符 数 组

任务 8.7.1 变换大小写

◇ **任务描述：**

编程读入一行字符串（最多 80 个字符），将其中的英文字母按大小写变换后输出。

◇ **输入样例：**

There ARE Two Ways iN solvinG tHis ProblEm.

◇ **输出样例：**

tHERE are tWO wAYS In SOLVINg ThIS pROBLeM.

任务代码

```
#include<stdio.h>
int main(){
    char s[200];        //定义字符数组(多于 80 个元素)
    int i;
    gets(s);            //读入一行字符串
    for(i=0;s[i]!='\0';i++){                    //遍历字符串 s
        if(s[i]>='A'&&s[i]<='Z')      s[i]+=32;
        else if(s[i]>='a'&&s[i]<='z') s[i]-=32;
    }
    puts(s);            //输出整个字符串
    return 0;
}
```

代码分析

代码中通过 gets(s)读入一行字符串到数组 s 中，通过 puts(s)将变换后的字符串输出；通过 "for(i=0;s[i]!='\0';i++){ }" 结构实现字符串的遍历，在循环体中判断如果 s[i]是大写字母就变换成小写字母，如果是小写字母就变换成大写字母，其他字符保持原样不变。

相关知识

一维字符数组

字符串常量是用双引号括起来的一串字符，如"china"。字符串是指若干有效字符的序列。C 语言规定：在存储器中以'\0'作为字符串结束的标志（'\0'代表 ASCII 值为 0 的字符，表示一个 "空操作"，只起到标志作用）。

C 语言中没有专门的字符串变量，都是用字符数组来存放字符串的。

1. 一维字符数组的定义

一维字符数组的定义和其他类型数组定义的语法相同，例如：

```
char s[26];
char s[100];
```

2. 一维字符数组的初始化

```
char x[10]={'I',' ','L','O','V','E',' ','Y','O','U'}; //依次赋初值
char y[15]={'1','2','3','4','5'}           //依次赋初值，剩下的清 0
char z[15]={"12345"};               //依次赋初值，剩下的清 0（花括号也可以省略）
char z[15]="12345";                 //依次赋初值，剩下的清 0 (效果同上)
```

数组 x 的所有元素都得到初值，因为数组中没有'\0'，所以严格来说，数组 x 不是字符串；数组 y 的前 5 个元素得到初值，剩下的所有元素都是 0，也就是说，y[5]的值是'\0'，说明数

组 y 是一个字符串；数组 z 被赋初值的元素个数是 6 个，因为字符串"12345"的长度是 6，串尾有一个不可见字符'\0'。数组 z 和数组 y 的值是相同的，都是字符串"12345"。总之，包含'\0'元素的字符数组就是字符串。

3. 一维字符数组的遍历

对于确定元素个数的字符数组，可以通过遍历所有下标访问所有元素，实现遍历数组元素。例如：

```
for(i=0;i<26;i++){ //遍历输出字符数组的每个元素(假设数组有 26 个元素)
    printf("%c",s[i]);
}
```

对于存放字符串的数组，当不知道字符串的具体长度时，可以通过判断'\0'的方法遍历字符串的所有元素。例如：

```
for(i=0;s[i]!='\0';i++){ //遍历输出字符串所有字符(直到'\0'为止)
    printf("%c",s[i]);
}
```

4. 一维字符数组的整体输入输出

我们可以像其他数组那样，对字符数组或字符串的单个元素分别进行处理，也可以整体输入输出，其他数组则不可以整体处理。

假设有定义：

```
char s[200];
```

那么字符串的输入格式如下。

（1）利用%s 格式符将整个字符串一次输入。

利用%s 格式符输入字符串的一般形式如下：

```
scanf("%s",s);
```

该语句的功能是读入一个字符串到数组 s 中，此时，Tab 键、空格和回车都被认为是字符串之间的分隔符，除输入的字符串外还要在字符串尾部自动加上一个'\0'（空字符）作为字符串结束符。例如，输入：

```
ABCD□□□EFG↙        (用□表示空格，用↙表示回车)
```

那么由于空格被认为是分隔符，因此真正接收的是字符串"ABCD"，即 s[0]是'A'，s[1]是'B'，s[2]是'C，s[3]是'D'，s[4]是'\0'。

（2）利用字符串输入函数 gets()。

gets 函数的一般调用形式如下：

```
gets(字符数组名)
```

例如：

```
gets(s);
```

此函数的功能是读入一个以回车为结束符的字符串到数组 s 中，字符串尾部也会自动加一个'\0'。若读入成功，则返回参数数组名的值（数组首地址）；若读入过程中遇到 EOF（end-of-file，文件结束）或发生错误，则返回 NULL 指针（0 值）。

（3）利用%s 格式符将整个字符串一次输出。

利用%s 输出字符串的一般形式如下：

```
printf("%s",s);              //输出字符串的内容，不包括\0
```

（4）利用字符串输出函数 puts()。

puts()函数的一般调用格式如下：

```
puts(字符串常量或字符数组名)
```

例如：

```
puts(s);  puts("ABCDE");
```

此函数的功能是输出字符串内容，并用'\n'取代字符串的结束标志'\0'，所以用 puts()函数输出字符串时，系统会自动换行。

下面来学习示例代码，并分析该代码的执行结果。

示例代码：

```
#include<stdio.h>
int main(){
    char s[26];
    char t[100]="The People\'s Republic of China";
    int i,j;
    for(i=0;i<26;i++)           //遍历整个数组赋值
        s[i]='A'+i;
    for(i=0;i<26;i++)           //遍历整个数组输出
        printf("%c%c",s[i],s[i]+32);
    printf("\n");
    for(i=0;t[i]!='\0';i++) //只遍历字符串（不是整个数组）
        printf("%c_",t[i]);
    return 0;
}
```

执行程序，输出：

```
AaBbCcDdEeFfGgHhIiJjKkLlMmNnOoPpQqRrSsTtUuVvWwXxYyZz
T_h_e_ _P_e_o_p_l_e_'_s_ _R_e_p_u_b_l_i_c_ _o_f_ _C_h_i_n_a_
```

示例代码分析：

示例代码中定义字符数组 s，通过一次遍历赋值，通过第二次遍历输出。请注意第一次遍历时给数组元素赋值的方法。

代码中定义字符数组 t 并赋初值为一个字符串，请注意字符串尾部最后一个字符的后边是'\0'，剩下的元素都是'\0'。所以数组 t 也是一个字符串。遍历字符串的方法通常是从头开始遍历，循环条件通常是"判断当前字符是不是'\0'"，如果不是，则进入循环；如果是，则表示遍历结束。

也就是说，遍历整个数组时需要知道数组确定的大小，而遍历字符串时通常事先不知道字符串的大小。

任务 8.7.2 统计元音

◇ **任务描述：**

字母 A，E，I，O，U 是元音字母，编程输入一串字符（最多 80 个字符），输出其中元音字母的个数。

◇ **输入格式：**

一行字符串，不超过 80 个字符。

◇ **输出格式：**

一个整数，输入字符串中元音字母的个数。

◇ **输入样例：**

ThE arrAy dimensions must be pOsitive constant Integer expressions.

◇ **输出样例：**

22

任务代码

```c
#include<stdio.h>
int main(){
    char s[200];
    int i,count=0;
    gets(s);
    for(i=0;s[i]!='\0';i++){
        if( s[i]=='A'||s[i]=='a'||s[i]=='E'||s[i]=='e'||
            s[i]=='I'||s[i]=='i'||s[i]=='O'||s[i]=='o'||
            s[i]=='U'||s[i]=='u')
            count++;
    }
    printf("%d",count);
    return 0;
}
```

任务 8.7.3 单词加密

◇ **任务描述：**

编程读入若干英文单词（每个单词长度不超过 100 个字符，且全大写），请加密后依次输出。加密方式是字母替换法，26 个英文字母分成两组，每组对应位置的字母互相替换。

第一组字母：ABCDEFGHIJKLM

第二组字母：NOPQRSTUVWXYZ

也就是说，A 与 N 互相替换，B 与 O 互相替换……M 与 Z 互相替换。

◇ **输入格式：**

若干单词（全英文大写，不包含其他字符），以空格或回车分隔。

◇ **输出格式：**

加密后的字符串，一个字符串一行。

◇ **输入样例：**

```
INT DOUBLE FOR WHILE
RETURN
```

◇ **输出样例：**

```
VAG
QBHOYR
SBE
JUVYR
ERGHEA
```

任务 8.7.4　句子加密

◇ **任务描述：**

编程输入若干英文句子（不超过 80 个字符，英文全大写，包括空格标点），每个句子一行，加密后依次输出。加密方式同任务 8.7.3 中的加密方式。

◇ **输入格式：**

若干全大写的英文句子，包括空格和标点。一个句子一行，不超过 80 个字符。

◇ **输出格式：**

输出加密后的句子，一个句子一行。

◇ **输入样例 1：**

```
INT DOUBLE FOR WHILE RETURN
```

◇ **输出样例 1：**

```
VAG QBHOYR SBE JUVYR ERGHEA
```

◇ **输入样例 2：**

```
THEY LIVE UP IN THE MOUNTAINS.
WE SPENT A WEEK WALKING IN THE MOUNTAINS.
I WOKE UP IN THE MIDDLE OF THE NIGHT AND COULD HEAR A TAPPING ON THE WINDOW.
```

◇ **输出样例 2：**

```
GURL YVIR HC VA GUR ZBHAGNVAF.
JR FCRAG N JRRX JNYXVAT VA GUR ZBHAGNVAF.
V JBXR HC VA GUR ZVQQYR BS GUR AVTUG NAQ PBHYQ URNE N GNCCVAT BA GUR JVAQBJ.
```

任务 8.7.5　统计单词个数　练习任务

◇ **任务描述：**

对于一个英文句子（不超过 100 个字符），所有字符中不含任何标点，单词之间以若干空格分隔，统计其中的单词个数。

编程要求输入若干句子，依次输出单词个数。

◇ **输入格式：**

一行一个句子，输入可能多行。

◇ **输出格式：**

输出每个句子的单词个数，一个结果一行。

◇ **输入样例：**

```
I am a slow walker but I never walk backwards
I LOVE YOU
```

◇ **输出样例：**

```
10
3
```

📝 **相关知识**

字符串处理函数

C 语言提供了丰富的字符串处理函数，大致可分为字符串的输出、输入、测量、转换、比较、复制（拷贝）、连接、逆置、查找、设置等几类。使用字符串输入输出函数，在使用前应包含头文件"stdio.h"，使用其他字符串函数则应包含头文件"string.h"。

（1）字符串输出函数 puts（字符串）。

功能：把字符串输出到显示器，即在屏幕上显示该字符串。

（2）字符串输入函数 gets（字符串）。

功能：从标准输入设备（如键盘）上输入一个字符串，以回车作为输入结束。本函数返回该字符串的首地址。

（3）字符串长度函数 strlen（字符串）。

功能：返回字符串的实际长度（不含字符串结束标志'\0'）。

（4）英文字母小写转大写函数 strupr（字符串）。

功能：将字符串中所有的小写字母替换成相应的大写字母，其他字符保持不变，返回调整后的字符串的首指针。

（5）英文字母大写转小写函数 strlwr（字符串）。

功能：将字符串中所有大写字母替换成相应的小写字母，其他字符保持不变，返回调整后的字符串的首地址。

（6）字符串比较函数 strcmp(字符串 1,字符串 2)。

功能：按照 ASCII 值顺序比较两个数组中的字符串，并由函数返回值返回比较结果。若字符串 1=字符串 2，则返回值＝0；若字符串 2>字符串 2，则返回值>0；若字符串 1<字符串 2，则返回值<0。

（7）字符串复制函数 strcpy(字符串 1,字符串 2)。

功能：把字符串 2 中的字符串复制到字符串 1 中。字符串的结束标志'\0'也一同复制。

（8）字符串连接函数：strcat(字符串 1,字符串 2)。

功能：把字符串 2 中的字符串连接到字符串 1 的后面，并删去字符串 1 后的串标志'\0'。本函数的返回值是字符串 1 的首地址（指针）。

（9）字符串逆置函数 strrev(字符串)。

功能：将字符串 string 中的字符顺序颠倒过来，返回调整后的字符串的首地址（指针）。

（10）查找字符函数 strchr(字符串 s,字符 c)。

功能：查找字符 c 在字符串 s 中首次出现位置的指针，返回地址值，'\0'结束符也包含在查找中，未找到则返回 NULL。

（11）查找子串函数 strstr(字符串 1,字符串 2)。

功能：返回字符串 2 在字符串 1 中首次出现位置的指针，返回地址值，如果在字符串 1 中没有找到字符串 2，则返回 NULL；如果字符串 2 为空串，则函数返回字符串 1 的首地址。

（12）字符串内容设置函数 strset（字符串 s，字符 c）。

功能：将字符串 s 的所有字符设置为字符 c,函数返回内容为调整后的字符串 s 的指针。

任务 8.7.6　密码测试

◇ 任务描述：

请编写程序，功能为首先输入某系统的密码字符串 pass_str，然后不断地输入密码字符串 pass_you，每次与系统密码比较，最多允许输错 3 次。

◇ 输入格式：

第一行是系统密码串 pass_str。接下来的几行是准备输入的密码 pass_you，对每一次的输入，给出结果提示，如果密码正确或错误达到 3 次则结束程序。

◇ 输出格式：

若密码正确，则输出"Correct password.Come in please!"，然后程序结束。

```
    gets(pass_str);              //输入系统真正的密码
    while(1){
        gets(pass_you);          //输入你的密码
        if(strcmp(pass_str,pass_you)==0){  //口令正确
            printf("Correct password.Come in please!\n");
            break;
        }
        else{
            printf("Wrong password[%d].\n",k);
            k++;
        }
        if(k>3){
            printf("Wrong three times,Goodbye!\n");
            exit(0);
        }
    }
    return 0;
}
```

相关知识

1. 一维数组举例

下面看几个一维数组的示例代码,并分析各代码的执行结果。

示例代码 1:

```
#include<stdio.h>
#include<string.h>
int main(){
    char s[80]={"Harbin Normal University"};
    char t[80]={"Harbin"};
    int i;
    printf("字符串\"%s\"有%d个字符.\n",t,strlen(t));
    for(i=0;i<strlen(t);i++)
        printf("下标%d:%c\n",i,t[i]);
    strlwr(s);
    puts(s);
    puts(strupr(s));
    return 0;
}
```

执行程序，输出：

字符串"Harbin"有 6 个字符。

```
下标 0:H
下标 1:a
下标 2:r
下标 3:b
下标 4:i
下标 5:n
harbin normal university
HARBIN NORMAL UNIVERSITY
```

示例代码 2：

```c
#include<stdio.h>
#include<string.h>
int main(){
  char s[80]={"Harbin "};
  char t[80]={"University"};
  strcat(s,"Normal "); strcat(s,t);  puts(s);
  strcpy(s,"HeiLongJiang");          puts(s);
  strrev(s);                         puts(s);
  strset(s,'A');                     puts(s);
  return 0;
}
```

执行程序，输出：

```
Harbin Normal University
HeiLongJiang
gnaiJgnoLieH
AAAAAAAAAAAA
```

示例代码 3：

```c
#include<stdio.h>
#include<string.h>
int main(){
    char s[80]={"Harbin Normal University"};
    char c;
    printf("请输入要查找的字符:");
    c=getchar();
    printf("字符%c 在字符串\"%s\"中",c,s);
    if(strchr(s,c)!=NULL)
```

```
        printf("的下标索引为:%d.", strchr(s,c)-s);
    else
        printf("没找到!");
    return 0;
}
```

执行程序，输入 y，输出：

请输入要查找的字符:y
字符 y 在字符串"Harbin Normal University"中的下标索引为:23.

再次执行程序，输入 K，输出：

请输入要查找的字符:K
字符 K 在字符串"Harbin Normal University"中没找到!

示例代码 3 分析：

函数 strchr(s,c)的返回值为找到字符的内存地址值（未找到则返回 NULL），s 为数组的首地址（即 s[0]的地址），数组中两个元素地址相减的结果可以理解为两个元素下标的差（整型）。

示例代码 4：

```
#include<stdio.h>
#include<string.h>
int main(){
    char s[80]={"Harbin Normal University"};
    char t[80]={"sity"};
    printf("请输入要查找的字符串:");
    gets(t);
    printf("字符串\"%s\"在字符串\"%s\"中",t,s);
    if(strstr(s,t)!=NULL)
        printf("的下标索引为:%d.", strstr(s,t)-s);
    else
        printf("没找到!");
    return 0;
}
```

执行程序，输入 sity，输出：

请输入要查找的字符串:sity
字符串"sity"在字符串"Harbin Normal University"中的下标索引为:20.

再次执行程序，输入 heilongjiang，输出：

请输入要查找的字符串:heilongjiang
字符串"heilongjiang"在字符串"Harbin Normal University"中没找到!

2. 二维字符数组

二维字符数组是字符型的二维数组，定义形式如下：

```
char s[10][80];     //定义 10 行，每行 80 列的二维字符数组
```

下面我们来看以下示例代码，并分析该代码的执行结果。

示例代码：

```
#include<stdio.h>
#include<string.h>
int main(){
    char s[4][80]={"Harbin","Normal"};
    strcpy(s[2],"University");
    strcat(s[3],s[0]);
    strcat(s[3],s[1]);
    strcat(s[3],s[2]);
    int i=0;
    for(i=0;i<4;i++)
        puts(s[i]);
    return 0;
}
```

执行程序，输出：

```
Harbin
Normal
University
HarbinNormalUniversity
```

示例代码分析：

对于二维字符数组 s[4][80]，共有 4 行，分别为 s[0]，s[1]，s[2]，s[3]，这 4 种表示形式分别代表二维数组中的每一行，单独使用都表示一维字符数组，值分别为行首地址。

任务 8.7.7　单词排序

◇ 任务描述：

编程输入一个正整数 n（n<100），再读入 n 个单词（不大于 40 个字符）。对这些单词按字典序排序后输出，其部分代码如下，请将代码补充完整。

```
#include<stdio.h>
#include<string.h>
int main(){
  char s[100][80];
```

```
    int i,j,n;
    scanf("%d",&n);                //输入单词个数 n
    for(i=0;i<n-1;i++)             //输入 n 个单词到数组中
        scanf("%s",s[i]);

    //在这里补充你的代码

    for(i=0;i<n;i++)               //输出排序后的所有单词
        puts(s[i]);
}
```

◇ **输入格式**：

一个整数 n，后跟 n 个单词。

◇ **输出格式**：

输出排序后的单词，一个单词一行。

◇ **输入样例**：

```
5
Harbin  Shanghai Beijing Hongkong Taipei
```

◇ **输出样例**：

```
Beijing
Harbin
Hongkong
Shanghai
Taipei
```

任务代码

```
#include<stdio.h>
#include<string.h>
int main(){
    char s[100][80];
    char t[80];
    int i,j,n;
    scanf("%d",&n);                    //输入单词个数 n
    for(i=0;i<n;i++)                   //输入 n 个单词到数组中
        scanf("%s",s[i]);
    for(i=0;i<n-1;i++)                 //单词排序
        for(j=0;j<n-1-i;j++)
            if(strcmp(s[j+1],s[j])<0){
                strcpy(t,s[j+1]);
```

```
                    strcpy(s[j+1],s[j]);
                    strcpy(s[j],t);
            }
        for(i=0;i<n;i++)                    //输出排序后所有单词
            puts(s[i]);
        return 0;
}
```

第 8.8 关　数组的综合应用

任务　数组的综合应用训练

◈ **任务描述**：

根据输入的多个命令完成以下操作。

（1）I 命令：输入的命令是字符 I，后面输入整数 n，再输入 n 个整数存入数组。

（2）R 命令：输入的命令是字符 R，将数组中所有元素首尾顺序倒置。

（3）A 命令：输入的命令是字符 A，输出数组元素的和以及平均值。

（4）S 命令：输入的命令是字符 S，后面输入一个整数 x，x 为 1，则数组所有元素从小到大排序；x 为 2，则数组所有元素从大到小排序。

（5）P 命令：输入的命令是字符 P，依次输出所有元素，元素之间空一格。

（6）U 命令：输入的命令是字符 U，后面输入一个整数 x，将 x 插入数组尾部。

注意：所有测试数据保证第一个命令是 I，以初始化数组。不同命令和数据之间以空格或回车分隔。所有的输出命令单独占一行，请注意输入输出样例的格式。

◈ **输入样例 1**：

```
I 10 1 2 6 7 8 9 10 3 4 5
R P S 2 P S 1 P A
```

◈ **输出样例 1**：

```
5 4 3 10 9 8 7 6 2 1
10 9 8 7 6 5 4 3 2 1
1 2 3 4 5 6 7 8 9 10
Sum=55,Average=5.500000
```

◈ **输入样例 2**：

```
I 6 10 20 30 40 50 60
U 35 U 45 P A S 1 P
```

若密码错误，则输出"Wrong password[错误次数]."。

若密码错误达到 3 次，则输出"Wrong three times,Goodbye!"。

◇ **输入样例 1：**

```
12345678
PASSWORD
ZHIMAKAIMEN
kuaikaimen
12345678
```

◇ **输出样例 1：**

```
Wrong password[1].
Wrong password[2].
Wrong password[3].
Wrong three times,Goodbye!
```

◇ **输入样例 2：**

```
12345678
PASSWORD
ZHIMAKAIMEN
12345678
kuaikaimen
```

◇ **输出样例 2：**

```
Wrong password[1].
Wrong password[2].
Correct password.Come in please!
```

◇ **输入样例 3：**

```
12345678
12345678
kuaikaimen
```

◇ **输出样例 3：**

```
Correct password.Come in please!
```

任务代码

```
#include<stdio.h>
#include<string.h>
#include<stdlib.h>
int main(){
    char pass_str[80];
    char pass_you[80];
    int k=1;
```

◇ **输出样例 2：**

```
10 20 30 40 50 60 35 45
Sum=290,Average=36.250000
10 20 30 35 40 45 50 60
```

关于此任务的分析和程序代码请从本书配套的资源包中查阅。

习题 8

习题 8 及其参考答案和代码请从本书配套的资源包中查阅。

第9单元 指 针 ✎

第9.1关 认 识 指 针

指针是 C 语言中广泛使用的一种数据类型,运用指针编程是 C 语言最主要的风格之一。指针极大地丰富了 C 语言的功能,学习指针是学习 C 语言最重要的一个环节,能否正确理解和使用指针是我们是否掌握 C 语言的一个判断标准。

任务 9.1.1　两数排序

◇ **任务描述:**

给出两个整数,按从小到大的顺序输出。

◇ **输入格式:**

若干组数据,每组数据占一行,每组数据为两个整数,用空格分隔。

◇ **输出格式:**

对每组数据按要求从小到大重新输出,两个整数之间隔一个空格,每组数据单独占一行。

◇ **输入样例:**

```
6 1
8 5
12 20
```

◇ **输出样例:**

```
1 6
5 8
12 20
```

任务代码

解法 1（直接交换变量）:

```
#include<stdio.h>
int main(){
    int a,b,t;
    while(scanf("%d%d",&a,&b)==2){   //输入每组数据
```

```
        if(a>b){                            //比较交换法(两两比较)
            t=a;a=b;b=t;
        }
        printf("%d %d\n",a,b);
    }
    return 0;
}
```

代码分析

解法 1 是问题的常规解法，使用比较交换法，通过两两比较交换不满足要求的顺序，使用这种方法可以排序更多的数据。

还可以通过指针技术，间接实现从小到大输出的任务。

任务代码

解法 2（交换指针值）：

```
#include<stdio.h>
int main(){
    int a,b;
    int *pa,*pb,*t;                     //定义 3 个 int 型指针变量
    pa=&a;   pb=&b;                      //pa 指向变量 a,pb 指向变量 b
    while(scanf("%d%d",&a,&b)==2){       //输入每组数据
        if(*pa>*pb){                     //比较交换法(相当于比较 a>b)
            t=pa;pa=pb;pb=t; //交换指针值，交换后相当于 pa 指向 b, pb 指向 a
        }
        printf("%d %d\n",*pa,*pb);       //输出 pa 和 pb 指向的变量的值
    }
    return 0;
}
```

代码分析

（1）语句"int *pa,*pb,*t;"定义了 3 个 int 型指针变量。

（2）语句"pa=&a;pb=&b;"为指针变量赋值，pa 被赋的值是变量 a 的地址，赋值后 pa 指向变量 a；pb 被赋的值是变量 b 的地址，赋值后 pb 指向变量 b。

（3）语句"if(*pa>*pb){t=pa;pa=pb;pb=t;}"中的*pa 表示 pa 指向的变量 a, *pb 表示 pb 指向的变量 b。表达式"*pa>*pb"相当于 a>b，如果表达式成立就交换指针 pa 和 pb 的值。

（4）复合语句"{t=pa;pa=pb;pb=t;}"实现了指针变量 pa 和 pb 值的交换，使用了中间指针变量 t，要注意 t 也要定义为同类型的 int 型指针。

该代码最后输出*pa 和*pb 的值，如果没有发生交换，实际输出的就是 a 和 b 的值；如果发生了交换，实际输出的就是 b 和 a 的值。

注意：变量 a 和 b 的值始终没变，a 还是 a，b 还是 b，交换的只是指针变量的值。

任务代码

解法 3（通过指针交换变量值）：

```
#include<stdio.h>
int main(){
    int a,b,t;
    int *pa,*pb;                        //定义两个 int 型指针变量
    pa=&a;  pb=&b;                       //pa 指向变量 a,pb 指向变量 b
    while(scanf("%d%d",&a,&b)==2){       //输入每组数据
        if(*pa>*pb){                     //比较交换法(相当于比较 a>b)
            t=*pa;*pa=*pb;*pb=t;         //交换*pa 和*pa,相当于交换 a 和 b
        }
        printf("%d %d\n",a,b);           //输出 a 和 b
    }
    return 0;
}
```

代码分析

解法 3 的代码中，复合语句"{t=*pa;*pa=*pb;*pb=t;}"的功能是交换*pa 和*pb，实际上相当于交换 a 和 b。因为*pa 就是 a，*pb 就是 b。这个语句实现了通过指针间接交换变量 a 和 b 的值。

需要注意的是变量 t 要定义成普通 int 型变量，因为*pa 和*pb 都是 int 型变量。最后输出变量 a 和 b 的值，此时 a 和 b 的值有可能已经被交换了。

任务代码

解法 4（通过函数交换变量）：

```
#include<stdio.h>
void swap(int *pa,int *pb){ //指针作为函数形式参数
    int t;
    t=*pa;*pa=*pb;*pb=t;         //交换*pa 和*pa,相当于交换主函数中的 a 和 b
    return;
}
int main(){
    int a,b;
    while(scanf("%d%d",&a,&b)==2){   //输入每组数据
        if(a>b){                     //比较交换法
            swap(&a,&b);             //实际参数是地址
        }
        printf("%d %d\n",a,b);       //输出 a 和 b
    }
    return 0;
}
```

代码分析

（1）代码中函数 swap()的形式参数是两个 int 型指针 pa 和 pb，功能为交换*pa 和*pb 的值，也就是交换 pa 和 pb 所指向的变量的值。函数 swap()没有返回值。

（2）主函数中，通过"swap(&a,&b);"语句调用函数 swap()，调用时将&a 传给形式参数 pa，将&b 传给形式参数 pb，传的都是地址值。这样在函数 swap()内，pa 指向主函数中的变量 a，pb 指向主函数中的变量 b，通过指针打破了函数之间的屏障，使得在函数 swap()内可以操作主函数中的变量。这在之前"传值"方式的程序中是无法实现的。

（3）函数 swap()中的语句"t=*pa;*pa=*pb;*pb=t;"实现的是交换*pa 和*pb 的值，实际上相当于交换的是主函数中的变量 a 和 b 的值，这更印证了在被调函数中操作主调函数内变量的方法。主函数中最后输出变量 a 和 b 的值。

主函数中通过调用函数 swap()实现了变量 a 和 b 的值交换，这就是"传地址"方式的作用，也就是指针作为函数参数的作用。

相关知识

1. 指针基本操作

1）指针就是地址

程序执行时，所有的代码都要装入内存，所有的数据也都在内存中分配存储单元。在内存中，把一个字节称为一个内存单元，每个内存单元都有一个固定编号，通过编号即可准确地找到该内存单元。内存单元的编号也叫地址。

根据内存单元地址就可以找到对应的内存单元，地址也被称为指针。

2）指针变量

C 语言允许用一个变量来存放指针（地址），这种变量称为指针变量。指针变量定义的一般形式如下：

```
类型说明符　*变量名;
```

其中，"*"表示这是一个指针变量，类型说明符表示该指针变量所指向的变量的数据类型。

例如：

```
int *p;
```

表示 p 是一个指针变量，它的值是某个整型变量的地址，或者说 p 指向一个整型变量。至于 p 究竟指向哪一个整型变量，应由向 p 赋予的地址来决定。

再如：

```
float *f;  //f 是指向单精度浮点变量的指针变量
char *c;   //c 是指向字符变量的指针变量
```

3) 指针变量的赋值

指针变量通常只能赋予地址值，以下赋值都是正确的形式。

（1）指针被赋予某变量地址：

```
int a,*p=&a;
```

或写成

```
int a,*p;  p=&a;
```

（2）同类型指针间相互赋值：

```
int a,b,*p=&a,*q=&b;      p=q;
```

（3）指针被赋予数组内地址：

```
int a[10],b[10],*p,*q;
p=a;                //相当于  p=&a[0];
q=&b[5];
```

另外，不建议把一个数值赋予指针变量，所以下面的赋值是危险的。

```
int *p;            p=1000;
```

虽然编译程序不会报错，但指针变量 p 指向的地址（1000）并不是系统分配给我们使用的，这样做容易产生逻辑错误或运行时错误。

4) 取内容运算符 "*"

取内容运算符 "*" 是单目运算符，*p 的意义是 p 所指向的变量。

例如，如果有 "int a,*p=&a;"，那么我们说指针 p 指向变量 a，可以用*p 代替 a 进行一切操作，即*p=5 等价于 a=5。

5) 空指针

设 p 为指针变量，则 "p==0" 表明 p 是空指针，它不指向任何变量；"p!=0" 表示 p 不是空指针，它指向某个变量。空指针是由对指针变量赋予 0 值而得到的。例如：

```
int *p=NULL;   //NULL 是在 stdio.h 中定义好的符号常量，代表 0 值
```

下面来看几个示例代码，并分析各代码的执行结果。

示例代码 1：

```
#include<stdio.h>
int main(){
    int a=5,b=8,c[10]={0};
    int *pa,*pb,*pc;
    printf("%ld,%ld,%ld\n",&a,&b,c);
    pa=&a; pb=&b; pc=c;
    printf("%ld,%ld,%ld\n",pa,pb,pc);
    pa=pb=pc;
    printf("%ld,%ld,%ld\n",pa,pb,pc);
}
```

执行程序，输出：

```
2293300,2293296,2293248
2293300,2293296,2293248
2293248,2293248,2293248
```

示例代码 1 分析：

指针变量可以被赋予一个变量的地址，也可以被赋予一个数组名（数组的首地址）。指针变量之间可以互相赋值。

程序输出的都是地址值，地址值是内存单元的地址编号，是一个无符号 int 型数据。

示例代码 2：

```c
#include<stdio.h>
int main(){
    int a=5,b=8,*pa=&a,*pb=&b;
    printf("a =%ld,b =%ld\n",a,b);
    printf("*pa=%ld,*pb=%ld\n",*pa,*pb);
    *pa=15; b=18;
    printf("a =%ld,b =%ld\n",a,b);
    printf("*pa=%ld,*pb=%ld\n",*pa,*pb);
}
```

执行程序，输出：

```
a =5,b =8
*pa=5,*pb=8
a =15,b =18
*pa=15,*pb=18
```

示例代码 2 分析：

运算符"&"是取地址运算符，运算符"*"是取内容运算符，程序中 pa 被赋值&a，则 pa 指向 a，*pa 的意义就是 pa 所指向的变量，即 a，所以可以认为*pa 是 a 的别名或引用。可以使用*pa 代替 a 执行一切操作，二者是等价的。

示例代码 3：

```c
#include<stdio.h>
int main(){
    char *c;
    c="Harbin Normal University";
    char *s="HRBNU";
    puts(c);
    puts(s);
}
```

执行程序，输出：

```
Harbin Normal University
HRBNU
```

示例代码 3 分析：

语句 "c="Harbin Normal University";" 的功能是将字符串的首地址赋给指针变量 c。由此可以看出，字符串的值实际上是它的首地址的值。

2. 指针作为函数参数（传地址）

我们知道，数组名就是数组的首地址。在上一单元中数组名作为函数参数，就是指针作为函数参数的一种情形。

普通指针（地址值）也可以作为函数参数，此时实际参数是指针（地址），函数中的形式参数也要定义成同类型的指针（或数组），此时实际参数向形式参数传递的就是一个地址值，我们称这种方式为传地址。

任务 9.1.2　三数排序

◇ **任务描述：**

给出 3 个整数，按从小到大的顺序输出。

◇ **输入描述：**

若干组数据，每组数据占一行，每组数据为 3 个整数，用空格分隔。

◇ **输出描述：**

对每组数据按要求从小到大重新输出，整数之间隔一个空格，每组数据单独占一行。

◇ **输入样例：**

```
6 1 4
8 5 3
```

◇ **输出样例：**

```
1 4 6
3 5 8
```

第 9.2 关　指针与数组

任务 9.2.1　寻找同龄人

◇ **任务描述：**

已知某班级所有学生的年龄，请统计出和你同龄的学生的数量。

◇ **输入格式：**

第一行两个整数，分别是班级人数 n（n<100），和你的年龄 k。接下来的一行是 n 个年龄数据，以空格或回车分隔。

◇ **输出格式：**

输出一个整数，表示班级中和你同龄的学生数。

◇ **输入样例：**

```
10 22
20 22 21 23 24 22 20 25 21 20
```

◇ **输出样例：**

```
2
```

任务代码

```c
#include<stdio.h>
int fun(int *b,int n,int v){     //函数返回数组 b(n 个元素) 中与 v 值相同的元素个数
    int i,count=0;               //count 统计符合条件的元素数量，赋初值 0
    for(i=0;i<n;i++){            //循环 n 次
        if(*b==v) count++;       //*b 就是数组当前元素
        b++;                     //指针变量 b 向后移动一个位置，指向下一个元素
    }
    return count;
}
int main(){                      //主函数
    int a[120],n,i,k;            //定义数组 (比题目中要求的 100 个元素多一些)
    int *p=a;                    //定义指针变量，赋值数组 a 有首地址
    scanf("%d%d",&n,&k);         //输入变量 n 和 k
    for(i=0;i<n;i++){           //遍历数组下标从 0 到 n-1
        scanf("%d",p+i);         //p+i 就是&a[i]
    }
    printf("%d",fun(a,n,k));     //调用函数返回数组 a 中与 k 值相同的元素个数
    return 0;
}
```

代码分析

（1）函数"int fun(int *b,int n,int v){　　}"的功能是，返回数组 b 中与指定值 v 相同的元素个数，n 是数组 b 的大小（元素总个数）。当形式参数是数组名时，可以定义成指针(int *b)，也可以定义成数组(int b[])。

（2）函数 fun() 内通过 for 循环 n 次来访问数组的所有元素，具体通过*b 访问，然后通过 b++ 使指针 b 指向下一个元素。

（3）主函数中通过调用 fun(a,n,k) 求解数组 a 中与 k 相同的元素个数，其中实际参数 a 是数组名(数组首地址)。调用时将其赋值给形式参数指针变量 b 后，指针 b 就是指向主函数中数组 a 的指针，具体指向的是 a[0]。

相关知识

指针与数组

1. 指向一维数组的指针

将一维数组元素的地址（通常是首地址）赋值给一个指针变量，这个指针就成了指向一维数组的指针。

例如，我们通常通过以下的定义来说明一个数组指针：

```
int a[10],*p; p=a;
```

或者可以写成

```
int a[10],*p=a;
```

此时，指针 p 指向整个数组（也就是指向 a[0]）。也可以让指针 p 指向某一个元素，例如：

```
p=&a[3];
```

2. 指针加减整数

对于指向数组的指针变量，可以让它加上或减去一个整数 n。设 pa 是指向数组 a 的指针变量，则 pa+n、pa-n、pa++、++pa、pa--、--pa 等运算都是合理的。指针变量加或减整数 n 的意义是把指针指向的当前位置（某数组元素）向前或向后移动 n 个位置（以数据类型大小为一个单位）。例如：

```
int a[5],*pa;
pa=a;        //pa 的值为数组 a 的首地址，也就是指向 a[0]
pa=pa+2;     //pa 指向 a[2]，即 pa 的值为&pa[2]
```

此时数组元素及其地址的表示方法不止一种。

设有定义"int a[10],*p=a;"，那么数组元素及其地址的表示方法可以有表 9-1 中所示的多种方式。

表 9-1　一维数组元素和地址的多种表示方式

值	各种等价的表示方法					
a[0]的地址	a	a+0	p	p+0	&a[0]	&p[0]
a[0]的值	*a	*(a+0)	*p	*(p+0)	a[0]	p[0]
a[i]的地址		a+i		p+i	&a[i]	&p[i]
a[i]的值		*(a+i)		*(p+i)	a[i]	p[i]

可见，指针也可当作数组使用。

3. 两个指针相减

指向同一数组的两个指针相减的结果是两个指针所指向的数组元素下标的差。实际上是两个指针绝对值（地址）相减之差再除以该数组元素的字节长度。

例如，pf1 和 pf2 是指向 int 型数组 a 的两个指针变量，设 pf1 指向 a[0]，pf2 指向 a[4]，所以 pf1-pf2 的结果为-4，表示 pf1 和 pf2 之间相差 4 个元素。

4. 两个指针变量之间的关系运算

指向同一数组的两个指针变量进行关系运算可表示它们所指数组元素之间的位置关系。例如，"pf1==pf2"表示 pf1 和 pf2 指向同一数组元素（变量）；"pf1>pf2"表示 pf1 处于高地址位置，即 pf1 指向的数组元素的下标值大；"pf1<pf2"表示 pf1 处于低地址位置，即 pf1 指向的数组元素的下标值小。

我们来看以下示例代码，并分析代码的执行结果。

示例代码：

```c
#include<stdio.h>
int main(){
    int a[10]={0,1,2,3,4,5,6,7,8,9};
    int i,*p1,*p2,*p3;
    p1=a,p2=a+5,p3=a+7;     //相当于 p1=&a[0],p2=&a[5], p3=&a[7];
    printf("%ld,%ld,%ld\n",p1,p2,p3);    //输出指针的值（数组元素地址值）
    printf("%d,%d,%d\n",*p1,*p2,*p3);    //输出指针指向变量的值
    printf("%d,%d\n",p1-p2,p2-p1);       //指针减法
    printf("%d,%d\n",p1>p2,p1==a);       //指针与指针的关系
    for(p1=a;p1<a+10;p1++)               //通过指针遍历数组
      printf("%d ",*p1);
    return 0;
}
```

执行程序，输出：

```
2293264,2293284,2293292
0,5,7
-5,5
0,1
0 1 2 3 4 5 6 7 8 9
```

示例代码分析：

定义指针变量，使指针变量 p1 指向数组的首地址（即 a[0]）、指针变量 p2 指向数组元素 a[5]、指针变量 p3 指向数组元素 a[7]。从输出结果可以很容易地看出地址值之间的关系。

程序中的 for 循环实现利用指针遍历数组的方法，指针 p1 最初的值是数组的首地址（指向 a[0]），每循环一次，就执行一次 p1++，使它指向下一个数组元素，进入循环的条件是 pa<a+10。

任务 9.2.2　距离最近

◇ **任务描述：**

　　编程输入一个正整数 n（n<100），并输入 n 个整数存入数组，再输入一个整数 x，输出 n 个整数中与 x 距离最近的第一个数。

　　两个整数的距离可定义为差的绝对值。

◇ **输入样例 1：**

```
10
72 29 5 91 63 32 68 40 57 11
100
```

◇ **输出样例 1：**

```
91
```

◇ **输入样例 2：**

```
5
2 4 6 8 11
7
```

◇ **输出样例 2：**

```
6
```

任务 9.2.3　利用指针实现冒泡法排序

◇ **任务描述：**

　　输入整数 n（n<100），再读入 n 个整数存入数组，调用函数实现从小到大排序，然后输出排序后的数组。请在函数中用冒泡法实现数组排序，函数中的数组元素访问请使用指针技术实现。

◇ **输入样例：**

```
10
72 29 5 91 63 32 68 40 57 11
```

◇ **输出样例：**

```
5 11 29 32 40 57 63 68 72 91
```

任务代码

```c
#include<stdio.h>
void swap(int *a,int *b){          //函数通过指针技术实现交换变量的值
    int t;
    t=*a;*a=*b;*b=t;
    return;
```

```
}
void sort(int *a,int n){          //通过指针实现对数组 a 中的 n 个元素用冒泡法排序
    int i,j,t;
    for(i=0;i<n-1;i++)            //外层共 n-1 次循环(n-1 趟排序)
        for(j=0;j<n-1-i;j++)      //内层待排序区间[0,(n-1-i)-1]
            if(a[j]>a[j+1])
                swap(a+j,a+j+1);  //交换相邻元素(实际参数是指针)
    return;
}
int main(){
    int a[110],i,n,*p;
    scanf("%d",&n);               //输入整数 n,表示数组有 n 个元素
    for(p=a;p<a+n;p++)            //通过指针遍历数组,读入 n 个元素
        scanf("%d",p);
    sort(a,n);                    //调用函数对数组进行排序(a 传地址,n 传值)
    for(p=a;p<a+n;p++){           //通过指针遍历数组,输出 n 个元素
        if(p>a) printf(" ");
        printf("%d", *p);
    }
    return 0;
}
```

代码分析

程序中充分利用指针的特性实现数组的遍历，先遍历数组读入 n 个整数，排序后，再遍历数组输出 n 个整数。

函数 sort 中利用指针实现冒泡法排序，外层循环保证循环 n-1 次实现 n-1 趟排序，请结合冒泡法原理理解函数代码。

任务 9.2.4 利用指针实现选择法排序

◇ **任务描述:**

输入整数 n（n<100），再输入 n 个整数存入数组，调用函数实现从小到大排序，然后输出排序后的数组。请在函数中用选择法实现数组排序，函数中的数组元素访问请使用指针技术实现。

◇ **输入样例:**

```
10
72 29 5 91 63 32 68 40 57 11
```

◇ **输出样例:**

```
5 11 29 32 40 57 63 68 72 91
```

相关知识

指针和二维数组

1. 指向二维数组的指针

设有二维数组定义如下：

```
int a[3][4]={{0,1,2,3},{4,5,6,7},{8,9,10,11}};
```

C 语言规定，二维数组可以看成由若干个一维数组组成的数组。该数组是由 3 个一维数组构成的（3 行），它们是 a[0]、a[1] 和 a[2]。

可以把 a[0] 看成一个一维数组的名字，这个一维数组有 4 个元素，它们是 a[0][0]、a[0][1]、a[0][2] 和 a[0][3]。也就是说，二维数组其实也是一个一维数组，其中每个元素又是一个一维数组。

既然数组 a 可以看成一个一维数组，那么 a[0] 就是其第 0 个元素（也就是第 0 行的首地址），a[1] 就是其第 1 个元素（也就是第 1 行的首地址），a[2] 就是其第 2 个元素（也就是第 2 行的首地址）。

把数组 a 看成一维数组后，其元素 a[0] 的大小就是原二维数组一行所有元素的大小之和。所以第 0 行的首地址是 &a[0]，也可以写成 a+0（也可以说是 a[0][0] 的地址）。同理，第一行的首地址是 &a[1]，也可以写成 a+1（也可以说是 a[1][0] 的地址）。

既然数组 a[0] 是一个一维数组，那么 a[0][0] 就是其第 0 个元素（也就是二维数组的第 0 行第 0 列）的地址，a[0][1] 就是其第 1 个元素（也就是二维数组的第 0 行第 1 列）的地址，a[0][2] 就是其第 2 个元素（也就是二维数组的第 0 行第 2 列）的地址，a[0][3] 就是其第 3 个元素（也就是二维数组的第 0 行第 3 列）的地址。

a[0] 是一个一维数组，那么 a[0] 本身就是这个数组的首地址。根据一维数组元素地址的表示方法可知，a[0]+0 就是 a[0][0] 的地址，a[0]+1 就是 a[0][1] 的地址，a[0]+2 就是 a[0][2] 的地址，a[0]+3 就是 a[0][3] 的地址。

显然可以知道，*(a[0]+0) 和 a[0][0] 等价，*(a[0]+1) 和 a[0][1] 等价。以此类推，*(a[i]+j) 与 a[i][j] 等价。因为 a[i] 又和 *(a+i) 是等价的，所以得到 *(a+i)+j 就是 a[i][j] 的地址，即 *(*(a+i)+j) 就是 a[i][j]，如表 9-2 所示。

表 9-2　二维数组元素和地址的多种表示方式

地址	不同的表示方式		
数组的首地址 第 0 行 a[0] 首地址 a[0][0] 的地址	a	a+0	*(a+0)+0
第 i 行 a[i] 的首地址		a+i	*(a+i)+0
&a[i][j]			*(a+i)+j
a[i][j]			*(*(a+i)+j)

2. 指向"一行变量"的指针

如果有定义"int *p;",称 p 为指向"一个变量"的指针。也可以定义一个指向"一行变量"的指针变量,指向"一行变量"的指针定义的一般形式如下:

```
类型说明符 (*指针变量名)[一行元素的长度];
```

例如:

```
int (*p)[4];
```

其含义为定义了一个指针变量,该指针变量指向一整行变量(整行一维数组),这一行变量固定有 4 个元素。

此时,执行 p++操作后,p 将指向下一整行变量的首地址,即 p 的实际地址值实际增加 16 字节(4 个整型变量)。

也可以将此变量 p 的值赋为一个有 4 列的二维数组的首地址,这样执行 p++操作后,p 将指向此二维数组的下一列。

接下来,我们来看以下示例代码,并分析各代码的执行结果。

示例代码 1:

```
#include<stdio.h>
int main(){
    int a[3][4]={1,2,3,4,5,6,7,8,9,10,11,12};
    int i,j;
    for(i=0;i<3;i++)
        for(j=0;j<4;j++)
            printf("%d ",*(*(a+i)+j));
    printf("\n");
    int(*p)[4];        //定义指向一行(4 个整型变量)的指针变量 p
    p=a;
    for(i=0;i<3;i++){
      for(j=0;j<4;j++)
        printf("%d ",*(*(p+i)+j));
    }
    return 0;
}
```

执行程序,输出:

```
1 2 3 4 5 6 7 8 9 10 11 12
1 2 3 4 5 6 7 8 9 10 11 12
```

示例代码 1 分析:

指针变量 p 为指向一整行(共 4 个整型变量)的指针,赋值 p=a 后,p 指向二维数组 a 的第 0 行,p+i 指向二维数组 a 的第 i 行(第 i 行的首地址),*(p+i)也为第 i 行的首地址,*(p+i)+j 为第 i 行中的第 j 个变量(即 a[i][j])的地址,*(*(p+i)+j)为 a[i][j]的引用。

示例代码 2:

```
//一个内存块可以解释成任何信息。对于一个从某个起始地址开始的内存块
//我们可以将其解释成不同的数据类型，请分析下面的程序
#include<stdio.h>
int main(){
    char a[80]="HARBIN NORMAL UNIVERSITY";
    char   *pc=(char*)a;
    int    *pi=(int*)a;
    float  *pf=(float*)a;
    double *pd=(double*)a;
    for( ;pc<a+24;pc++)printf("%c",*pc);    printf("\n");
    for( ;pi<a+24;pi++)printf("%d ",*pi);  printf("\n");
    for( ;pf<a+24;pf++)printf("%g ",*pf);  printf("\n");
    for( ;pd<a+24;pd++)printf("%g ",*pd);
    return 0;
}
```

执行程序，输出:

```
HARBIN NORMAL UNIVERSITY
1112686920  1310740041  1095586383  1314201676  1380275785  1498696019
52.5638  6.72371e+008  12.8326  8.93916e+008  2.11889e+011  3.73458e+015
2.19802e+068  2.27824e+069  2.09539e+122
```

示例代码 2 分析:

本示例通过定义字符数组 a，向系统申请 80 字节的内存空间，并对其进行初始化赋值（前 24 字节存放字符，后面的字节值为 0）；然后将该数组的首地址分别强制转换类型后赋值给不同类型的指针变量；最后，通过 4 个循环语句将该 24 字节的内存空间解读成不同类型的数据输出。

第 9.3 关　指针与字符串

任务 9.3.1　字符三角

引导任务

◇ **任务描述:**

输入一个字符串，输出如输出样例所示的字符图案。

◇ **输入格式:**

一行字符串，最多 50 个字符，中间没有空白符。

◇ **输出格式:**

输出如输出样例所示的三角形字符图案。

◇ **输入样例:**

ABCDEFG

◇ **输出样例:**

ABCDEFG

BCDEFG

CDEFG

DEFG

EFG

FG

G

任务代码

```c
#include<stdio.h>
int main(){
    char s[100],*ps;
    scanf("%s",s);              //读入字符串
    ps=s;                       //字符指针赋值数组首地址
    while(*ps!='\0'){           //循环条件
        printf("%s\n",ps++);    //输出字符串 ps(以 ps 为首地址),输出后 ps 后移一位
    }
    return 0;
}
```

代码分析

代码中字符指针 ps 首先赋予数组首地址,然后循环输出字符串 ps(以 ps 为首地址)。第一次循环输出的是整个字符串,然后 ps 自加 1,就是向后移动一个字符的位置。下次循环输出的就是从第二个字符开始的字符串,以此类推。

相关知识

指针与字符串

指向字符串的指针实际上也是指向一维数组的指针。例如:

```c
char c,*p=&c;              //p 是一个指向字符变量 c 的指针变量
char *p="C Language";      //p 为指向字符串的指针变量,字符串的首地址赋给 p
char s[20],*p=s;           //p 为指向字符数组的指针变量,数组的首地址赋给 p
```

以上 3 种情形定义的指针都是字符指针,可以指向单个字符变量,也可以指向字符串或字符数组中的某个元素。

任务 9.3.2　字符统计

◇ **任务描述**：

输入一行英文句子（不超过 100 个字符），输出这个句子中的英文字母（Letter）、数字（Digit）和其他字符（Symbol）（空格标点符号等）的个数。

◇ **输入样例**：

```
ABCDEF12345,.A:1<5==
```

◇ **输出样例**：

```
Letter:7
Digit :7
Symbol:6
```

任务 9.3.3　统计单词个数

◇ **任务描述**：

在一行中输入一个英文句子（不超过 100 个字符），输出这个句子中单词的个数，单词之间以空格分隔，除空格外都认为是单词（包括符号）。

◇ **输入样例**：

```
This    is    a    C    program.    <<<    =22=    ,,,    END
```

◇ **输出样例**：

```
9
```

任务 9.3.4　字符串长度

◇ **任务描述**：

编写自定义函数返回一个字符串的字符个数，不包含'\0'。在主函数中输入若干字符串，利用自定义函数，输出它们的长度。

```
int str_len(char *s){    //请补充函数代码

}
```

◇ **输入样例**：

```
HRBNU
NORMAL
UNIVERSITY
```

◇ **输出样例**：

```
5
6
10
```

任务 9.3.5　字符串复制

◇ 任务描述：

编写自定义函数，把一个字符串（不超 80 个字符）的内容复制到另一个字符数组中。主函数输入一串字符，复制到另一个数组中输出。请将以下代码补充完整。

```
#include<stdio.h>
void str_copy(char *d,char *s){//将字符串 s 复制到字符串 d 中
    //请在此输入代码
}
int main(){
    char pa[81];
    char pb[81];
    gets(pa);
    str_copy(pb,pa);
    printf("%s",pb);
    return 0;
}
```

◇ 输入样例：

```
#include<stdio.h>
```

◇ 输出样例：

```
#include<stdio.h>
```

任务 9.3.6　字符串连接

◇ 任务描述：

编写自定义函数，把一个字符串连接到另一个字符串的尾部（都不超 80 个字符）。主函数输入两个字符串，输出连接后的新字符串。请将以下代码补充完整。

```
#include<stdio.h>
void str_cat(char *d,char *s){//将字符串 s 连接到字符串 d 的尾部
    //在这里补充代码
}
int main(){
    char pa[81];
    char pb[81];
    char pc[161]="";
    gets(pa);
    gets(pb);
    str_copy(pc,pa);     //将字符串 pa 连接到字符串 pc 的尾部
    str_copy(pc,pb);     //将字符串 pb 连接到字符串 pc 的尾部
    printf("%s",pc);
    return 0;
}
```

◇ **输入格式**：

两行，一行是一个字符串。

◇ **输出格式**：

一行中输出连接后的新串。

◇ **输入样例**：

```
Before a program is executed,
its code is first called into memory.
```

◇ **输出样例**：

```
Before a program is executed,its code is first called into memory.
```

第 9.4 关 指 针 进 阶

任务 9.4.1 查找数据

◇ **任务描述**：

编写函数 "int *find(int a[],int n,int x){ }"，其功能为在有 n 个元素的数组 a 中查找首个整数 x，若找到则返回该元素的地址（指针），否则返回空指针。

主函数中输入 N，再输入 N 个整数存入数组，再输入整数 X，最后输出在数组中查找 X 的结果。

◇ **输入格式**：

第一行是整数 N，第二行是 N 个整数，第三行是 X。

◇ **输出格式**：

找到了，则输出下标（从 0 开始），找不到，则输出：NOT FOUND。

◇ **输入样例 1**：

```
10
1 2 3 4 5 6 7 8 9 10
1
```

◇ **输出样例 1**：

```
0
```

◇ **输入样例 2**：

```
5
5 4 3 2 1
10
```

◇ **输出样例 2**：

```
NOT FOUND
```

任务代码

```
#include<stdio.h>
int *find(int a[],int n,int x){
    int i;
    for(i=0;i<n;i++)
        if(a[i]==x) return (a+i);      //若找到，则返回元素的地址
    return (int*)0;                    //若没找到，则返回 0(空指针)
}
int main(){
    int a[100],n,i,x;
    int *f;
    scanf("%d",&n);
    for(i=0;i<n;i++)
        scanf("%d",&a[i]);
    scanf("%d",&x);
    f=find(a,n,x);                     //调用函数，返回指针
    if(f>0)                            //非空指针，说明找到了
        printf("%d",f-a);              //输出索引(下标)
    else                               //没找到
        printf("NOT FOUND");
    return 0;
}
```

代码分析

1）函数 find()的返回值为 int*类型，就是整型指针类型。函数内若找到某个元素的值与 x 相等，就返回它的地址（指针）。

2）主函数中调用函数 find()得到返回值（指针，元素地址），若不为 0（空指针），则输出该地址与数组首地址的差，此差正是元素的下标。

相关知识

指针与函数

1. 指向函数的指针

任何一个程序在被执行之前，其代码都要被调入内存。一个函数的代码总是占用一段连续的内存空间，而函数名就是该函数所占内存空间的首地址。

可以将函数的这个首地址（或称入口地址）赋给一个指针变量，使该指针变量指向该函数。然后通过指针变量就可以找到并调用这个函数。

指向函数的指针变量称为函数指针变量。函数指针变量定义的一般形式如下：

类型说明符 (*指针变量名)();

其中，类型说明符表示被指函数的返回值的类型。"(*指针变量名)"后面的空括号表示指针变量所指的是一个函数。例如：

```
int (*pf)();
```

该语句表示 pf 是一个指向函数的指针变量，被指向函数的返回值（函数值）是整型。

通过函数指针变量调用函数的一般形式如下：

```
(*指针变量名)(实参表)
```

例如：

```
(*pf)();
```

下面来看几个示例代码，并分析各代码的执行结果。

示例代码 1：

```
#include<stdio.h>
int max(int a,int b){
    if(a>b) return a;
    else    return b;
}
int main(){
    int(*pf)();
    int x=5,y=8,z;
    pf=max;
    z=(*pf)(x,y);
    printf("max=%d",z);
    return 0;
}
```

执行程序，输出：

```
max=8
```

示例代码 1 分析：

从上述程序可以看出，以函数指针变量形式调用函数的步骤如下。

（1）定义函数指针变量，如程序中的行"int (*pf)();"定义 pf 为函数指针变量。

（2）把被调函数的入口地址（函数名）赋给该函数指针变量，如程序中的"pf=max;"。

（3）用函数指针变量形式调用函数，如程序中的"z=(*pf)(x,y);"。

使用函数指针变量还应注意以下两点。

（1）函数指针变量不能进行算术运算，这是与数组指针变量不同的。

（2）函数调用中"(*指针变量名)"的两边的括号不可少，其中的"*"不应该理解为求值运算，在此处它只是一种表示符号。

示例代码 2:

```c
#include<stdio.h>
int add(int a,int b){return a+b;}
int sub(int a,int b){return a-b;}
int mul(int a,int b){return a*b;}
int div(int a,int b){
    if(b==0){
      printf("Error:Divide by zero.");
      exit(1);
    }
    return a/b;
}
int error(int a,int b){
      printf("Error:Expression undefined!");
      exit(1);
}
int main(){
    int x,y,z;
    char op='#';
    int(*fun)(int,int);
    scanf("%d%c%d",&x,&op,&y);
    switch(op){
      case '+': fun=add; break;
      case '-': fun=sub; break;
      case '*': fun=mul; break;
      case '/': fun=div; break;
      default:  fun=error;
    }
    z=(*fun)(x,y);                  //通过一个指针实现调用不同函数
    printf("Result=%d\n",z);
    return 0;
}
```

执行程序:

输入: 1+2	输出: Result=3
输入: 9-8	输出: Result=1
输入: 9/0	输出: Error:Divide by zero.
输入: 1H2	输出: Error:Expression undefined!

示例代码 2 分析:

程序代码中通过指向函数的指针用相同代码调用不同函数,表达式"(*fun)(x,y)"中,fun 事先被赋值给哪个函数,调用时就执行哪个函数。

2. 指针型函数

C 语言中的函数类型是指函数返回值的类型。如果一个函数的返回值是一个指针（即地址），这种函数就称为指针型函数。定义指针型函数的一般形式如下：

```
类型说明符 *函数名(形参表){
    函数体
}
```

功能说明：

函数名之前加了"*"号，表明这是一个指针型函数，即返回值是一个指针。类型说明符表示返回的指针值所指向的数据类型。例如：

```
int *ap(int x,int y){
    //函数体
}
```

该结构表示 ap 是一个返回指针值的指针型函数，它返回的指针指向一个整型变量。

下面来看以下示例代码，并分析该代码的执行结果。

示例代码：

```
#include<stdio.h>
char *day_name(int n);      //函数声明
int main(){
    int i;
    for(i=0;i<=8;i++)
      printf("The %dth day of the week :%s\n",i,day_name(i));
    return 0;
}
char *day_name(int n){
    static char *name[]={ "NOT DEFINE","Sunday","Monday","Tuesday",
                      "Wednesday","Thursday","Friday","Saturday"};
    return((n<1||n>7) ? name[0] : name[n]);
}
```

执行程序，输出：

```
The 0th day of the week :NOT DEFINE
The 1th day of the week :Sunday
The 2th day of the week :Monday
The 3th day of the week :Tuesday
The 4th day of the week :Wednesday
The 5th day of the week :Thursday
The 6th day of the week :Friday
The 7th day of the week :Saturday
The 8th day of the week :NOT DEFINE
```

示例代码分析：

本示例代码中定义了一个指针型函数 day_name()，它的返回值为指向一个字符串的指针。该函数中定义了一个静态指针数组 name。name 数组初始化赋值为 8 个字符串，分别表示各个星期名及出错提示。形式参数 n 表示与星期名所对应的整数。在主函数中，把输入的整数 i 作为实际参数，在 printf 语句中调用 day_name()函数并把 i 值传送给形式参数 n。day_name()函数中的 return 语句包含一个条件表达式，若 n 值大于 7 或小于 1，则把 name[0]指针返回主函数，输出出错提示字符串"NOT DEFINE"；否则返回主函数，输出对应的星期名。

3. 指针型函数与函数指针变量的区别

应该特别注意的是，函数指针变量和指针型函数两者在写法和意义上的区别，如"int(*p)()"和"int *p()"是两个完全不同的变量。

"int(*p)()"是一个变量说明，说明 p 是一个指向函数的指针变量，该函数的返回值是整型量，(*p)的两边的括号不能少。"int *p()"是函数说明，说明 p 是一个指针型函数，其返回值是一个指向整型量的指针，*p 两边没有括号。作为函数说明，在括号内最好写入形式参数，这样便于与变量说明区别。

4. 指针数组

如果一个数组的所有元素都为指针变量，那么这个数组就是指针数组。指针数组是一组指针的集合。指针数组的所有元素都是指向相同数据类型的指针。

指针数组说明的一般形式如下：

```
类型说明符  *数组名[数组长度];
```

其中，类型说明符为指针数组元素所指向的变量的类型。

例如，

```
int *pa[3];
```

表示 pa 是一个指针数组，它有 3 个数组元素，每个元素值都是一个指针，指向整型变量。

通常可用一个指针数组来指向一个二维数组。指针数组中的每个元素被赋予二维数组每一行的首地址。

来看下面的示例代码，并分析该代码的执行结果。

示例代码 1：

```
int a[3][3]={1,2,3,4,5,6,7,8,9};
int *pa[3]={a[0],a[1],a[2]};
void print(int *p){
    printf("%d,%d,%d\n",*(p+0),*(p+1),*(p+2));
}
int main(){
    int i;
    for(i=0;i<3;i++)
```

```
        print(pa[i]);
    return 0;
}
```

执行程序，输出：

```
1,2,3
4,5,6
7,8,9
```

示例代码 1 分析：

本示例代码中，pa 是一个指针数组，3 个元素分别指向二维数组 a 的各行。然后调用 print 函数输出指定的数组元素。大家可仔细领会元素值的各种不同的表示方法。

示例代码 2：

```
#include<stdio.h>
char *day_name(char *name[],int n);
int main(){
    static char *name[]={ "NOT DEFINE","Monday","Tuesday","Wednesday",
        "Thursday","Friday","Saturday","Sunday"};
    char *ps;   int i;
    for(i=0;i<8;i++){
        ps=day_name(name,i);
        printf("Day No:%2d-->%s\n",i,ps);
    }
    return 0;
}
char *day_name(char *name[],int n){
    char *pp1,*pp2;
    pp1=*name;
    pp2=*(name+n);
    return((n<1||n>7)? pp1:pp2);
}
```

执行程序，输出：

```
Day No: 0-->NOT DEFINE
Day No: 1-->Monday
Day No: 2-->Tuesday
Day No: 3-->Wednesday
Day No: 4-->Thursday
Day No: 5-->Friday
Day No: 6-->Saturday
Day No: 7-->Sunday
```

示例代码 2 分析：

指针数组也可以用作函数参数。在本示例代码的主函数中，定义了一个指针数组 name，并对 name 进行了初始化赋值，其每个元素都指向一个字符串。然后又以 name 作为实际参数调用指针型函数 day_name()，在调用时把数组名 name 赋予形式参数变量 name，输入的整数 i 作为第二个实际参数赋予形式参数 n。在 day_name()函数中定义了两个指针变量 pp1 和 pp2，pp1 被赋予 name[0]的值（即*name），pp2 被赋予 name[n]的值（即*(name+n)）。由条件表达式决定返回 pp1 或 pp2 指针给主函数中的指针变量 ps。最后输出 i 和 ps 的值。

5. 二级指针（指向指针的指针）

如果一个指针变量存放的是另一个指针变量的地址，那么称这个指针变量为指向指针的指针变量，或者称为二级指针。

通过指针访问变量称为间接访问。通过指向普通变量的指针访问变量称为一级间接访问（简称一级间访），通过二级指针访问变量称为二级间接访问（简称二级间访）。在 C 语言程序中，对间接访问的级数并未明确限制，但是一般很少超过二级间访。

二级指针变量说明的一般形式如下：

```
类型说明符　　**指针变量名;
```

例如：

```
int  **pp;
```

表示 pp 是一个指针变量，它指向另一个指针变量，而这另一个指针变量指向一个整型变量。

我们来看下面的示例代码，并分析各代码的执行结果。

示例代码 1：

```
#include<stdio.h>
int main(){
    int n,*p,**pp;
    n=10;       p=&n;          pp=&p;
    printf("n=%d,n=%d,n=%d\n",n,*p,**pp);
    printf("%x,%x,%x\n",&n,&p,&pp);
    printf("%x,%x\n",&n,p);
    printf("%x,%x\n",&p,pp);
    return 0;
}
```

执行程序，输出：

```
n=10,n=10,n=10
28febc,28feb8,28feb4
28febc,28febc
28feb8,28feb8
```

示例代码 1 分析：

此示例代码中的 p 是一个指针变量，指向整型变量 n；pp 也是一个指针变量，指向指针变量 p。通过 pp 变量访问 n 的写法是**pp。程序输出的 3 个值都是 n 的值 10。通过此示例，读者可以学习指向指针的指针变量的说明和使用方法。

示例代码 2：

```
int main(){
    static char *ps[]={"Java","C","Objective-C","C++","C#","PHP"};
    char **pps;
    int i;
    for(i=0;i<6;i++){
        pps=ps+i;
        printf("%s.(%c)\n",*pps,**pps);
    }
}
```

执行程序，输出：

```
Java.(J)
C.(C)
Objective-C.(O)
C++.(C)
C#.(C)
PHP.(P)
```

示例代码 2 分析：

本示例代码中首先定义说明了指针数组 ps 并作了初始化赋值，然后说明了 pps 是一个指向指针的指针变量。在 5 次循环中，pps 分别取得了 ps[0]、ps[1]、ps[2]、ps[3]、ps[4] 和 ps[5] 的地址值，通过这些地址即可找到该字符串。本程序是用指向指针的指针变量编程，输出多个字符串。

任务 9.4.2　动物狂欢

◇ **任务描述：**

小白家养了很多小动物，这一天动物们正在开联欢会，大家都高兴地唱了起来，到处都是它们优美动听的歌声：小狗（dog）的 Wang，小猫（cat）的 Miao，小羊（sheep）的 Mie，小公鸡（cock）的 Ge，小鸭（duck）的 Ga，好不热闹！

小白为每个小动物编写了一个歌唱函数，功能为让这个小动物唱 n 声。

```
void dog(int n)  { int i; for(i=1;i<=n;i++) printf("Wang~"); }
void cat(int n)  { int i; for(i=1;i<=n;i++) printf("Miao~"); }
void sheep(int n){ int i; for(i=1;i<=n;i++) printf("Mie~");  }
void cock(int n) { int i; for(i=1;i<=n;i++) printf("Ge~");   }
void duck(int n) { int i; for(i=1;i<=n;i++) printf("Ga~");   }
```

以下程序是输入小动物们的出场顺序和歌声数量，依次输出它们的歌声。请补充程序。

```
int main(){
    char a[100];
    int n;
    void (*fun)();                    //定义指向函数的指针 fun
    while(scanf("%s%d",a,&n)==2){     //输入一组数据(小动物名称和歌声数量)

        //请在此补充代码

        (*fun)(n);                    //输出这个小动物的歌声
        printf("\n");
    }
    return 0;
}
```

◇ **输入格式:**

若干行，每行代表一组数据，每组数据首先是小动物的名称，然后是其歌唱的次数。

◇ **输出格式:**

每组数据占一行，输出每个小动物的歌声。

◇ **输入样例:**

```
dog 5
cock 3
sheep 10
duck 2
cat 3
dog 8
```

◇ **输出样例:**

```
Wang~Wang~Wang~Wang~Wang~
Ge~Ge~Ge~
Mie~Mie~Mie~Mie~Mie~Mie~Mie~Mie~Mie~Mie~
Ga~Ga~
Miao~Miao~Miao~
Wang~Wang~Wang~Wang~Wang~Wang~Wang~Wang~
```

任务代码

```
#include<stdio.h>
void dog(int n)  { int i; for(i=1;i<=n;i++) printf("Wang~"); }
void cat(int n)  { int i; for(i=1;i<=n;i++) printf("Miao~"); }
void sheep(int n){ int i; for(i=1;i<=n;i++) printf("Mie~");  }
```

```
void cock(int n) { int i; for(i=1;i<=n;i++) printf("Ge~");    }
void duck(int n) { int i; for(i=1;i<=n;i++) printf("Ga~");    }
int main(){
    char a[100];
    int n;
    void (*fun)();                      //定义指向函数的指针 fun
    while(scanf("%s%d",a,&n)==2){       //输入一组数据(小动物名称和歌声数量)
        if(strcmp(a,"Dog")==0)          fun=dog;
                                        //根据不同动物给 fun 赋不同值
        else if(strcmp(a,"Cat")==0)     fun=cat;
        else if(strcmp(a,"Sheep")==0)   fun=sheep;
        else if(strcmp(a,"Cock")==0)    fun=cock;
        else if(strcmp(a,"Duck")==0)    fun=duck;
        (*fun)(n);          //相同调用方式,因 fun 值的不同执行不同的函数
        printf("\n");
    }
    return 0;
}
```

代码分析

主函数中定义了一个指向函数的指针 fun,然后在循环内的每一组数据中给 fun 赋予不同的函数名(函数指针),这样就可以通过相同的调用方式 "(*fun)(n)" 去执行不同函数了。

第 9.5 关 动态内存管理

任务 9.5.1 无名变量

◇ **任务描述:**

输入若干整数,输出它们的平方。(程序中不能定义整型变量,用动态内存技术实现)

◇ **输入样例:**

1 2 3 4

◇ **输出样例:**

1
4
9
16

任务代码

```
#include<stdio.h>
#include<malloc.h>
int main(){
    int *p;                             //定义指针
    p=(int*)malloc(sizeof(int));        //申请一个整数空间(无名变量)
    while(scanf("%d",p)==1)             //循环输入整数赋值到刚申请的内存中
        printf("%d\n",*p * *p);
    free(p);
    return 0;
}
```

执行程序，输入：

```
1 5 9 A
```

输出：

```
1
25
81
```

代码分析

此程序没有定义整型变量，却处理了若干个整型数据，包括申请内存空间、输入、计算、输出，这一切都是在调用内存申请函数的前提下实现的。

注意：在程序结束时不要忘记释放曾经申请过的内存。

程序中通过循环处理多组数据，直到读取数据失败（遇到非法字符或文件结尾），输入的整数被赋值到 p 所指向的内存空间，也就是刚刚申请的内存空间。

我们自己申请的这块内存，可以看成一个变量，这种只通过指针操作的变量也可以称为无名变量。

相关知识

1. 内存分区和管理

我们已经学习了全局变量和局部变量的概念和原理。我们知道，非静态局部变量随其定义而建立，随其定义域结束而释放，释放后其生存期就结束了；全局变量和静态局部变量则不然，它们的生存期是整个源程序。

C 语言规定，全局变量和静态局部变量被分配在内存中的静态存储区（也称为全局数据区），非静态局部变量被分配在动态存储区（也称为栈区）。

另外，C 语言还允许临时申请开辟一块内存区域，使用后可随时释放。这些随时可以申请、随时可以释放的自由存储区域称为堆区。

（1）静态内存申请。以前，我们对内存的申请使用只能通过使用常量、定义变量或数组的形式实现，在程序中定义变量后，运行时系统为变量申请并分配内存。系统一旦为一

个变量分配了内存，那么在该变量的生存期内，其地址就是固定的，直到其生存期结束，系统收回其占用的内存。所以说，在此情况下，内存的分配和释放（回收）都是系统自动完成的。

（2）动态内存管理。C 语言提供了对内存的动态申请和释放的功能，此功能是通过 malloc()、calloc()、free()、realloc()等函数实现的。系统为用户动态内存申请分配的是堆区的空间。

2. 内存申请函数 malloc()

函数原型：

```
void *malloc(unsigned  size );
```

功能说明：

（1）该函数用于向系统申请长度为 size 字节的连续内存空间。

（2）如果分配成功，则返回被分配内存块的首地址指针，否则返回空指针 NULL(0)。

（3）该函数返回的是一个空类型的指针，在赋值时应该先进行类型转换。

（4）内存不再使用时，应使用 free()函数将内存块释放。

3. 内存申请函数 calloc()

函数原型：

```
void *calloc(unsigned n, unsigned size);
```

功能说明：

（1）该函数用于向系统申请 n 个长度为 size 字节（共 n*size 字节）的连续内存空间。

（2）如果分配成功，则返回被分配内存块的首地址指针，否则返回空指针 NULL(0)。

（3）该函数返回的是一个空类型的指针，在赋值时应该先进行类型转换。

（4）内存不再使用时，应使用 free()函数将内存块释放。

4. 内存申请函数 realloc()

函数原型：

```
void *realloc(void *p, unsigned size);
```

功能说明：

（1）该函数用于对指针变量 p 所指向的动态空间重新分配长度为 size 字节的连续内存空间，p 的值不变（也就是内存块首地址不变，长度改变）。

（2）如果分配成功，则返回被分配内存块的首地址指针（也就是 p），否则返回空指针。

5. 内存释放函数 free()

函数原型：

```
void free(void * block);
```

功能说明：

（1）如果给定的参数是一个由先前的 malloc()函数返回的指针，那么 free()函数会将 block 所指向的内存空间释放归还给操作系统。

（2）使用以上函数时应该在程序开头加上#include<malloc.h>或#include<stdlib.h>。

任务 9.5.2 无名数组

◇ **任务描述**：

编程输入 10 个整数，倒序输出。（不用定义数组，用动态内存实现）

◇ **输入样例**：

1 2 3 4 5 6 7 8 9 10

◇ **输出样例**：

10 9 8 7 6 5 4 3 2 1

任务代码

```
#include<malloc.h>
#include<stdio.h>
int main(){
    int i,n,*p,*k;
    p=(int*)malloc(sizeof(int)*10); //申请 10 个整型空间(无名动态数组)
    for(k=p;k<p+10;k++)             //遍历输入
        scanf("%d",k);
    for(k=p+9;k>=p;k--){            //倒序遍历输出
        if(k<p+9) printf(" ");
        printf("%d",*k);
    }
    free(p);
    return 0;
}
```

代码分析

该程序一次申请了 10 个整型数据的空间，并利用整型指针进行遍历，实际上这一块空间可以看成无名数组。同时，因为申请内存时可以动态指定长度 size，所以这一块内存也可以称为动态数组或者变长数组。

相关知识

我们来看以下示例代码，并分析该代码的运行结果。

示例代码：

```
#include<malloc.h>
#include<stdlib.h>
int main(){
    int *p;
    p=(int*)malloc(sizeof(int)*0XFFFFFFFF);
```

```
    if(p==NULL)
        printf("No Enough Memory!\n");
    else
        printf("Success!\n");
}
```

执行程序，输出：

No Enough Memory!

示例代码分析：

本示例代码演示了申请内存失败的情况，原因是申请的内存数量太大。

任务 9.5.3 **动态数组（需要多大内存申请多大内存）**

◇ **任务描述：**

输入整数 N，再输入 N 个整数，将这 N 个整数倒序输出。（不用定义数组，用动态内存实现）

◇ **输入样例 1：**

10
1 2 3 4 5 6 7 8 9 10

◇ **输出样例 1：**

10 9 8 7 6 5 4 3 2 1

◇ **输入样例 2：**

15
708 417 427 843 610 838 932 978 189 981 208 618 178 872 576

◇ **输出样例 2：**

576 872 178 618 208 981 189 978 932 838 610 843 427 417 708

任务 9.5.4 **动态内存中的数据排序**

◇ **任务描述：**

输入整数 N，再输入 N 个整数，将这 N 个整数从小到大排序后输出。（不用定义整型数组，用动态内存技术实现）

◇ **输入样例：**

5
1 5 3 4 2

◇ **输出样例：**

1 2 3 4 5

相关知识

void 指针

C99 标准将申请动态内存的函数返回值都定义成 void 型的指针，即空类型指针。用户也可以自定义空类型的指针，例如：

```
int  a,b;   void *p=(void*)&a;
```

空类型指针就是一个纯粹的内存地址，并不能代表某一类型的数据。对空类型的指针执行*p 操作是错误的，必须先转换成有类型的指针才可以。例如：

```
*(int*)p
```

对空类型指针 p 执行 "p+=n" 的结果为 p 在原来地址值的基础上加 n 字节。

我们来看以下示例代码，并分析代码的执行结果。

示例代码 1：

```c
#include <malloc.h>
void init(void *p){
    int i;
    for(i=0;i<10;i++){*(char*)p='A'+i;   p+=sizeof(char);   }
    for(i=0;i<10;i++){*(int*)p='A'+i;    p+=sizeof(int);    }
    for(i=0;i<10;i++){*(double*)p='A'+i; p+=sizeof(double); }
}
void print(void *p){
    int i;
    for(i=0;i<10;i++){putchar(*(char*)p);          p+=sizeof(char);   }
    putchar(10);
    for(i=0;i<10;i++){printf("%d ",*(int*)p);       p+=sizeof(int);    }
    putchar(10);
    for(i=0;i<10;i++){printf("%-6.2lf ",*(double*)p); p+=sizeof(double);}
}

int main(){
    void *p=0;
    p=malloc(10*sizeof(char)+10*sizeof(int)+10*sizeof(double));
    init(p);
    print(p);
}
```

执行程序，输出：

```
ABCDEFGHIJ
65 66 67 68 69 70 71 72 73 74
65.00  66.00  67.00  68.00  69.00  70.00  71.00  72.00  73.00  74.00
```

示例代码 1 分析：

此示例代码在主函数中申请了一大块内存（共 130 字节）。在 init()函数中，把这一大块内存分成 3 部分进行不同的初始化操作，赋予了不同类型的数据。

在 print()函数中分别进行了还原处理，输出了正确的数据。

示例代码 2：

```c
#include<stdio.h>
#include<malloc.h>
void fun(void *p,int n){
    switch(n){
        case 1: printf("%c\n",*(char*)p);    break;
        case 2: printf("%d\n",*(int*)p);     break;
        case 3: printf("%lf\n",*(double*)p); break;
        case 4: printf("%s\n",(char*)p);     break;
    }
}
int main(){
    char c='A';   int i=6174;  double d=3.15159265;
    char s[]="HRBNU";
    fun(&c,1);
    fun(&i,2);
    fun(&d,3);
    fun(s,4);
    return 0;
}
```

执行程序，输出：

```
A
6174
3.151593
HRBNU
```

示例代码 2 分析：

主函数中 4 次调用 fun()函数，传递的实际参数是不同类型的指针。在函数 fun()中的形式参数则是以空类型指针统一接收，然后根据形式参数 n 的值将空类型指针还原回真正的类型输出。

习题 9

习题 9 及其参考答案和代码请从本书配套的资源包中查阅。

第 10 单元　结构、链表和预处理 ✐

在前面的单元中，我们学习了数组这一构造数据类型。数组的原理是将类型完全相同的多个变量组织到一起，同一个数组名通过下标来互相区分。但是，如果是多个类型并不相同的变量，就无法通过数组来实现共用一个名字。为实现这一功能，C 语言提供了结构体这一构造数据类型。

本单元主要介绍结构体与链表，以及枚举、共用体和宏的使用。

第 10.1 关　结　构　体

任务 10.1.1　判断第一名

◇ **任务描述**：

应用结构体类型，编程输入 n 名学生的姓名和高级语言、数据结构、算法分析三门课程的成绩，输出总分第一的学生姓名。

◇ **输入格式**：

若干行，一行一组数据，包含姓名（不超过 20 个字符，中间无空格）和三科分数，所有分数为整数。

◇ **输出格式**：

按输入顺序输出总分第一的学生姓名，如果有并列第一的情况，按顺序只需输出第一个最高分的姓名。

◇ **输入样例**：

```
Madaha  80 90 100
Jibuzhu 95 85 98
Burenzhen 95 85 90
Xueba 100 80 98
```

◇ **输出样例**：

```
Jibuzhu 278
```

任务代码

```c
#include<stdio.h>
struct stu{                    //结构体类型定义
    char name[20];             //姓名
    int g1;                    //成绩1 高级语言
    int g2;                    //成绩2 数据结构
    int g3;                    //成绩3 算法分析
    int zf;                    //总分
};
int main(){
    struct stu s,first;
    first.zf=-1;
    while(scanf("%s %d %d %d",s.name,&s.g1,&s.g2,&s.g3)==4){
        s.zf=s.g1+s.g2+s.g3;
        if(first.zf<s.zf) first=s;
    }
    printf("%s %d",first.name,first.zf);
    return 0;
}
```

代码分析

程序中首先定义了结构体 stu，包含姓名、三科成绩和总分共 5 个成员。

主函数中定义 first 结构变量存储第一个最高分的学生数据，该变量开始被赋值为-1，是为了让它和第一个学生的总分数据比较时一定是小的。

主函数中通过 while 循环处理多组数据。每组数据先计算总分，再与已知的最高分比较，如果更高则更新 first 变量为当前学生数据。

相关知识

结构体类型

C 语言提供了丰富的基本数据类型，但是在实际应用中程序要处理的问题往往比较复杂，而且常常需要用多个不同类型的数据一起描述一个对象。例如，在学生登记表中，姓名应为字符型，学号可为整型或字符型，年龄应为整型，性别应为字符型，成绩可为整型或实型。为了解决这样的问题，C 语言给出了另一种构造数据类型——结构。

结构是一种构造类型，它是由若干成员组成的。每一个成员可以是一个基本数据类型，也可以是另一个构造类型。

1. 结构体类型的定义

定义一个结构体类型的一般形式如下：

```
struct 结构名{
```

```
成员表列
};
```

例如：

```
struct stu{
    int num;
    char name[20];
    char sex;
    float score;
};
```

在这个结构定义中，结构名为 stu，该结构由 4 个成员组成，第一个成员为整型变量 num，第二个成员为字符数组 name，第三个成员为字符型变量 sex，第四个成员为实型变量 score。

注意：括号后的分号是必不可少的。

结构体类型定义之后，即可进行该类型变量的说明。凡说明为结构 stu 的变量都由上述 4 个成员组成。由此可见，结构是一种复杂的数据类型，是数目固定、类型不同的若干有序变量的集合。

2. 结构体变量的定义

定义结构体变量有以下几种方法。

（1）先定义结构，再定义结构变量。例如：

```
struct stu{
    int num;
    char name[20];
    char sex;
    float score;
};
struct stu s1,s2;
```

该代码定义了两个变量 s1、s2 为 stu 结构类型。

（2）在定义结构类型的同时定义结构变量。例如：

```
struct stu{
    int num;
    char name[20];
    char sex;
    float score;
}s1,s2;
```

（3）省略结构类型名称直接说明结构变量。例如：

```
struct{
```

```
    int num;
    char name[20];
    char sex;
    float score;
}s1,s2;
```

（4）一个结构的成员也可以是一个结构，即嵌套的结构。例如：

```
struct date{
    int month;
    int day;
    int year;
}
struct stu{
    int num;
    char name[20];
    char sex;
    struct date birthday;
    float score;
}s1,s2;
```

该代码首先定义一个结构 date，由 month、day、year 共 3 个成员组成。在定义并说明变量 s1 和 s2 时，其中的成员 birthday 是一个 date 结构类型。

3. 结构体类型的大小

结构体成员在内存中按定义的顺序依次存储，所占内存大小理论上为所有成员大小之和，但实际上所占内存还与编译环境和内存对齐理论有关，详情请在本书配套的资源包中查看。

4. 成员引用和结构变量的赋值

引用结构变量成员的一般形式如下：

```
结构变量名.成员名
```

例如：

```
scanf("%d",&s1.num)      //输入整数赋值给结构变量 s1 的 num 成员 (变量)
scanf("%s",s1.name)      //输入字符串给结构变量 s1 的 name 成员 (数组)
s2.sex='F'               //给结构变量 s2 的 sex 成员赋值
```

如果成员本身又是一个结构体，那么可以逐级引用到最低级的成员。例如：

```
s1.birthday.month=5     //给 s1 的 birthday 成员的 month 成员赋值
```

具有相同类型的结构变量之间可以相互整体赋值。例如：

```
s1=s2;
```

5. 结构变量的初始化

我们可以在定义结构体变量时对其进行初始化赋值，与其他类型的变量一样。对结构体变量的初始化赋值，其实就是对其各个分量进行初始化赋值操作。例如：

```
struct stu s1={1001,"XiaomiLi",'M',89.0};   //按顺序初始化各成员
```

下面来看以下示例代码，并分析代码的执行结果。

示例代码：

```
#include<stdio.h>
struct stu{                    //定义结构体类型
    int num;
    char name[20];
    char sex;
    double score;
};
void p(struct stu t){                          //结构变量作为形式参数
    printf("%d %s %c %lf\n",t.num,t.name,t.sex,t.score);
}
int main(){
    struct stu s1={1001,"XiaomiLi",'M',89.0},   //结构变量初始化
              s2={1002,"XiaodiMa"},
              s3;
    s3.num=1003;                               //结构变量成员赋值
    strcpy(s3.name,"XiaohaiLiu");              //结构变量成员赋值
    scanf("%c%lf",&s3.sex,&s3.score);          //结构变量成员输入
    s2=s1;                                     //结构变量整体赋值
    p(s1);  p(s2);  p(s3);                     //结构变量作为实际参数
    return 0;
}
```

执行程序，输入：

```
F 80
```

输出：

```
1001 XiaomiLi M 89.000000
1001 XiaomiLi M 89.000000
1003 XiaohaiLiu F 80.000000
```

示例代码分析：

在本示例中，结构体类型的说明放在了主函数之外，是一个全局类型说明。这样，其他函数也可以使用这一类型。如果将结构体类型说明放在主函数之内，那么在其他函数中就不能直接使用这一类型来定义变量了。

程序中 s1、s2 被初始化赋值，其中，对变量 s1 的全部分量进行了初始化，对变量 s2 的部分分量进行了初始化。

程序中用赋值语句给 s3.num 赋值，用 scanf()函数输入 s3.sext 和 s3.score 成员的值，然后把 s1 的值整体赋予 s2。最后调用函数分别输出每个结构变量的值。本示例代码展示了结构变量的赋值、输入和输出的方法。

任务 10.1.2　统计平均成绩和不及格人数

◇ **任务描述：**

输入整数 N，再输入 N 个学生的学号、姓名和成绩。最后输出所有人的总成绩、平均成绩和不及格人数。（请合理使用结构体类型）

◇ **输入格式：**

第一行是整数 N（N<100），以下 n 行是 N 个学生的信息，一行一个学生，包括学号（整数）、姓名（不超 20 个字符，中间无空格）、成绩（实数）。

◇ **输出格式：**

总成绩、平均成绩、不及格人数，3 个数据间以一个空格分隔，成绩保留两位小数。

◇ **输入样例：**

```
5
1001    YaolinPan        89
1002    YuhangGao        98.9
1003    JunyuanGao       42.5
1004    HongpengYang     72
1005    YuxuanHan        35
```

◇ **输出样例：**

```
337.40 67.48 2
```

任务代码

```c
#include<stdio.h>
#define SIZE 100
struct stu{
    int num;
    char name[20];
    double score;
};

int main(){
    struct stu s[SIZE+10];
    int i,count=0,n;
    double average,sum=0;
    scanf("%d",&n);              //输入数据个数
```

```
for(i=0;i<n;i++)              //输入 n 个数据到结构数组中
    scanf("%d %s %lf",&s[i].num,s[i].name,&s[i].score);

for(i=0;i<n;i++){             //遍历数组统计总分及不及格人数
  sum+=s[i].score;
  if(s[i].score<60) count++;
}
average=sum/n;
printf("%.2lf %.2lf %d",sum,average,count);
return 0;
}
```

代码分析

在本程序中定义了一个结构数组 s。在 main 中用 for 语句遍历读入 n 个元素,再次遍历统计总成绩和不及格人数,循环完毕后计算平均成绩,并输出全班总分、平均分及不及格人数。

相关知识

结构体数组

结构数组的定义方法和结构变量相似,只需说明它为数组类型即可。例如:

```
struct stu{
    int num;
    char name[20];
    char sex;
    float score;
}s[5];
```

上述代码定义了一个结构数组 s,共有 s[0]~s[4] 5 个元素,每个数组元素都是 struct stu 类型的结构变量。对结构数组也可以作初始化赋值。例如:

```
struct stu{
    int num;
    char name[20];
    char sex;
    double score;
}s[5]={ {1001,"Yaolin Pan"   , 'M',89},
        {1002,"Yuhang Gao"   , 'M',98.9},
        {1003,"Junyuan Gao"  , 'F',42.5},
        {1004,"Hongpeng Yang", 'F',72},
        {1005,"Yuxuan Han"   , 'M',35},
      };
```

可见对结构数组的初始化赋值在形式上类似于二维数组,每个内层大括号负责一个结构数组元素,内层大括号之间用逗号分隔。

任务 10.1.3　简单通讯录

◇ **任务描述**:

编写程序输入整数 N,再输入 N 个学生的姓名和电话号码,最后以表格形式输出。

◇ **输入格式**:

第一行,整数 N(N<100),接下来的 N 行是 N 个学生的姓名(无空格,不超过 20 个字符)和电话(无空格,不超过 20 个字符)。

◇ **输出格式**:

见输出样例,严格按输出样例格式输出。

◇ **输入样例**:

```
3
AAAAABBBBBCCCCCDDDDD        13000001234
Yulong                      13666667777
Gaoyuhang                   18601105886
```

◇ **输出样例**:

```
+-----------------------------------------------+
| name                 | phone                  |
+-----------------------------------------------+
| AAAAABBBBBCCCCCDDDDD | 13000001234            |
+-----------------------------------------------+
| Yulong               | 13666667777            |
+-----------------------------------------------+
| Gaoyuhang            | 18601105886            |
+-----------------------------------------------+
```

相关知识

一、结构体指针

当一个指针变量用来指向一个结构变量时,称之为结构指针变量。结构指针变量中的值是所指向的结构变量的首地址。通过结构指针即可访问该结构变量,这与数组指针和函数指针的情况是相同的。

结构指针变量定义的一般形式如下:

```
struct 结构名 *结构指针变量名;
```

在前面的示例中定义了 stu 这个结构,如果要说明一个指向 stu 的指针变量 pstu,可写为如下形式:

```
struct stu *pstu;
```

当然也可在定义 stu 结构的同时说明 pstu。与前面讲解的各类指针变量相同，结构指针变量也必须先赋值才能使用。

通过结构指针访问结构变量的一般形式如下：

```
(*结构指针变量).成员名
```

或为

```
结构指针变量->成员名
```

例如：

```
(*pstu).num
```

或者

```
pstu->num
```

应该注意，(*pstu)两侧的括号不可少，因为成员符"."的优先级高于"*"。若去掉括号写作*pstu.num，则等效于*(pstu.num)，这样意义就完全不对了。下面通过示例来说明结构指针变量的具体说明和使用方法。

示例代码 1：

```c
#include<stdio.h>
#define FORMAT "Number=%d Name=%s Sex=%c Score=%lf\n"
struct stu{
    int num;
    char name[20];
    char sex;
    float score;
}s1={102,"XinHao_Li",'M',78.5},*pstu;
int main(){
    pstu=&s1;
    printf(FORMAT,s1.num,s1.name,s1.sex,s1.score);
    printf(FORMAT,(*pstu).num,(*pstu).name,(*pstu).sex,(*pstu).score);
    printf(FORMAT,pstu->num,pstu->name,pstu->sex,pstu->score);
}
```

执行程序，输出：

```
Number=102 Name=XinHao_Li Sex=M Score=78.500000
Number=102 Name=XinHao_Li Sex=M Score=78.500000
Number=102 Name=XinHao_Li Sex=M Score=78.500000
```

示例代码 1 分析：

本示例代码定义了一个结构 stu，定义了 stu 类型结构变量 s1 并作了初始化赋值，还定义了一个指向 stu 类型结构的指针变量 pstu。在 main 函数中，pstu 被赋予 s1 的地址，因此

pstu 指向 s1。然后在 printf 语句内用 3 种形式输出 s1 的各个成员值。从运行结果可以看出，结构变量.成员名、(*结构指针变量).成员名、结构指针变量->成员名，这 3 种用于表示结构成员的形式是等效的。

示例代码 2：

```
#include<stdio.h>
struct stu{
    int num;
    char name[20];
    char sex;
    double score;
}s[5]={    {101,"XiaoDi_Ma"    , 'M',45},
           {102,"JuHao_Zhu"    , 'M',62.5},
           {103,"XinHao_Li"    , 'F',92.5},
           {104,"HongPeng_Yang", 'F',87},
           {105,"YuHang_Gao"   , 'M',58}
        };
int main(){
    struct stu *ps;
    for(ps=s;ps<s+5;ps++)
        printf("%d %-20s %c %lf\n",ps->num,ps->name,ps->sex,ps->score);
    return 0;
}
```

执行程序，输出：

```
101 XiaoDi_Ma          M 45.000000
102 JuHao_Zhu          M 62.500000
103 XinHao_Li          F 92.500000
104 HongPeng_Yang      F 87.000000
105 YuHang_Gao         M 58.000000
```

示例代码 2 分析：

在本示例程序中，定义了 stu 结构类型的外部数组 s 并作了初始化赋值。在 main 函数内定义 ps 为指向 stu 类型的指针。在循环语句 for 的表达式 1 中，ps 被赋予 s 的首地址，然后循环 5 次，输出 s 数组中的各成员值。

二、结构指针作函数参数

像其他类型指针一样，结构体指针也可作函数参数，如以下示例。

示例代码：

```
//计算一组学生的平均成绩和不及格人数(用结构指针变量作函数参数编程)
#include<stdio.h>
struct stu{
    int num;
```

```
    char name[20];
    char sex;
    double score;
}s[5]={    {101,"Li ping"   , 'M',45},
          {102,"Zhang ping", 'M',42.5},
          {103,"He fang"    , 'F',92.5},
          {104,"Cheng ling", 'F',87},
          {105,"Wang ming" , 'M',58}
       };
int main(){
    ave(s);
}
void ave(struct stu *ps){
    int c=0,i;
    double ave,s=0;
    for(i=0;i<5;i++,ps++){
      s+=ps->score;
      if(ps->score<60) c+=1;
    }
    ave=s/5;
    printf("%.2lf %.2lf %d",s,ave,c);
}
```

执行程序，输出：

```
325.00 65.0000 3
```

示例代码分析：

本示例程序中定义了函数 ave，其形式参数为结构指针 ps。

任务 10.1.4　成绩排名

◇ **任务描述：**

定义结构体 struct stu，编写成绩排名函数：void sort(struct stu *ps,int n)，对结构体数组按成绩排名。程序功能为读入整数 n（n<100），再读入 n 个学生的学号（整型）和成绩（实数）。按输出样例输出排名。

◇ **输入格式：**

第一行是整数 n，接下来的 n 行是 n 个学生的信息（学号和分数）。

◇ **输出格式：**

第一列是名次，注意并列情况；第二列是学号；第三列是成绩（两位小数）。

◇ **输入样例：**

```
5
101 99
```

```
102 100
103 50
104 80
105 99
```

◇ **输出样例：**

```
1 102 100.00
2 101 99.00
2 105 99.00
4 104 80.00
5 103 50.00
```

第 10.2 关　链　表

任务 10.2.1　链表操作——创建、追加和输出

◇ **任务描述：**

请编写创建链表、添加结点和输出链表的函数。链表中的结点和头指针定义如下：

```
struct LNode{
    int data;                    //数据域
    struct LNode *next;          //指针域
};
struct LNode *head;              //头指针
```

请编程完成以下功能。

输入数据包含若干组命令和数据，一组数据中的第一个字符代表命令，接下来的是该命令需要的数据。

（1）如果命令是 I，功能为创建空链表，对应函数：void List_Init(head)。

（2）如果命令是 A，后跟一个整数 data，功能为向链表尾部追加一个元素，其数据域为 data，对应函数：void List_Append(head,data)。

（3）如果命令是 C，后跟一个整数 n，再跟 n 个整数，功能为向链表尾部追加 n 个元素，其数据域分别为那 n 个整数，可通过调用上面的 List_Append()函数实现。

（4）如果命令是 P，功能为遍历输出链表中所有数据，数据间用一个空格分隔，对应函数：void List_print(head)。如果链表未建立（即头结点不存在），输出"List not defined!"；如果链表为空（即只有头结点），输出："List is empty!"。

◇ **输入格式：**

输入数据中包含若干组命令和数据，很多命令和数据写在一起时请注意识别。

◇ **输出格式：**

编程根据输入的命令处理链表操作，当遇到 P 命令时有输出内容，详见输出样例。

◇ **输入样例：**

```
P I P A 100 A 200 A 300 P C 5 10 20 30 40 50 P
```

◇ **输出样例：**

```
List not defined!
List is empty!
100 200 300
100 200 300 10 20 30 40 50
```

任务分析

我们先来分析一下输入数据的处理，在主函数中读入任务中定义的命令字符，根据不同的命令调用不同的函数，设计主函数代码如下。

任务代码

主函数-处理命令：

```c
#include<stdio.h>
#include<stdlib.h>
struct LNode{                    //定义结点类型
    int data;                    //数据域
    struct LNode *next;          //指针域
};
struct LNode* List_Init();       //函数声明
void List_Append(struct LNode *head,int data);
void List_Creat(struct LNode *head,int size);
void List_Print(struct LNode *head);
int main(){
    struct LNode *head=NULL;     //定义头指针
    char sel;  int n,d;
    while(scanf(" %c",&sel)==1){ //读入命令字符(%c 前的空格可忽略输入中的空格)
        switch(sel){             //根据不同命令执行不同的函数
            case 'I':            //I 命令：创建一个空链表
                head=List_Init();
                break;
            case 'A':            //A 命令：尾部插入一个数据
                scanf("%d",&d);
                List_Append(head,d);
                break;
            case 'C':            //C 命令：尾部追加 n 个数据
```

```
                    scanf("%d",&n);
                    while(n--){              //读 n 个数据依次追加到尾部
                        scanf("%d",&d);
                        List_Append(head,d);
                    }
                    break;
                case 'P':                    //遍历输出所有元素
                    List_Print(head);
                    break;
            }
        }
        return 0;
}
```

以下代码通过设计函数 List_Init() 来创建一个带头结点的空链表。在函数中，我们申请一个头结点，并把它的地址返回到主函数中赋值给 head 头指针。

任务代码

```
struct LNode* List_Init(){        //初始化头结点,创建空链表
    struct LNode* h;
    h=(struct LNode*)malloc(sizeof(struct LNode));//申请头结点
    h->next=NULL;                 //头结点指针域赋空
    return h;                     //返回头结点地址（指针）
}
```

以下代码为利用函数 List_Append(struct LNode *head,int d) 实现向链表尾部追加一个新数据 d。在函数中定义一个指针 p，并使它指向最后一个结点（尾结点），然后申请一个新结点 new_node，再把这个新结点链接到 p 所指向的结点之后(p->next=new_node)。

任务代码

```
void List_Append(struct LNode *head,int d){
    struct LNode *p,*new_node;
    int i,n;
    p=head;                       //让 p 指向头结点
    while(p->next!=NULL){         //让 p 指向最后一个结点
        p=p->next;
    }
    new_node=(struct LNode*)malloc(sizeof(struct LNode));//创建新结点
    new_node->data=d;                                    //装载数据
    new_node->next=NULL;                                 //指针域赋空
    p->next=new_node;                                    //新结点接入到链表尾
    return;
}
```

以下代码中函数 void List_Print(struct LNode *head)的功能为依次扫描每个结点，并输出数据域的值。

任务代码

```c
void List_Print(struct LNode *head){
    struct LNode *p;
    if(head==NULL){                    //链表未创建(头结点不存在)
        printf("List not defined!\n");
        return;
    }
    else if(head->next==NULL){  //空链表(只有头结点)
        printf("List is empty!\n");
        return;
    }
    p=head->next;                      //p 指向第一个结点(头结点的下一个结点)
    while(p!=NULL){                     //遍历所有结点
        printf("%d",p->data);          //输出当前结点数据
        p=p->next;                     //指针后移
        if(p!=NULL) printf(" ");       //若不是最后结点，输出空格
    }
    printf("\n");                      //遍历输出后回车
    return;
}
```

相关知识

1. 数组的局限

C 语言程序在处理大量数据时，可以选用构造类型数组解决。

定义数组时，必须事先指定一个固定的长度（即元素个数），如果事先难以确定有多少个元素，则必须把数组定义得足够大，以保证满足问题需求。如果用动态内存（动态数组）解决，也必须在申请内存时指定固定空间数量。显然，这会造成内存空间的浪费。

显然数组的一个局限就是，不能根据实际需求随意增加或删除元素，数组的大小是固定的，是向系统一次性申请分配的。那么，有没有一种方法，可以按照问题的实际需求，随意增加和删除元素，可以随意向系统申请增加或释放空间的数据结构呢？答案是肯定的，C 语言中的链表可以满足这一需求。

2. 链表的概念

链表是一种非常常见的重要的数据结构，它是由同一结构体类型的多个"结点"依次串接在一起而形成的链，如图 10-1 所示。链表可以根据需要动态申请内存单元，随时增加结点，也可以随时删除结点并释放其占用的内存。

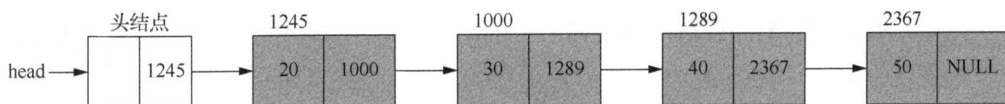

图 10-1　链表

链表中的每一个元素称为一个结点，它一定是一个结构体数据。每个结点都至少包含两部分信息，即用户需要用的实际数据成员和指向下一个结点地址的指针成员。

链表有一个头指针变量，图 10-1 中以 head 表示，它存放一个地址，该地址指向头结点，头结点的指针域指向第一个元素，第一个元素的指针域又指向第二个元素……直到最后一个元素，它称为尾结点，它的指针域的值为 "NULL"（空指针，即 0 值）。

由图 10-1 的链表可知，链表中的各个元素在内存中可以不是连续存放的，要想找到某一元素 x，必须要知道它的地址。这就需要从头指针（head）开始，扫描每一个结点，找到它的前一个结点 p，通过结点 p 获得 x 的地址，才能对 x 进行访问。

3. 链表的定义

链表必须利用带指针成员的结构体才能实现，即一个结点中应包含一个指针变量，用它存放下一个结点的地址。例如，我们可以设计如下结构体类型：

```
struct LNode{
    int data;               //数据域
    struct LNode *next;     //指针域
};
```

其中，成员 data 用来存放结点中的有用数据（用户需要的数据，也可以是多个数据成员），相当于图 10-1 结点中的 20，30，40，50。next 是指针类型的成员，它指向 struct LNode 类型数据，即指向下一个结点。以下代码可以实现创建如图 10-1 所示的链表。

```
struct LNode *head,p,new_node;
head=(struct LNode*)malloc(sizeof(struct LNode));   //申请头结点
head->next=NULL;                                     //初始化头结点的指针域
p=head;//p 是指向表尾结点的指针 (初始状态下指向头结点)
```

以下代码创建一个空链表。

```
new_node=(struct LNode*)malloc(sizeof(struct LNode));//申请一个新结点
new_node ->data=10;                    //数据域赋值
new_node->next=NULL;                   //新结点的指针域赋为空指针
p->next= new_node;                     //将新结点链入到链表的尾部
p=p->next;                             //p 指针移位指向新的尾结点
```

重复以上 5 行代码可以链入下一个新结点。

任务 10.2.2 链表操作——插入、查找和删除

◇ 任务描述：

在任务 10.2.1 的基础上，增加设计如下功能：

（1）如果命令是 N，后跟一个整数 n 和 d，功能为向链表的第 n 个位置插入数据 d，可通过调用 void List_Insert(head,n,d)函数来实现。

（2）如果命令是 F，后跟一个整数 d，功能为在链表查找数据 d，输出其位序。可通过调用 int List_Find(head,d)函数实现返回 d 的位序，若找不到则返回-1。

（3）如果命令是 D，后跟一个整数 n，功能为删除链表第 n 个位置的数据，可通过调用 void List_Delete(head,n)函数实现。

请编程设计以上函数。

◇ **输入格式：**

若干组命令和数据，很多命令和数据写在一起时请注意识别。

◇ **输出格式：**

根据输入命令输出相应内容，详见输出样例。

◇ **输入样例 1：**

```
I C 5 100 200 300 400 500 P
F 500 N 3 23 N 5 31 P
D 4 P F 99
A 6 P
```

◇ **输出样例 1：**

```
100 200 300 400 500
index:5
100 200 23 300 31 400 500
100 200 23 31 400 500
Not Found!
100 200 23 31 400 500 6
```

◇ **输入样例 2：**

```
I A 100 A 200 A 300 C 4 400 500 600 700 P
F 800 F 500
N 4 4 N 5 5 P
D 2 D 2 D 2 P
D 2 D 2 D 2 P
D 1 D 1 P
D 1 D 1 P
```

◇ **输出样例 2：**

```
100 200 300 400 500 600 700
Not Found!
index:5
100 200 300 4 5 400 500 600 700
100 5 400 500 600 700
100 600 700
700
List is empty!
```

在任务 10.2.1 的任务代码的主函数的 switch 语句中添加以下部分代码，可以实现处理新增加的命令功能。

任务代码

```
case 'N':                              //在第 n 个位置插入一个新数据 d
   scanf("%d%d",&n,&d);                //读入位置 n
   List_Insert(head,n,d);             //插入新元素
   break;
case 'F':                              //查找数据 d
   scanf("%d",&d);                     //输入 d
   int index=List_Find(head,d);       //查找 d 返回其位序
   if(index!=-1)                       //输出结果
       printf("index:%d\n",index);
   else
       printf("Not Found!\n");
   break;
case 'D':                              //删除第 n 个结点
   scanf("%d",&n);                     //输入位序 n
   List_Delete(head,n);               //删除位置 n 上的元素
   break;
```

下面的代码是利用函数 List_Insert(struct LNode *head,int i,int d) 来实现向链表 head 中的第 i 个位置插入数据 d。

函数中首先生成新结点 new_head，然后让指针 p 指向插入位置的前一个结点，最后将新结点插入到相应位置(new_node->next=p->next; p->next=new_node;)。

任务代码

```
void List_Insert(struct LNode *head,int i,int d){
   struct LNode *p,*new_node;
   int k;
   new_node=(struct LNode*)malloc(sizeof(struct LNode));//申请新结点
   new_node->data=d;                        //装配数据
   new_node->next=NULL;
   p=head;                                  //p 指向头结点
   for(k=2;k<=i&&p->next;k++)                //使 p 指向插入位置的前一个结点
       p=p->next;
   new_node->next=p->next;                   //插入结点到 p 所指向结点之后
   p->next=new_node;
   return;
}
```

以下代码是利用函数 List_Find(struct LNode *head,int n) 来实现在链表 head 中查找数据 n，并返回 n 在链表中的位序（从 1 开始），若没找到则返回-1。

任务代码

```
int List_Find(struct LNode *head,int n){
    int i=0;
    struct LNode *p;
    p=head->next;
    while(p){                       //遍历所有结点
        i++;                        //记录结点位序
        if(p->data==n) return i;    //找到返回 i
        p=p->next;
    }
    return -1;                      //未找到返回-1
}
```

以下代码中函数 List_Delete(struct LNode *head,int n)的功能是删除链表 head 中第 n 个位置的数据。首先让指针 p 指向被删除结点的前一个结点，若下一个结点存在，从链表中删除(p->next=p->next->next)。注意指针 q 的作用及 q 的释放。

任务代码

```
void List_Delete(struct LNode *head,int n){
    struct LNode *p,*q;
    int k;
    p=head;                         //使 p 指向被删除结点的前一个结点
    for(k=2;k<=n&&p->next;k++) p=p->next;
    if(p->next){                    //若 p 指向结点的下一个结点存在
        q=p->next;                  //q 指向被删除的结点
        p->next=p->next->next;      //把被删除结点从链表删除
        free(q);                    //释放 q
    }
    return;
}
```

请在任务 10.2.1 的基础上，增添以上代码为链表操作增添新的功能，完成本任务。

第 10.3 关   编译预处理

任务 10.3.1   合法标识符

◇ **任务描述：**
　　给定一个不包含空白字符的字符串，请判断它是否属于 C 语言合法的标识符号（注意：保证这些字符串一定不是 C 语言的关键字）。

C 语言合法标识符的要求：非关键字，只包含字母、数字及下划线，不以数字开头。

◇ **输入格式：**

输入一行，包含一个字符串，字符串中不包含任何空白字符，且长度不大于 20。

◇ **输出格式：**

输出一行，如果它是 C 语言的合法标识符，则输出 yes，否则输出 no。

◇ **输入样例 1：**

RKPEGX9R;TWyYcp

◇ **输出样例 1：**

no

◇ **输入样例 2：**

_102.

◇ **输出样例 2：**

no

◇ **输入样例 3：**

12cp

◇ **输出样例 3：**

no

◇ **输入样例 4：**

ILOVEYOU

◇ **输出样例 4：**

yes

任务分析

为了判断标识符是否合法，我们定义了 5 个带参宏，请注意宏的意义和括号的运用。

任务代码

```
#include<stdio.h>
#define DIGIT(x) ((x)>='0'&&(x)<='9')          //判断 x 是否为数字
#define UPPER(x) ((x)>='A'&&(x)<='Z')          //判断 x 是否为大写字母
#define LOWER(x) ((x)>='a'&&(x)<='z')          //判断 x 是否为小写字母
#define ALPHA(x) ( UPPER(x)||LOWER(x) )         //判断 x 是否为英文字母
#define OK(x) ( ALPHA(x) || DIGIT(x) || (x)=='_' )   //判断 x 是否为字母、
                                                //数字、下划线之一

int main(){
    char word[256];                            //存储字符串
    int k,f;
```

```
    gets(word);                              //输入字符串
    f=1;                                     //标志变量，标志此标识符是否合法
    if( !OK(word[0]) || DIGIT(word[0]) ) f=0; //开始字符不符合语法
    for(k=1;word[k]!='\0';k++)               //从 word[1]开始遍历字符串
        if( !OK(word[k]) ){                  //单词内部存在非法字符
            f=0;
            break;
        }
    if(f==1)printf("yes");                   //f==1 表示标识符合法
    else    printf("no");                    //f==0 表示标识符非法
    return 0;
}
```

相关知识

1. 编译预处理

编译预处理是指 C 语言程序在正式编译（词法扫描和语法分析）之前所做的工作。预处理操作是 C 语言的一个重要功能，它由预处理程序负责完成。

C 语言在对一个源文件进行正式编译前，系统将自动引用预处理程序对源程序中的预处理指令作出相应的处理，处理完毕后自动进入对源程序的编译。

编译预处理指令主要包括宏替换、文件包含、条件编译等，前面经常使用的符号常量就属于宏替换的一种。

2. 无参宏

C 语言源程序允许用#define 指令定义一个标识符，用来表示在程序中代替某一个字符串。这种形式叫作宏定义，这个标识符就是宏名。

在编译预处理时，对程序中所有出现的宏名，都用宏定义中的字符串去替换，这个过程可以称为宏替换或宏展开。

无参宏的宏名后不带参数，其定义的一般形式如下：

```
#define   宏名标识符   宏体字符串
```

例如：

```
#define PI 3.14159265
#define PR printf
```

功能说明：

（1）"#define"为宏定义的预处理指令。宏名标识符是用户定义的宏名，应该遵循标识符的命名规则。宏名一般在习惯上用全大写的标识符，以便和程序中的关键字、变量明显地区别开来。

（2）宏体字符串是宏名所要替换的一串字符。字符串不需要用双引号括起来，如果用双引号括起来了，那么将连双引号一起替换。

（3）宏体字符串可以是任意形式的单行的连续字符序列，中间可以有空格和制表符Tab。

（4）在前面单元中介绍过的符号常量的定义实际上就是一种无参宏定义。

下面通过示例来说明无参宏定义和嵌套的宏定义。

示例代码 1（无参宏定义）：

```
#define PI 3.14159265            //宏定义(符号常量)
#define PR printf                //宏定义
int main(){
    double r=5.0;
    PR("\nL=%lf",2*PI*r);
    PR("\nS=%lf",PI*r*r);
    PR("\nV=%lf",(4.0/3)*PI*r*r*r);
    return 0;
}
```

示例代码 1 分析：

本示例程序中定义了两个无参数的宏，在执行程序编译之前首先进行预处理，预处理程序会把程序中的所有 PI 替换成 3.14159265，所有 PR 替换成 printf，然后进行编译和执行。

可见，恰当地使用宏定义，会减少程序代码量，增强整个程序的可读性，也便于对关键数据和代码进行修改。

示例代码 2（嵌套的宏定义）：

```
#define PI 3.14159265
#define PR printf
#define L 2*PI*r
#define S PI*r*r
#define V (4.0/3.0)*PI*r*r*r
int main(){
    double r=5.0;
    PR("\nL=%f",L);
    PR("\nS=%f",S);
    PR("\nV=%f",V);
}
```

示例代码 2 分析：

宏也可以嵌套定义，即用已定义的宏来定义另外的宏，在展开宏时可以层层替换展开。

C 语言程序中用双引号括起来的字符串常量中的字符，是字符串的内容，如果其中出现了与宏名相同的字符序列，则不进行替换。

3. 终止宏替换

宏定义是用宏名来表示一个字符串，在宏展开时又以该字符串取代宏名，这只是一种简单的代换，字符串中可以包含任何字符，可以是常数，也可以是表达式，预处理程序对它不作任何检查。如有语法错误，只能在真正编译源程序（宏展开后）时发现。

宏定义必须写在函数之外，其作用域为从宏定义命令开始到源程序结束。如果要终止其作用域可使用#undef命令，该命令的一般形式如下：

```
#undef 宏名
```

习惯上宏名用大写字母表示，以便与变量区别，但也允许用小写字母。宏定义也可用来表示数据类型。例如：

```
#define LLONG long long int
#define STU struct stu
#define INTEGER int
```

4. 带参数的宏

C 语言允许宏带有参数，宏定义中的参数也称为形式参数，在宏调用中的参数也称为实在参数。对于带参数的宏，在预处理程序中，不仅要进行宏名的展开，而且要用实际参数去替换形式参数。带参宏定义的一般形式如下：

```
#define 宏名(形参表)    宏体
```

带参宏调用的一般形式如下：

```
宏名(实参表)
```

例如：

```
#define M(y) y*y+3*y //宏定义
k=M(5+2);             //宏调用
```

在宏调用时，用实际参数 5 代替形式参数 y，经预处理宏展开后的语句为

```
k=5+2*5+2+3*5+2;
```

下面举例说明。

示例代码 1：

```
#define MAX(a,b)  a>b?a:b
int main(){
    int x,y,max;
    x=5;  y=8;
    max=MAX(x,y);
    printf("max=%d\n",max);
}
```

执行程序，输出：

```
max=8
```

示例代码 1 分析：

本示例程序的第一行进行带参宏定义，用宏 MAX(a,b)表示条件表达式(a>b)?a:b，MAX 为宏名，a 和 b 为形式参数。

max=MAX(x,y)为宏调用，实际参数是 x，y，将代换形式参数 a，b。宏展开后该语句为"max=x>y?x:y;"用于计算 x 和 y 中较大的数。

说明：

（1）带参宏定义中，宏名和形式参数列表之间不能有空格出现。例如，把

```
#define MAX(a,b) a>b?a:b
```

写为

```
#define MAX (a,b)   a>b?a:b
```

将被认为是无参宏定义，宏名 MAX 代表字符串"(a,b) a>b?a:b"。宏展开时，宏调用语句

```
max=MAX(x,y);
```

将变为

```
max=(a,b) a>b?a:b(x,y);
```

这显然是错误的。

（2）在带参宏定义中，形式参数不分配内存单元，因此不必作类型定义。宏调用中的实际参数有具体的值，要用它们去代换形式参数，因此必须作类型说明。这与函数中的情况是不同的。

在函数中，形式参数和实际参数是两个不同的量，各有自己的作用域，调用时要把实际参数值赋予形式参数，进行"值传递"。在带参宏中，只是符号代换，不存在值传递的问题。

（3）宏定义中的形式参数是标识符，而宏调用中的实际参数可以是表达式。

下面通过示例来说明。

示例代码 1：

```
#define SQUARE(y) y*y
int main(){
    int a,sq;
    a=5;
    sq=SQUARE(a+1);
    printf("SQUARE=%d",sq);
}
```

执行程序，输出：

```
SQUARE(5)=11
```

示例代码 1 分析：

宏代换只作符号代换而不作其他处理。本示例宏代换后将得到语句 "sq=a+1*a+1;"，故得到表达式的结果为 11。这显然与题意相违，解决的办法是在宏体的参数两边加括号。

示例代码 2：

```c
#define SQUARE(y)  (y)*(y)
int main(){
    int a,sq;
    a=5;
    sq=SQUARE(a+1);
    printf("SQUARE(%d)=%d",a,sq);
}
```

执行程序，输出：

```
SQUARE(5)=36
```

示例代码 2 分析：

本示例代码中宏代换后将得到语句 "sq=(a+1)*(a+1);"，故得到表达式的结果为 36。此程序虽然得到了正确结果，但仍然存在隐患。

示例代码 3：

```c
#define SQUARE(y)  (y)*(y)
int main(){
    int a,sq;
    a=5;
    sq=360/SQUARE(a+1);
    printf("sq=%d",sq);
}
```

执行程序，输出：

```
sq=360
```

示例代码 3 分析：

本示例代码中宏替换表达式的原意似乎是 360 除以（a+1），结果应该是 10。但实际上，宏代换后将得到以下语句 "sq=360/(a+1)*(a+1);"，故结果为 360。解决此问题的办法是给整个宏体加括号。

示例代码 4：

```c
#define SQUARE(y)  ((y)*(y))
int main(){
    int a,sq;
    a=5;
    sq=360/SQUARE(a+1);
```

```
        printf("sq=%d",sq);
    }
```

执行程序，输出：

```
sq=10
```

示例代码 4 分析：

本示例代码中的宏代换后将得到以下语句"sq=360/((a+1)*(a+1));"，故得到结果为 10。

以上各段程序说明，对于带参宏定义的宏体，不仅应在参数两侧加括号，也应在整个宏体外加括号，以保证宏定义的运算逻辑正确。

5. 带参的宏和函数的区别

带参的宏和带参函数很相似，但有本质上的不同，除上面已谈到的各点外，对同一表达式用函数处理与用宏处理的结果有可能是不同的。

示例代码：

```c
#define SQUARE(y) ((y)*(y))
int square(int y){
    return((y)*(y));
}
int main(){
    int i;
    printf("\n 调用函数结果:");
    i=1;
    while(i<=5)
        printf("%d ",square(i++));

    printf("\n 使用带参宏结果:");
    i=1;
    while(i<=5)
        printf("%d ",SQUARE(i++));
}
```

执行程序，输出：

```
调用函数结果:1  4  9  16  25
使用带参宏结果:2  12  30
```

示例代码分析：

本示例代码中宏名为 SQUARE，形式参数为 y，宏体为((y)*(y))，SQUARE(i++)被代换为((i++)*(i++))，此处与函数调用在本质上是完全不同的。请读者分析此例程序的执行过程。

任务 10.3.2 简单密码

引导任务

◇ **任务描述:**

有一种很简单的密码,取得密文的规则是:对于明文中的每个字符,用它在字母表中后 5 位的字符来代替。如下是密文和明文中字符的对应关系。

密文:A B C D E F G H I J K L M N O P Q R S T U V W X Y Z
明文:V W X Y Z A B C D E F G H I J K L M N O P Q R S T U

请编写程序对给定的密文进行解密得到明文。

需要注意的是,密文中出现的字母都是大写字母。若密文中包括非字母的字符,则不用对这些字符进行解码。

◇ **输入格式:**

输入一行,给出密文,密文不为空,而且其中的字符数不超过 200。

◇ **输出格式:**

输出一行,即密文对应的明文。

◇ **输入样例:**

NS BFW, JAJSYX TK NRUTWYFSHJ FWJ YMJ WJXZQY TK YWNANFQ HFZXJX

◇ **输出样例:**

IN WAR, EVENTS OF IMPORTANCE ARE THE RESULT OF TRIVIAL CAUSES

任务代码

```
#include<stdio.h>
#define INDEX(x) ((x)-65)                    //大写字母 x 在字母表中的位序
#define UPPER(x) ((x)>='A'&&(x)<='Z')        //判断 x 是否为大写字母
#define ENC(x) ( (INDEX(x)+5)%26+'A' )       //字母 x 加密(右移 5 位)
#define DEC(x) ( (INDEX(x)-5+26)%26+'A' )    //字母 x 解密(左移 5 位)
#define ENC2(x) ( UPPER(x)?ENC(x):(x) )      //字符 x 加密(字母右移 5 位,其他
                                             //不变)
#define DEC2(x) ( UPPER(x)?DEC(x):(x) )      //字符 x 解密(字母左移 5 位,其他
                                             //不变)
int main(){
    char str[256];                           //存储字符串
    int k;
    gets(str);                               //输入字符串
    for(k=0;k<strlen(str);k++){              //遍历字符串
        str[k]=DEC2(str[k]);                 //解密后赋值回原位置
```

```
    }
    puts(str);                              //输出解密后的整个字符串
    return 0;
}
```

代码分析

程序中定义了一系列的带参宏，用来实现各种操作。其中宏嵌套的设计简化了每个宏的设计，又能实现复杂的逻辑判断和操作。

任务 10.3.3　大小写字母互换

◇ **任务描述**：

把一个字符串中所有出现的大写字母都替换成小写字母，同时把小写字母替换成大写字母。

◇ **输入格式**：

输入一行：待互换的字符串。

◇ **输出格式**：

输出一行：完成互换的字符串（字符串长度小于80）。

◇ **输入样例**：

If so, you already have a Google Account. You can sign in on the right.

◇ **输出样例**：

iF SO, YOU ALREADY HAVE A gOOGLE aCCOUNT. yOU CAN SIGN IN ON THE RIGHT.

任务代码

```
#include<stdio.h>
#define UPPER(x)  ((x)>='A'&&(x)<='Z')         //判断 x 是否为大写字母
#define LOWER(x)  ((x)>='a'&&(x)<='z')         //判断 x 是否为小写字母
#define ALPHA(x)  ( UPPER(x)||LOWER(x) )       //判断 x 是否为字母
#define TOUPPER(x)  ((x)-32)                    //小写字母转换成大写字母
#define TOLOWER(x)  ((x)+32)                    //大写字母转换成小写字母
//宏 CHANGE(x)的功能为实现字符 x 的转换(非字母原样不变,字母大小写互换)
#define CHANGE(x)  ( !ALPHA(x)?(x):( UPPER(x)?TOLOWER(x):TOUPPER(x) ) )
int main(){
    char str[256];                          //存储字符串
    int k,f;
    gets(str);                              //输入字符串
    for(k=0;k<strlen(str);k++){             //遍历字符串
        str[k]=CHANGE(str[k]);              //转换后赋值回原位置
```

```
    }
    puts(str);                                //输出转换后的整个字符串
    return 0;
}
```

任务 10.3.4 5 个数求最值

◇ **任务描述**：

设计一个从 5 个整数中取最小数和最大数的程序。（请尽量使用宏替换）

◇ **输入格式**：

输入只有一组测试数据，为 5 个不大于 10000 的正整数。

◇ **输出格式**：

输出两个数，第一个为这 5 个数中的最小值，第二个为这 5 个数中的最大值，两个数字以空格格开。

◇ **输入样例**：

```
1 2 3 4 5
```

◇ **输出样例**：

```
1 5
```

相关知识

1. 文件包含

文件包含命令的一般形式如下：

```
#include  "文件名"
```

或

```
#include  <文件名>
```

两种表示形式的区别：使用尖括号表示在文件包含目录中查找（文件包含目录是由用户在设置编译器环境时设置的），而不在源文件目录中查找；使用双引号则表示首先在当前的源文件目录中查找，若未找到才到包含目录中查找。用户编程时可根据自己文件所在的目录来选择某一种命令形式。

文件包含命令的功能是把指定的文件插入该命令行位置取代该命令行，从而把指定的文件和当前的源程序文件合并成一个源文件。

在程序设计中，文件包含是很有用的。一个大的程序可以分为多个模块，由多个程序员分别编程。有些公用的符号常量、宏定义或函数代码等可单独组成一个文件，在其他文件的开头用包含命令包含该文件即可使用。

　　有的公共文件可能被重复包含到一起，解决的办法是在可能被重复包含的文件最开始处加上#pragma once 命令，用于解释本文件只能被包含一次，这样系统会忽略重复包含此文件的命令。

2. 枚举和共用体

枚举和共用体的内容请从本书配套的资源包中查阅。

习题 10

　　习题 10 及其参考答案和代码请从本书配套的资源包中查阅。

第11单元 文 件 ✏

文件是程序设计语言中的重要内容，是计算机永久存储信息的方式。C 语言中文件的各种操作都是通过系统函数来完成的。本单元主要介绍文件的打开、关闭、数据读写等函数的使用方法。

第 11.1 关 文 件 指 针

任务 打开文件

◇ **任务描述**：

编程输入若干文件名（字符串），依次通过只读方式打开这些文件，输出每一个文件是否打开成功的信息。请补充代码。

```
#include<stdio.h>
void fun(char *fn){  //请补充完成此函数的代码，不要修改主函数代码
    //在此输入你的代码
}
int main(){
    char fname[200];
    while(scanf("%s",fname)==1){
        fun(fname);
    }
    return 0;
}
```

◇ **输入格式**：

以空格或回车分隔的若干文件名，每个文件名不超过 20 个字符。

◇ **输出格式**：

对于每个文件，输出打开是否成功的信息，每个输出占一行。

◇ **输入样例**（假设当前目录中已存在 test1.txt 和 test3.txt）：

```
test1.txt test2.txt test3.txt
test4.txt
helloworld.exe
```

◇ **输出样例：**

文件[test1.txt]打开成功！

文件<test2.txt>打开失败，文件不存在！

文件[test3.txt]打开成功！

文件<test4.txt>打开失败，文件不存在！

文件<helloworld.exe>打开失败，文件不存在！

任务代码

```c
#include<stdio.h>
//请补充完成此函数的代码，不要修改主函数代码
#include<stdio.h>
void fun(char *fn){
    FILE *fp;
    fp=fopen(fn,"r");
    if(fp!=NULL){
        printf("文件[%s]打开成功! \n",fn);
        fclose(fp);
    }
    else{
        printf("文件<%s>打开失败，文件不存在! \n",fn);
    }
    return;
}
int main(){
    char fname[200];
    while(scanf("%s",fname)==1){
        fun(fname);
    }
    return 0;
}
```

相关知识

一、认识文件

文件是指一组存储在外部介质上的相关数据的有序集合，这个数据集合的名字叫作文件名。文件通常存储在外部介质（如磁盘）上，需要处理时才读到内存中来，处理结束后再写到外部介质中永久保存。

1. 文本文件与二进制文件

从文件编码的方式来看，文件可分为文本文件和二进制文件。

文本文件，也叫作 ASCII 文件，就是以字符的 ASCII 值进行存储与编码的文件。文本文件在磁盘中存放时每个字符对应 1 字节，用来存放 ASCII 值。例如，字符串"CHINA"共占用 6 字节，其存储形式如下。

ASCII 值：01000011 01001000 01001001 01001110 01000001 00000000

代表字符：　　　　C　　　　H　　　　I　　　　N　　　　A　　　　\0

ASCII 文件可以在屏幕上按字符显示。

二进制文件是按二进制的编码方式来存放文件的。例如，整数 5678 占 4 字节，其存储形式为 00000000 00000000 00010110 00101110。

2. 文件指针

文件指针是文件系统中的一个重要的概念。在 C 语言中用一个指针变量指向一个文件，这个指针称为文件指针。通过文件指针就可对它所指向的文件进行各种操作。

定义文件指针的一般形式如下：

```
FILE *文件指针;
```

例如：

```
FILE *fp;    FILE *fp1,*fp2;
```

功能说明：

（1）FILE 应为大写，它实际上是由系统定义的一个结构体，该结构体中含有文件名、文件状态和文件当前位置等信息，由系统定义。通常，头文件 stdio.h 中有以下 FILE 类型的定义：

```
typedef struct{
    short level;                //文件缓冲区占用程度
    unsigned flags;            //文件状态标志
    char fd;                    //文件描述符
    unsigned char hold;        //缓冲区为空则不予读取
    short bsize;                //缓冲区大小
    unsigned char *buffer;      //缓冲区位置
    unsigned char *curp;        //文件内部指针当前位置
    unsigned istemp;           //临时文件指示器
    short token;                //有效性检查标志
}FILE;
```

对于每一个要操作的文件，都必须定义一个指向该文件的指针，只有通过文件指针才能对其所代表的文件进行操作。文件结构体是由系统定义的，我们在编写源程序时可不必关心 FILE 结构的细节。

（2）文件在进行读写操作之前要先打开，使用完成要关闭。

3. 文件的打开

fopen()函数用来打开一个文件,其定义形式如下:

```
FILE fopen(char *filename,char *mode)
```

调用 fopen()函数的一般形式如下:

```
fp=fopen("文件名","打开文件方式");
```

功能说明:

(1) fp 是 FILE 类型的指针变量。文件名是指被打开文件的名称,文件名应该是字符串常量、字符串数组或字符指针。打开文件方式是指文件的打开类型(操作要求)。例如:

```
FILE *fp;        fp= fopen("c:\\file.dat","r");
```

其意义是打开 C 盘根目录下的文件 file.dat,"r"的含义是以只读方式打开文件,并使文件指针 fp 指向该文件。两个反斜线 "\\" 中的第一个表示转义字符。又如:

```
FILE *fp;        fp= fopen("c:\\dat\\demo","rb")
```

其意义是打开 C 盘根目录下的文件夹 dat 下的文件 demo,"rb"的含义是按二进制方式进行只读操作。两个反斜线 "\\" 中的第一个表示转义字符。

(2) 打开文件的方式共有 12 种,表 11-1 给出了它们的符号和意义。

表 11-1 文件打开方式的符号及意义

打开方式	意义
"rt"	只读打开一个文本文件,只允许读数据
"wt"	只写打开或建立一个文本文件,只允许写数据
"at"	追加打开一个文本文件,并在文件末尾写数据
"rb"	只读打开一个二进制文件,只允许读数据
"wb"	只写打开或建立一个二进制文件,只允许写数据
"ab"	追加打开一个二进制文件,并在文件末尾写数据
"rt+"	读写打开一个文本文件,允许读写
"wt+"	读写打开或建立一个文本文件,允许读写
"at+"	读写打开一个文本文件,允许读或在文件末追加数
"rb+"	读写打开一个二进制文件,允许读和写
"wb+"	读写打开或建立一个二进制文件,允许读和写
"ab+"	读写打开一个二进制文件,允许读,或在文件末追加数据

对于文件的使用处理方式有以下几点说明。

① 文件使用方式由 r,w,a,t,b,+ 六个字符拼成,各字符的含义如表 11-2 所示。

表 11-2　各字符的含义

字符	含义
r(read)	只读方式
w(write)	只写方式
a(append)	追加方式
t(text)	文本文件，可省略不写
b(banary)	二进制文件
+	读写方式

② 凡用"r"打开一个文件时，该文件必须已经存在，且只能从该文件读出数据。

③ 凡用"w"打开的文件只能向该文件写入。若打开的文件不存在，则以指定的文件名建立一个新文件；若打开的文件已经存在，则将该文件删去，重新创建一个新文件。

④ 若要向一个已存在的文件追加新的信息，只能用"a"方式打开文件。但此时该文件必须是已经存在的，否则将会出错。

⑤ 在打开一个文件时，如果操作成功，fopen()将返回该文件的首地址。如果操作失败（出错），fopen()将返回一个空指针值 NULL。在程序中可以用这一信息来判别是否完成打开文件的工作，并作相应的处理。因此常用以下程序段来打开文件：

```
if((fp=fopen("c:\\file.dat","rb"))==NULL){
    printf("\nError on open c:\\file.dat file!");
    getch();
    exit(1);
}
```

或者可以写成：

```
fp=fopen("c:\\file.dat","rb");
if(fp==NULL){
    printf("\nError on open c:\\file.dat file!");
    getch();
    exit(1);
}
```

这段程序的意义是，如果返回的指针为空，则表示不能打开指定的文件，这时输出提示信息"Error on open c:\file.dat file!"，然后系统等待用户从键盘按下任意键后，程序才继续执行，因此用户可利用这个等待时间阅读出错提示（在这里起暂停的作用）。按下任意键后执行 exit(1)退出程序。

函数 exit()的功能是关闭所有文件并终止程序的运行，通常用 exit(1)来表示程序因有错而终止，也可以使用 exit(0)来表示程序正常终止。

标准输入文件（键盘）、标准输出文件（显示器）及标准出错输出（出错信息）都是系统默认的设备文件，在这几个设备文件中输入输出数据时，不需要使用 fopen()函数打开。因为这些文件是由系统自动打开的，可直接使用。

文件操作完成后，应该及时使用 fclose()函数关闭文件，以避免发生文件数据丢失等错误。

4. 文件的关闭

fclose()函数用来关闭一个文件，其定义形式如下：

```
int fclose(FILE *fp)
```

调用 fclose()函数的一般形式如下：

```
fclose(fp)
```

功能说明：

（1）fp 是通过 fopen()函数赋值的指针变量。

（2）正常完成关闭文件操作时，fclose()函数返回值为 0。若返回非零值，则表示有错误发生。

二、标准设备文件

C 语言定义了 3 种标准输入输出设备，在使用时不必事先打开对应的设备文件，因为系统启动后自动打开了这 3 个设备文件，并且为它们各自设置了一个文件型指针，名称如表 11-3 所示。

表 11-3　标准设备的文件型指针名称

标准设备名称	对应文件型指针名称
标准输入设备（键盘）	stdin
标准输出设备（显示器）	stdout
标准错误输出设备（显示器）	stderr

程序中可以直接使用这些文件型指针来处理上述 3 种标准设备文件。3 种标准输入输出设备文件使用后，也不必关闭，因为在结束程序时，系统将自动关闭这 3 个设备文件。

第 11.2 关　文本文件读写

任务 11.2.1　读写字符

◇ 任务描述：

编程创建文本文件 11-02-01.txt，先向其中依次写入 26 个大写英文字母 A～Z，再读出来在屏幕上输出。请补充代码。

```
#include<stdio.h>
void write(){//补充代码，创建文件，写入内容
    //请在此补充代码
}
void read(){//补充代码，读出文件内容并输出
    //请在此补充代码
}
int main(){      //不要修改主函数
    write();     //创建文件，写入内容
    read();      //读出文件内容并输出
    return 0;
}
```

任务代码

```
#include<stdio.h>
void write(){
    FILE *fp;  char c;            //定义文件指针
    fp=fopen("11-02-01.TXT","w"); //创建文件（写方式打开）
    if(fp==NULL)
        return;
    for(c='A';c<='Z';c++)         //字符写入文件
        fputc(c,fp);
    fclose(fp);                   //关闭文件
    return;
}
void read(){
    FILE *fp;  char c;            //定义文件指针
    fp=fopen("11-02-01.TXT","r"); //打开文件
    if(fp==NULL)
        return 0;
    while((c=fgetc(fp))!=EOF){     //读取字符
      printf("%c",c);              //输出
    };
    fclose(fp);                   //关闭文件
}
int main(){                       //不要修改主函数
    write();                      //创建文件，写入内容
    read();                       //读取文件内容并输出
    return 0;
}
```

代码分析

如果是在 Dev C++中运行此代码，我们会在当前目录找到文件 11-02-01.TXT，打开它可发现这个文件的内容正是 ABCDEFGHIJKLMNOPQRSTUVWXYZ。利用这个程序我们创建了一个文本文件（ASCII 文件），写入内容，然后又读取出来输出。

此代码可以在头歌平台中提交通过。

相关知识

读写字符

1. 写字符函数 fputc( )

写字符函数 fputc( )的一般形式如下：

```
int fputc(char ch,FILE *fp)
```

功能：将字符 ch 写到 fp 所指向文件的当前位置。如果写入成功，返回值为刚刚写入的字符；如果写入失败，该函数的返回值为 EOF（一个由系统定义的符号常量，值为-1）。每写入一个字符，文件内部的位置指针就向后移动一个字节，指向下一个将写入的位置。

2. 读字符函数 fgetc( )

读字符函数 fgetc( )的一般形式如下：

```
int fgetc(FILE *fp)
```

功能：从文件 fp 当前位置读取一个字符，返回值为刚刚读取的字符，并且文件内部位置指针自动向后移动一个位置；如果读取不成功（文件结束或出错），则该函数的返回值为 EOF(-1)。

3. 文件读写位置标记

在文件内部有一个位置指针（文件读写位置标记），在文件打开时，该指针总是指向文件的开始。使用 fgetc()函数后，该位置指针将自动向后移动一个字节。因此可以连续多次使用 fgetc()函数读取多个字符。

4. EOF

EOF，表示文件结束符，是 stdio.h 中定义的一个宏，值为-1。在程序中，我们通过判断读出来的字符是否为 EOF，来识别是否读取完毕。

任务 11.2.2 文件复制

◇ **任务描述：**

编写程序把文件 11-02-01-A.TXT 中的所有内容复制到文件 11-02-02-B.TXT 中，复制时将所有的大写字母换成小写字母，其他字符不变。请补充代码。

```
#include<stdio.h>
void fun(){
```

```
        //请在此补充代码实现文件复制
    }
    int main(){//不要修改主函数
        FILE *fp;  char c;
        fun();
        fp=fopen("11-02-02-B.TXT","r");
        if(fp==NULL){
            printf("文件打开失败！");
            return 0;
        }
        while((c=fgetc(fp))!=EOF){
          putchar(c);
        }
        fclose(fp);
        return 0;
    }
```

任务代码

```
    #include<stdio.h>
    void fun(){
        FILE *fp1,*fp2;
        char c;
        fp1=fopen("11-02-02-A.TXT","r");
        fp2=fopen("11-02-02-B.TXT","w");
        if(fp1==NULL||fp2==NULL){
          printf("文件打开失败！");
          return;
        }
        while((c=fgetc(fp1))!=EOF){
          if(c>='A'&&c<='Z') c+=32;
          fputc(c,fp2);
        }
        fclose(fp1);
        fclose(fp2);
        return;
    }

    int main(){
        FILE *fp;  char c;
        fun();
        fp=fopen("11-02-02-B.TXT","r");
        if(fp==NULL){
```

```
        printf("文件打开失败! ");
        return 0;
    }
    while((c=fgetc(fp))!=EOF){
     putchar(c);
    }
    fclose(fp);
    return 0;
}
```

代码分析

　　如果在 Dev C++ 中运行程序，请先自建文件 11-02-02-A.TXT 并输入内容，程序运行后请检查是否生成文件 11-02-02-B.TXT，以及内容是否按要求复制成功。

任务 11.2.3　文件合并

◇ **任务描述**：

　　编程将文件 11-02-03-A.TXT 的内容和文件 11-02-03-B.TXT 的内容首尾连接复制到文件 11-02-03-C.TXT 中。

任务 11.2.4　格式化写数据

◇ **任务描述**：

　　计算 0°～359° 范围内每一度角的正弦值和余弦值，结果以每度角一行存入文件 11-02-04.TXT 中，每行包括 3 个数据：角度值（整型占 3 列）、正弦值和余弦值（保留 6 位小数），数据之间以一个空格分隔。请补充代码，不要修改主函数。

```
#include<math.h>
#include<stdio.h>
#define PI 3.14159265
void fun(){//请补充代码
    //请在此补充你的代码
}
int main(){ //不要修改主函数
    FILE *fp; char c;
    fun();
    if((fp=fopen("11-02-04.TXT","r"))==NULL){
     printf("file can not open!\n");
     exit(0);
    }
    while((c=fgetc(fp))!=EOF){ //按字符读取输出
        putchar(c);
```

```
    }
    fclose(fp);
    return 0;
}
```

任务代码

```c
#include<math.h>
#include<stdio.h>
#define PI 3.14159265
void fun(){
    FILE *fp;  int i;  double r;
    if((fp=fopen("11-02-04.TXT","w"))==NULL){
      printf("file can not open!\n");
      exit(0);
    }
    for(i=0;i<360;i++){
      r=i*PI/180;
      fprintf(fp,"%3d %10.6lf %10.6lf\n",i,sin(r),cos(r));
    }
    fclose(fp);
}
int main(){
    FILE *fp; char c;
    fun();
    if((fp=fopen("11-02-04.TXT","r"))==NULL){
      printf("file can not open!\n");
      exit(0);
    }
    while((c=fgetc(fp))!=EOF){ //按字符读取输出
        putchar(c);
    }
    fclose(fp);

    return 0;
}
```

代码测试

执行程序后，文件 11-02-04.TXT 的内容及程序输出如下：

```
  0 0.000000 1.000000
  1 0.017452 0.999848
  2 0.034899 0.999391
… 中间省略若干行 …
357 -0.052336 0.998630
```

```
358 -0.034900 0.999391
359 -0.017452 0.999848
```

相关知识

读写字符串

对于文本文件，除了能以一个字符为单位进行读写外，还能以字符串为单位来进行读写。

1. 写字符串函数 fputs()

写字符串函数 fputs() 的一般形式如下：

```
int fputs(char *str,FILE *fp)
```

功能：将 str 所指向的字符串舍去结束标记'\0'后写到 fp 所指向的文件的当前位置。如果写入成功，则该函数的返回值为 0；如果写入失败，则该函数返回非 0 值。

2. 读字符串函数 fgets()

读字符串函数 fgets() 的一般形式如下：

```
char *fgets(char *str,int n,FILE *fp)
```

功能：从 fp 文件读出 n-1 个字符，在其后补充一个字符串结束标记'\0'，组成字符串并存入由字符指针 str 所指示的内存区。如果在读取前 n-1 个字符时遇到了回车符，则这一次读取只读到回车符为止，并加上'\0'，回车符之后的字符将留待下一次读取。如果在读取前 n-1 个字符时遇到了 EOF（文件尾），则这一次读取只读到 EOF 的前一个字符为止，并加上'\0'。如果读操作成功，则该函数的返回值为 str 对应的地址；如果读操作失败，则该函数的返回值为 NULL。

3. 格式化读写

格式化读写函数 fscanf() 和 fprintf() 的读写对象是文件，一般形式如下：

```
fscanf (文件指针，格式字符串，输入表列);
fprintf(文件指针，格式字符串，输出表列);
```

例如：

```
fscanf(fp,"%d%s",&i,s);
fprintf(fp,"%d%c",j,ch);
```

4. 文件尾测试函数

文件尾就是文件最后一个字节的下一个位置。在连续读取文件中的数据时，有时需要判断文件内部指针是否到达文件尾。若到达文件尾，则不能再读取数据，否则读取不成功。系统提供的文件尾测试函数可以帮助用户判断文件内部指针是否到达文件尾。

文件尾测试函数 feof()的定义如下：

```
int feof(FILE *fp)
```

调用 feof()函数的一般形式如下：

```
feof(fp)
```

功能说明：

（1）fp 为文件型指针，是之前通过 fopen()函数获得的，已指向某个打开的文件。

（2）该函数的功能是测试 fp 所指向文件的内部指针是否指向文件尾。如果是文件尾则返回一个非 0 值（真），否则返回 0 值（假）。

通常在读文件中的数据时，都要事先利用该函数来做一下判断。如果不是文件尾，则读取数据；如果是文件尾，则不能读取数据。该函数常见的应用形式可以参看下列程序段：

```
...                //设已使文件型指针 fp 指向一个可读文件
while(!feof(fp)){  //若不是文件尾则进入循环
...                //读取一个数据并处理
}
```

任务 11.2.5　格式化读数据

◇ **任务描述：**

已知文本文件 11-02-05.TXT 中存放某班学生的学号、姓名、身高、体重四项数据，数据格式如下：

```
2022010001 LuoCheng       1.75 85.60
2022010002 MengJian       1.78 80.20
2022010003 LiuYun         1.68 62.50
2022010004 ZhangMeng      1.70 70.00
2022010005 WangJialiang   1.92 90.00
2022010006 WangYikun      1.85 88.00
2022010007 MengRui        1.60 62.00
2022010008 LiXiang        1.65 60.00
2022010009 LiLei          1.69 70.00
2022010010 HanMeiMei      1.71 72.00
```

要求编程读入若干学号，输出每个学号对应学生的身高、体重数据，输出格式见输出样例，如果学号不存在，则输出 Not found.

◇ **输入样例（学号之间以空格或回车分隔）：**

```
2022020001 2022010009 2022010003 2022010020
```

◇ **输出样例：**

```
2022020001 : Not found.
2022010009 : LiLei 1.69 70.00
2022010003 : LiuYun 1.68 62.50
2022010020 : Not found.
```

第 11.3 关 二进制文件读写

任务 11.3.1 二进制文件读写数据

◇ **任务描述：**

下面程序中，函数 write()的功能为：计算 0°～359° 范围内每一度角的正弦值和余弦值并存放在数组中，然后将数组整体以二进制数据形式存入文件 11-03-01.data 中。函数 read()的功能为：从文件 11-03-01.data 中读出所有的数据存放到数组中，然后输出。请补充代码。

```c
#include<math.h>
#include<stdio.h>
#define PI 3.14159265
struct data{
    int r;
    double sin_r;
    double cos_r;
};
void write(){
    FILE *fp;
    int i,n,r;
    struct data d[360];
    //请在此补充代码 begin

    //请在此补充代码  end
    return;
}
void read(){
    FILE *fp;
    int i,n,r;
    struct data d[360];
    //请在此补充代码 begin
```

```
            //请在此补充代码  end
        return;
    }
    int main(){   //不要修改主函数
        write();
        read();
        return 0;
    }
```

任务代码

```c
#include<math.h>
#include<stdio.h>
#define PI 3.14159265
struct data{
    int r;
    double sin_r;
    double cos_r;
};
void write(){
    FILE *fp;
    int i,n,r;
    struct data d[360];
    for(i=0;i<360;i++){
      d[i].r=i;
      d[i].sin_r=sin(i*PI/180.0);
      d[i].cos_r=cos(i*PI/180.0);
    }
    if((fp=fopen("11-03-01.data","wb"))==NULL){
      printf("文件打开失败!\n");
      exit(0);
    }
    fwrite(d,sizeof(struct data),360,fp);
    fclose(fp);
    return;
}
void read(){
    FILE *fp;
    int i,n,r;
    struct data d[360];
    if((fp=fopen("11-03-01.data","rb"))==NULL){
      printf("文件打开失败!\n");
```

```
        exit(0);
    }
    fread(d,sizeof(struct data),360,fp);
    for(i=0;i<=359;i++){
        printf("%3d %10.6lf %10.6lf\n",d[i].r,d[i].sin_r,d[i].cos_r);
    }
    fclose(fp);
}
int main(){
    write();
    read();
    return 0;
}
```

代码分析

在 Dev C++中执行程序，会生成文件 11-03-01.data，若用记事本等文本编辑软件打开会看到乱码，因为存放的是二进制形式的数据。

相关知识

读写二进制文件

1. 数据块读写函数

读数据块函数调用的一般形式如下：

```
fread(buffer,size,count,fp);
```

写数据块函数调用的一般形式如下：

```
fwrite(buffer,size,count,fp);
```

buffer 是一个指针，在 fread()函数中，它表示存放输入数据的首地址。在 fwrite()函数中，它表示存放输出数据的首地址。size 表示数据块的大小（字节数）。count 表示要读写的数据块块数。fp 表示文件指针。

假设有定义"double d[5];"，那么语句"fread(d,sizeof(double),5,fp);"的意义就是从 fp 所指的文件中读取连续的"sizeof(double)*5"字节的数据（即 40 字节），写到以 d 开始的内在地址中，从而填满整个数组；语句"fwrite(d,sizeof(double),5,fp);"的意义就是将从内存地址 d 开始的连续"sizeof(double)*5"字节的数据，写到 fp 指向的文件中。

数据块读写函数通常用来操作二进制文件，从而实现大块数据的读写操作。

2. 二进制文件的读写

二进制文件中存储的通常是数据的二进制编码，这样的文件直接通过记事本或 Dev C++等文本编辑器软件查看，通常看到的是乱码。二进制文件的读写通常要通过 fread()函数和 fwrite()函数进行。

任务 11.3.2　从二进制文件中随机读数据

◇ **任务描述：**

以下程序中，函数 write() 的功能为：首先设置数组 d 为 0°～359° 范围内每一度角的正弦值和余弦值，然后将整个数组写入文件 11-03-02.data 中；函数 read() 的功能为：从文件 11-03-02.data 中读出形式参数角度 n 的正弦值和余弦值并输出。主函数的功能为：读入若干角度值（非负整数，空格分隔），按输出样式格式依次输出其正弦值和余弦值。请补充函数 read 的代码。

```c
#include<math.h>
#include<stdio.h>
#define PI 3.14159265
struct data{
    int r;
    double sin_r;
    double cos_r;
};
void read(int n){//请补充此函数代码，不要修改其他函数
    //请在此输入你的代码
}
int main(){
    int n;
    write();
    while(scanf("%d",&n)==1){
        read(n);
    }
    return 0;
}
void write(){
    FILE *fp;
    int i,n,r;
    struct data d[360];
    for(i=0;i<360;i++){
        d[i].r=i;
        d[i].sin_r=sin(i*PI/180.0);
        d[i].cos_r=cos(i*PI/180.0);
    }
    if((fp=fopen("11-03-02.data","wb"))==NULL)
        exit(0);
    fwrite(d,sizeof(struct data),360,fp);
    fclose(fp);
```

```
        return;
    }
```

◇ 输入样例

```
0 1 30 45 90 361 405  36001
```

◇ 输出样例

```
sin(0)=0.000000,cos(0)=1.000000
sin(1)=0.017452,cos(1)=0.999848
sin(30)=0.500000,cos(30)=0.866025
sin(45)=0.707107,cos(45)=0.707107
sin(90)=1.000000,cos(90)=0.000000
sin(361)=0.017452,cos(361)=0.999848
sin(405)=0.707107,cos(405)=0.707107
sin(36001)=0.017452,cos(36001)=0.999848
```

任务代码

```c
void read(int n){
    FILE *fp; int r;
    struct data d;
    if((fp=fopen("11-03-02.data","rb"))==NULL){
        printf("文件打开失败!\n");
        exit(0);
    }
    r=n%360;
    fseek(fp,sizeof(struct data)*r,0);
    fread(&d,sizeof(struct data),1,fp);
    printf("sin(%d)=%.6lf,cos(%d)=%.6lf\n",n,d.sin_r,n,d.cos_r);
    fclose(fp);
    return;
}
```

相关知识

一、文件的随机读写

前面介绍的对文件的读写方式都是顺序读写，即读写文件只能从头开始，顺序读写各个数据。在实际问题中，常要求只读写文件中某一指定的部分。为了解决这个问题，可事先随时移动文件内部的位置指针到需要读写的位置，再进行读写。这种读写方式称为随机读写。实现随机读写的关键是要按要求移动位置指针，这称为文件位置标记的定位。实现文件指针定位的函数主要有 rewind() 函数和 fseek() 函数。

1. rewind()函数

rewind()函数的一般形式如下：

```
rewind(文件指针);
```

它的功能是把文件内部的位置标记移到文件首。

2. fseek()函数

fseek()函数的一般形式如下：

```
fseek(FILE *fp,long offset,int from)
```

功能：fp 文件的内部数据位置指针移动到指定位置。offset 为位移量，表示移动的字节数，要求位移量是 long 型数据，当用常量表示位移量时，要求加后缀"L"。from 指起始点，表示从何处开始计算位移量，规定的起始点有 3 种：文件首、当前位置和文件尾。其表示方法如表 11-4 所示。

表 11-4　文件内部指针定位的起始点常量

起始点	表示符号	数字表示
文件首	SEEK-SET	0
当前位置	SEEK-CUR	1
文件尾	SEEK-END	2

例如：

```
fseek(fp,100L,0);
```

其意义是把位置指针移到离文件首 100 字节处。fseek()函数一般用于二进制文件。

二、状态检测

在使用各种文件读写函数对文件进行操作时，如果出现错误，调用函数就会返回一个值来有所反映。例如，fopen()函数的返回值如果为 NULL（值为 0）就说明出错。除此之外，还可以用出错检测函数 ferror()来检查。

1. ftell()函数

调用 ftell()函数的一般形式如下：

```
ftell(FILE *fp)
```

功能：返回文件当前位置标记相对于文件首的偏移字节数。

2. ferror()函数

调用 ferror()函数的一般形式如下：

```
ferror(FILE *fp)
```

功能：检查文件在用各种输入输出函数进行读写时是否出错。例如，ferror()函数的返回值为 0 时表示未出错，否则表示有错。

3. clearerr()函数

调用 clearerr()函数的一般形式如下：

```
clearerr(FILE *fp)
```

功能：清除出错标志和文件结束标志，使它们的值为 0。

三、主函数的参数

主函数的参数的内容请从本书配套的资源包中查阅。

四、输入/输出重定向

输入/输出重定向的内容请从本书配套的资源包中查阅。

习题 11

习题 11 及其参考答案和代码请从本书配套的资源包中查阅。

参 考 文 献

董永建，宋新波，李建，等，2013. 信息学奥赛一本通(C++版)[M]. 北京：科学技术文献出版社.

何钦铭，颜晖，2020. C语言程序设计[M]. 4版. 北京：高等教育出版社.

谭浩强，2017. C程序设计[M]. 5版. 北京：清华大学出版社.

于延，范雪琴，李红宇，等，2018. C语言程序设计与实践[M]. 北京：清华大学出版社.

于延，李英梅，李红宇，等，2022. C语言程序设计[M]. 北京：清华大学出版社.

STEPHEN PRATA，2016. C Primer Plus[M]. 姜佑，译. 6版. 北京：人民邮电出版社.